U0366610

宁夏菜田面源污染监测和绿色防控技术研究与应用

张学军 马建军 赵 营 刘晓彤 等 著

黄河出版传媒集团
阳光出版社

图书在版编目（CIP）数据

宁夏菜田面源污染监测和绿色防控技术研究与应用 /
张学军等著. -- 银川：阳光出版社, 2022.12
ISBN 978-7-5525-6636-9

Ⅰ.①宁… Ⅱ.①张… Ⅲ.①蔬菜 - 农田污染 - 污染
防治 - 宁夏 Ⅳ.①X535

中国版本图书馆 CIP 数据核字(2022)第 258181 号

宁夏菜田面源污染监测和
绿色防控技术研究与应用　　张学军　马建军　赵　营　刘晓彤　等　著

责任编辑　薛　雪
封面设计　赵　倩
责任印制　岳建宁

黄河出版传媒集团
阳光出版社　出版发行

出 版 人　薛文斌
地　　址　宁夏银川市北京东路 139 号出版大厦（750001）
网　　址　http://www.ygchbs.com
网上书店　http://shop129132959.taobao.com
电子信箱　yangguangchubanshe@163.com
邮购电话　0951-5047283
经　　销　全国新华书店
印刷装订　宁夏凤鸣彩印广告有限公司
印刷委托书号　（宁）0025309

开　　本　720 mm × 980 mm　1/16
印　　张　18.25
字　　数　260 千字
版　　次　2022 年 12 月第 1 版
印　　次　2022 年 12 月第 1 次印刷
书　　号　ISBN 978-7-5525-6636-9
定　　价　50.00 元

作者名单

第一章　张学军　王翰霖　马建军　王金保　柯　英

第二章　赵　营　刘晓彤　李贵兵　李　虹　丁永峰

第三章　罗健航　王海廷　黄立君　韩兴斌　吴　涛

第四章　张学军　赵　营　刘晓彤　李　锋　苏建国

前 言

党的十八大以来，党中央、国务院高度重视绿色发展。习近平总书记强调，绿水青山就是金山银山，推动形成绿色发展方式和生活方式。国家在"十三五"期间实施完成了农业面源污染防治攻坚战"一控两减三基本"的目标任务，实施了包含畜禽粪污资源化利用行动、果菜茶有机肥替代化肥行动、东北地区秸秆处理行动、农膜回收行动和以长江为重点的水生生物保护行动的"农业绿色发展五大行动"，从源头上确保优质绿色农产品供给，取得了良好的效果。

2019 年 11 月，黄河流域生态保护和高质量发展上升为重大国家战略，宁夏回族自治区党委和人民政府深入贯彻习近平总书记两次视察宁夏重要讲话和重要指示精神，2022 年 6 月，中国共产党宁夏回族自治区第十三次代表大会，明确提出了全面建设社会主义现代化美丽新宁夏，深入实施特色农业提质计划，坚持以龙头企业为依托、以产业园区为支撑、以特色发展为目标，冷凉蔬菜被确定为宁夏"六特"产业之一。宁夏已被国家确定为黄土高原夏秋蔬菜生产优势区域和设施农业优势生产区，全区已形成了设施蔬菜、越夏及冷凉蔬菜、供港蔬菜、麦后复种蔬菜和脱水加工蔬菜等五大板块的蔬菜四季生产，建成了以银川、吴忠和中卫为主的现代设施蔬菜、供港蔬菜优势区，以石嘴山为主的脱水蔬菜生产优势区，以固原市为主的冷凉蔬菜生产优势区。据统计，全区蔬菜种植面积稳定在 300 万亩左右，产量达到 568.61 万 t。在蔬菜产业发展中存在长期过量施肥导致菜地土壤养分大量流失，由此造成的菜田面源污染有多重？如何防控菜田面源污染？以上问题的解决和蔬菜绿色高产高效技术制定迫在眉睫。《宁夏回族自治区农业农村现代化发展"十四五"规划》指出，蔬菜产业立足粤港澳大湾区、长三角经济带、京津冀都市圈等目标市场需求，围绕"设施蔬菜、露地冷凉蔬菜、西甜瓜"三大产业，培育产业大县，大力推广绿色标准化生产技术，打造成高品质蔬菜生产基地，到 2025 年，全区蔬菜种植面积达到 350 万亩，其中设施蔬菜、露地冷凉蔬菜、西甜瓜分别达到 60 万亩、230 万亩、60 万亩，总产量达到 750 万 t 以上；该规划还指出，将持续推进化肥农药减量增效。到 2025 年，全区测土配方施肥覆盖率达到 95% 以上，化肥利用率均达到 43% 以上，实施农业农村领域碳达峰专项行动。率先实现碳达峰作为绿色发展的核心任务，以绿色低碳科技创新为支撑，以降低温室气体排放强度、提高农田土壤固碳能力、实施农村可再生能源替代为抓手，持续推进化肥农药减量使用。本书构建了不同类型菜田面源污染防控绿色减排技术模式，符合国家、自治区相关政策，并进行了规模化示范应用，有效削减了菜田氮、磷流失量，实现了农民增收，环境保护、经济和社会效益显著提升的目标，起到示范引领作用，为宁夏蔬菜产业绿色可持续发展提供技术支撑，对黄河流域生态保护和高质量发展先行区建设具有重大意义。

本书共分为四章。第一章概论。第二章宁夏露地菜田氮、磷流失监测与防控技术研究。第三章宁夏设施菜田氮、磷流失监测与防控技术研究。第四章宁夏菜田面源污染绿色防控技术及其应用。各章分工如下：第一章由张学军、王翰霖等编写，第二章由赵营、刘晓彤等编写，第三章由罗健航、王海廷等编写，第四章由张学军、赵营等编写。

本书是宁夏农林科学院农业资源与环境研究所植物营养与肥料研究团

队历经 15 年的研究成果，是由农业农村部科技教育司"种植业源污染物流失系数测算重点监测"项目中《宁夏日光温室地下淋溶重点监测试验》课题（2007—2012 年）、公益性行业（农业）"主要农区农业面源污染监测预警与氮、磷投入阈值研究"项目"西北干旱半干旱平原区污染监测与氮素化肥投入阈值研究"课题（2010—2014 年）、国家自然科学基金项目"地下水周年变化对灌区设施菜田土壤氮素损失的影响"（2014—2017 年）、农业农村部第二次全国污染源种植业源普查"宁夏农业污染源种植业源抽样调查和原位监测"课题（2018—2020 年）、农业农村部科教司"农业生态环境保护—农田氮、磷流失监测"（2014 至今）和宁夏回族自治区财政支农"农业资源保护修复与利用"项目中的"宁夏种植业农田面源污染监测"等资助完成。在此，特别感谢国家自然科学基金委员会、农业农村部科教司、中国农业科学院农业资源与农业区划研究所和宁夏回族自治区农业农村厅农业环境保护监测站等相关领导、专家对本研究团队的支持、帮助和悉心指导。

本书适合土壤与植物营养、农业环境保护和蔬菜生产技术等领域的科研工作者，以及相关专业老师、学生、蔬菜种植技术人员、农业推广技术人员和蔬菜种植户等参考使用。限于编者水平，加上成书时间仓促，书中难免有不足之处，诚望同行和广大读者批评指正。

编者

2022 年 7 月于银川

目　录

第一章　概　论

第一节　国内外农业面源污染研究现状与发展趋势

一、农业面源污染与农田面源污染特征

（一）农业面源污染危害及其特征

"农业面源污染"的概念最早起源于 1979 年美国《清洁水法》中的定义；农业面源污染是指农业生产活动中，化肥、农药等有害物质，秸秆、农地膜等固体废弃物，畜禽养殖废弃物，农村生活污水垃圾等通过地表径流、土壤侵蚀、农田排水等途径进入环境而造成的污染，主要包括种植业污染、畜禽养殖业污染和生活垃圾污染。在我国加快推进农业现代化进程中，农业面源污染问题日益突出，已成为阻碍我国农业转型升级的重要因素（余耀军 等，2020）。

1. 农业面源污染的危害

土壤中的氮、磷等元素通过地表径流等对地表水和地下水造成污染，是造成水库、湖泊富营养化的主要污染物。农药施用过程中，利用率只有 10%~20%，其余 80%~90% 进入水体，严重污染水环境。农膜残留量逐年增加，破坏了土壤理化性状，影响作物的根系生长和其对水分、养分的吸收。农作物收割后，秸秆被大量焚烧，产生的烟雾不仅会污染大气，占道焚烧秸秆还影响交通。

近年来，我国畜禽养殖业快速发展，但散养户居多，规模化养殖场只占 1/3，大部分养殖场不具备粪污处理设施，畜禽粪便、尿液、污水等废弃物随意排放。这些污染物中含有大量的氮、磷及高浓度的有机污染物等，对土壤、大气、水体、生物产生严重危害（史平三，2020）。

在水产养殖中，大量饲料、肥料残留物及水生生物排泄物，及溶出的营养盐和有机质影响养殖水环境及其营养水平。目前我国仅有很少水产养殖场将养殖废水处理后再排放，多为直接排放，致使水体出现富营养化和沉积物，不仅影响养殖业质量安全，而且对周边水域环境和生态系统构成越来越大的威胁。

2. 农业面源污染的特点

（1）污染物的来源和排放点不固定，排放具有间歇性，发生具有随机性。农业面源污染主要受水文循环过程（主要为降雨及降雨形成径流的过程）的影响和支配，而降雨径流的发生具有随机性，所以面源污染也具有随机性。

（2）农业面源污染的范围广，受气象事件和地质地貌影响，具有复杂性特点。农业面源污染物的输出在空间和时间上不是连续的，发生时机具有潜伏性和滞后性。通常是晴天累积，雨天排放，面源污染的严重危害通常发生在暴雨之后。降雨—径流和融雪等水文过程是农业面源污染物迁移到受纳水体的主要动力。

（3）农业面源污染与农业生产活动密切相关。由图 1-1 可知，农业生产中化学投入品（化肥、农药）和规模化畜禽养殖粪便（有机肥）投入大部分被植物吸收，其他部分和农村生活废弃物以地下淋溶和地表径流等形式流失进入水体，形成农业面源主要污染物，这些污染物主要以有机、无机及微生物氮、磷为主，还有一部分以不同形态氮素气体损失进入大气，大气中氮、磷气体又通过干湿沉降、生物固氮返回地表，又被作物吸收、再利用。

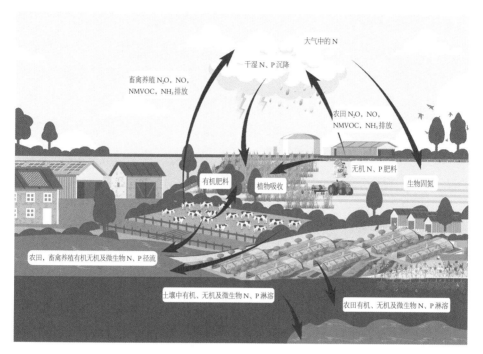

图 1-1 农业生态系统氮、磷循环示意图

（二）农田面源污染特征

1. 定义

农田面源污染主要指农田生产活动中的各种污染物如沉淀物、营养物、农药、病菌等，通过径流、淋溶和农田排水等途径，以低浓度、大范围的特点从土壤圈向水圈扩散的污染过程。

2. 污染特征

由图 1-2 可看出，农田面源污染的形成是一个综合而复杂的过程，包括降雨径流过程、土壤侵蚀过程、地表溶质运移渗漏过程，这 3 个过程是相互关系、相互作用的，其发生过程受到土壤、地形、降雨、土地覆盖、人类活动等诸多因素的影响。农田生产中往往投入大量化肥、农药和农膜，但农药利用率仅有 10%~20%，氮、磷和钾肥利用率分别为 33%、24% 和 42%，土壤中盈余的养分在灌溉或降雨时易随地表径流或地下淋溶进入水体。无灌溉和降雨时，上述污染物广泛而隐蔽地分布在地表土壤中，表现出极强的潜伏性；灌溉或降雨时，大量的污染物随水迁移，但污染物来源分散性强，其地理边界和空间位置也不易识别，并随雨强、雨量和农田管理措施的变化而表现出空间和时间上的差异；此外，受到土地利用、地形地貌、气象水文等诸多因素的影响，农田面源污染物排放过程是不确定的。

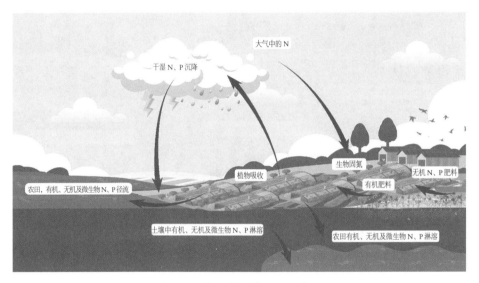

图 1-2　农田氮、磷循环示意图

二、农业面源污染防控技术研究现状

（一）发达国家农业面源污染现状

在美国，农业面源污染贡献了污染负荷总量的 2/3，是河流、湖泊等地表水体污染的第一大污染源。在英国，农业面源污染对总磷负荷贡献在 30%~50%。丹麦河流中有 94% 的氮负荷和 52% 的磷负荷。挪威的河流中农田面源污染贡献了 50% 的总氮和 30% 的总磷负荷。芬兰农业面源排放的磷素和氮素占总排放量的 50% 以上，尤其是在高投入农业比例大的流域该比例更大（李秀芬 等，2010）。

（二）国外农业面源污染治理经验

1. 美国农业面源污染治理经验

（1）政策措施。美国在 1936 年制定了第一个面源污染控制方面的法律，对于破坏农村环境质量的违法行为进行追究，1972 年颁布了《联邦水污染控制法》，提出通过合理利用土地的生产方式来控制农业面源污染，并通过颁布《联邦杀虫剂控制法》禁止 DDT 等有害杀虫剂的使用，减少农药对土壤的污染，1977 年颁布的《清洁水法》对城市和农村水资源保护提出了具体详细的计划，对水资源的保护做出了法律上的规定，1987 年颁布的《水质法案》对各类农业面源污染做出了系统的识别和划分。针对农业面源污染，美国制定了分门别类的管理计划。

（2）技术措施。在农村、农场普遍使用费用较低、操作简便、易上手的替代性农业生产技术来减少面源污染物排放。在推广替代农业生产技术上，主要通过技术培训、提供一手信息等来帮助农民更快适应新技术，在农业补贴和奖励上面的投入减少，新技术主要分为工程型技术和非工程型技术两种。工程型技术主要通过排污管道来控制减少农业面源污染，如草地和植被过滤带、河岸缓冲带、污水蓄水池、人工湿地建设等；非工程型技术则主要针对末端的污染物进行综合治理，如有害物质综合管理、生物废弃物循环利用等。

（3）其他措施。美国政府着力优化农业生产大环境，致力于打造绿色农业、集约化生产农业、可持续发展农业。首先要解决的是农村水污染问题，通过颁布一系列相关法律、法规来降低农村地表水中农药等有害物质含量；成立专项基金，对美国各流域水质进行检测和治理；政府通过设立种子基金，吸引更多民间资本投资农业面源污染治理。近年来，政府致力于在农场推行循环农业生产模式，鼓励农业生产要素适度开发和农业资源再利用，对于各项指标达标的农场或农户减免税收。除此之外，还鼓励农民节约用水、循环用水（王燕，2018）。

2. 欧盟农业面源污染治理经验

欧盟从微观和宏观层面对农业面源污染治理制定了相关政策。微观层面主要有技术措施、政策法规、奖惩措施；宏观层面主要是指对于整体农村治理综合发展提出的要求和制定的相关措施（程序 等，2018）。

（1）定政策、投资金。欧盟为了实现农业可持续发展，在欧盟成员国内部实施了共同农业政策，颁布了很多环保法律法规，确保农业生产绿色、可循环、低污染。例如，颁布了化肥和农药登记使用制度、对于采用环境友好型生产技术的农户给予高补贴、对于各级政府增加环保方面经费等。欧盟许多成员国政府为了减少农业面源污染物排放设立专职部门，如农业与环保部门，主要分管农业生产过程中的环保问题，还委托当地农科院、农民协会等机构协助环保政策的实施并监督其执行。

（2）推技术、奖农民。欧盟投入大量的科研资金研发环境友好型农业技术，并且通过多项补贴措施鼓励农民采用新的替代技术，诸如有机农业、农业水土保持、农田最佳养分管理、综合农业管理等技术，这些技术大多操作简单、转换成本低。在水资源保护区采用降低农田、畜禽养殖业和生活污水中氮、磷排放量的技术措施，制定严格的农业生产技术标准，从源头加以控制；畜禽场主要通过制定畜禽场化粪池容量和密封性，以及畜禽场农田最低配置等标准进行污染控制；环保部门监控排污时，重点检查畜禽场化粪池容量和农田最低配置等方面，而不是检查农村畜禽场排放污水是否达标。

（3）治理环境、保发展。在农业面源污染治理时，欧盟非常注重农村生活环境的保护与治理，实施挖掘农业多重价值的支持政策。例如，设立专项基金支持农村生产结构性调整；培养新农民，多渠道增加农民收入；积极推行自然资源和环保政策；大力推广农业再生资源的综合利用；通过这些政策，增强了乡村的经济活力，提高了农业竞争力，推进了乡村经济多样性发展。

3. 日本农业面源污染治理经验

日本农业面源污染控制起步于 1990 年，截至目前，通过先后调整政府法规、化肥农药使用技术、农业机械、农作制度、农田渠系与农业教育等，形成了一套行之有效的做法，在农业面源污染控制方面取得了显著成效。在国家层面上基本建成了农业面源污染防控体系，化肥农药施用量降低与利用效率提高同时稳步推进，水体环境污染治理逐渐达标，农产品质量获得较大改善，有机农业或绿色农业生产模式推广到千家万户（杨世琦等，2018）。

（1）水稻缓控释肥施用技术。日本在缓控释肥施用技术及其产品研发方面一直处于全球领先水平，具有肥料利用率高、土壤残留量低、施肥量少、可有效控制农业面源污染等优点，该技术的核心养分释放控制期在30~90 d，释放精度较高。

（2）采用先进智能化农业机械，提高肥药利用率，有效控制农业面源污染。日本在农机的智能化应用方面也取得了重大进展，GPS 定位与测土施肥进一步结合，实现了精准化，大幅度降低了化肥的浪费和污染；在无人驾驶农机方面也发展迅速，提高了播种质量，还在后期肥药精准使用、田间管理和收获质量上得到很大的提高。

（3）创建并完善了农田灌排体系，排灌效率高。稻田灌水渠略低于公路、高于田块，较小、较窄、较浅，有利于调控浅层地下水位，还有利于灌溉，更有利于排涝；稻田排水沟较大、较宽、较低，在稻田退水渠两侧还种植了一种宽叶植物，形成生态沟渠，且稻田周边还用类似 PVC 的挡板围了起来，以控制稻田退水，这样一方面减少水资源浪费，另一方面控制农田土壤养分流失及避免水体环境的污染。

（4）推进农业产业化和专业化的发展。日本农业的产业化、专业化水平较高，极大地保障了农业产业链可持续健康发展和种植户的收益，也稳定了国家农业基础。农业产业化的优势体现在确定的作物类型，配套的机械、农作技术、化肥农药、技术服务，稳定的市场供求等，而专业化的优势体现在确定的作物品种、熟练的管理经验、固定的销售渠道及专业化的农协等，其中化肥、农药的类型及使用与农田面源污染防治密切相关。

（5）日本全国农业合作协会联合会，将各项先进实用技术推广应用。日本全国农业合作协会联合会简称 JA 全农，业务范围涉及农产品品牌的创建与开发、肥料检测与利用、病虫害防治、农药残留检测、经营成本控制、农业生产资料（如机械、设施、设备）的维修和使用培训、加油站经营（有石油进出口权）等。近年来，JA 全农还推出了农业技术网络服务，主要是为农户提供土壤肥力诊断、肥药施用及病虫草害防治等方面的远程视频对话，这标志着日本农业立体式服务体系的建成，相关农业研究所还借助 JA 全农的平台，试验、示范各种新品种，在 JA 全农验证通过后再向日本全国推广。

三、我国农业面源污染防控技术研究现状

（一）我国农业面源污染现状

1. 污染现状

2020 年 6 月发布的《第二次全国污染源普查公报》中的数据显示，2017 年，农业源水污染物排放量情况为：化学需氧量 1 067.13 万 t，总氮 141.49 万 t，总磷 21.20 万 t，农业面源 COD、总氮和总磷排放量分别约占全国排放量的 50%、47% 和 67%，种植业与畜禽养殖的贡献占农业源的 90% 以上，从总氮的排放量来看，种植业与养殖业各半；总磷与氨氮的排放量及种植业与养殖业比值分别为 1∶1.3 与 1∶1.6。这与 2007 年第一次全国污染源普查的结果相比呈明显下降趋势，农业领域中的污染排放量 COD、总氮、总磷排放量分别下降了 19%、48%、26%。但农业面源污染物的占比仍然很高，与工业和城镇生活污染治理相比，农业面源污染负荷的削减幅度小、速度较为缓慢，与第一次污染普查相比，其对水体的污染

贡献率不降反升。这进一步说明，我国农业面源污染形势不容乐观，还需加强治理。

2. 污染成因分析

（1）化肥施用过量，流失严重是导致面源污染加剧的主要原因。

1980—2018 年，中国化肥消费量增长了 345%，约占世界化肥总消费量的 1/3（Bai et al.，2016）。化肥的投入带来了粮食产量的大幅提高，人民生活得到改善。然而粮食总产量并未随着化肥消费量的增加而持续上升，过去 30 年间仅增长了 105%（张俊伶 等，2020）。氮、磷肥的利用率不足 40%，比发达国家低 10%~20%（Hou et al.，2018）。通过径流与淋溶多余的氮、磷营养（10%）从农田流失，通过沟渠进入水体（王农 等，2020）。10%~20% 的氮素还会通过氨挥发的方式进入大气，经大气环流或降雨作用沉降进入陆地与水体，同样对水体中的藻类增殖起着关键作用（郝晓地 等，2018）。

（2）规模化养殖废弃物利用率低，也导致农业面源污染加重。

近年来，中国规模化畜禽养殖业快速发展，成为农业农村经济最具活力的增长点。以生猪养殖为例，联合国粮农组织（FAO）统计表明，2017年中国畜禽养殖量为 12 亿头（猪当量），是美国（5.4 亿头）的 2 倍多，畜禽污染物产生量约为美国的 2 倍左右。农业农村部 2016 年统计表明，我国每年产生畜禽粪污 38 亿 t，综合利用率低于 60%。

（3）农村生活污水处理利用较低，造成农业面源污染加重。

中国乡村仅有 9% 的地区能实现生活污水处理，一半左右的乡村水源被污染（王永生 等，2019）。以太湖流域为例，农村生活污染源排放的 COD 占所有排放源排放量的 23%，总氮占 40%，总磷占 38%；国家统计局第三次农业普查结果表明，仅有 48.6% 的农户使用卫生厕所，仍有 2% 的农户没有厕所；农村人居环境整治三年行动方案实施以来，卫生厕所的普及率有所上升，达 60%。

（二）我国农业面源污染防控技术研究进展

目前，我国在农业面源污染防控技术领域已经开展了很多研究，研究重点主要在农业面源污染源头防控、过程阻控和末端修复治理等方面。

1. 源头防控技术

农业面源污染的源头控制主要表现在化肥减量和农药减量方面。源头减量可以通过减少肥料用量或者减少排水量两种途径实现（薛利红 等，2013）。在化肥减量方面，主要研究了基于土壤测试和基于作物反应的合理推荐施肥技术、不同作物类型、不同肥料种类和施肥运筹减少养分损失和环境排放技术、新型缓控释肥料研发与应用技术、秸秆还田技术、畜禽粪便综合利用技术、有机肥替代技术及土壤改良剂减少氮、磷排放技术等（武淑霞 等，2018）；在农药减量方面，主要研究了绿色生物防控技术、低磷和低毒农药研发技术、农药高效降解技术等。

2. 过程阻控技术

农业面源污染虽然在排放源头实施控制，但是仍然不可避免地有一部分污染物随淋溶或径流排放到水体，对水质造成污染。生态拦截沟渠技术是面源污染过程阻控技术之一，该技术主要是通过对现有排水沟渠的生态改造和功能强化，或者额外建设生态工程，利用物理、化学和生物的联合作用对污染物主要是氮、磷进行强化净化和深度处理，不仅能有效拦截、净化农田污染物，还能汇集处理农村地表径流及农村生活污水等，实现污染物中氮、磷等的减量化排放或最大化去除。生态拦截沟渠技术能高效拦截净化氮、磷污染物，并兼具生态景观美化之功能（施卫明 等，2013）。

3. 末端修复治理技术

适合农村水体的生态修复技术主要包括水体修复的生态浮床技术、水生植物恢复技术、生态护坡技术及适度清淤、食藻虫引导的生态修复技术，不同生态工程措施均能不同程度降低农田径流氮、磷排放负荷（刘福兴 等，2013）。生态浮床技术与植物修复技术相结合能达到生态修复的良好效果。生态浮床技术是将陆生或水生植物移栽到污染水面以进行水体净化的技术。当前在水体生态修复方面也有较多的研究与应用。

四、农田氮、磷流失污染防控技术研究进展

农田的氮、磷流失污染成为农业面源污染问题的主体，主要是由于肥料的不合理施用、化肥利用率低、施肥技术与管理制度落后等。农田土壤氮、磷等营养物质的流失主要是通过地表径流与土壤淋溶等途径，其表现为农田土壤在水体（雨水、灌溉水等）的淋溶和冲刷作用下，农田里各种营养物质及大气沉降物随径流进入到收纳水体环境中。因此，对农田面源污染治理技术的创新，也提出更高的标准和要求。

（一）国外农田氮、磷流失污染防治技术研究进展

在农田氮、磷流失污染防控技术方面，发达国家重点研究主要集中在施氮对水体水质的污染，不同区域的农田氮流失量差别很大，我国各类农田的氮流失量（13.7~347 kg/hm²）明显高于欧美国家（4~107 kg/hm²）；我国单位面积化肥和氮肥用量分别是 357.3 kg/hm²、165 kg/hm²，远高于世界平均用量（87.5 kg/hm² 和 52.9 kg/hm²），分别是欧美发达国家 4.1 倍和 3.1 倍；我国氮肥当季利用率仅有 17%，远远低于世界平均水平 58%，氮肥施用过量且利用率过低是造成氮流失的关键因素，综合分析我国农田氮流失防控措施发现，从源头控制氮流失是最有效的措施（张亦涛 等，2016）。

1. 美国农田养分管理体系

从美国氮素平衡调控历史变化、农业技术演变规律和养分管理政策三个方面，了解美国养分管理体系的发展规律，为我国农田氮、磷养分流失污染防控技术提供有益借鉴。

（1）美国氮素平衡现状。氮素盈余指的是总氮投入与产出氮素的差异。氮素盈余=总氮投入−收获氮素=化肥氮+有机肥氮+生物固氮+沉降氮素−收获氮素；化肥氮盈余=化肥氮素−收获氮素，代表了未被有效利

用的氮素，包含损失到环境中和残留在土壤中的氮素库存，在集约化农田体系中土壤氮库维持在一个较为稳定的水平，因而盈余主要以损失为主，是评价氮素环境风险的有效指标（巨晓棠 等，2017）。美国种植体系中的氮素盈余变化从 1961 年的 85 kg N/hm² 增长到 2010 年的 123 kg N/hm²，单位面积总氮投入增长了 2.5 倍，目前维持在 210 kg N/hm² 左右；作物收获的氮素也不断增加，从 1961 年的 49 kg N/hm² 增长到 2010 年的 123 kg N/hm²，增幅达 150%；但这期间尿素、硝铵溶液、硫酸铵等化学氮肥的投入并非持续增长，而是从 1996 年之后停止增加，保持在 90 kg N/hm² 以下。因此，农田总氮的增加主要来自于生物固氮和有机肥，并且生物固氮的比重不断增高。美国氮肥的投入一直未超过农田的收获氮素，氮肥投入平均低于产出 20~40 kg N/hm²，而收获的氮素一直不断增加（潘昭隆 等，2019）。通过保护土壤增加其养分固持能力，对非化肥氮素的充分利用，降低了作物生产对外源化学品的依赖。

（2）美国农业技术演变。美国养分管理的科学发展离不开技术的快速进步，机械操作的全面覆盖、生物技术的农业应用、信息化在农业上的精准调控，以及测土配方施肥等技术措施推动了美国养分管理的快速升级。生物技术、机械化生产是产量和效率提升的关键。以玉米为例，玉米的产量发生了 3 次重大飞跃，第 1 次是 20 世纪 30 年代末，杂交玉米替代了传统开放授粉品种并广泛应用，从 1937 年到 1955 年，玉米产量从 1.8 mg/hm² 增加到 2.6 mg/hm²；60 年代中期，随着作物遗传育种技术的持续进步与改善，氮肥和农药的施用及农业机械化的发展，玉米的产量实现第 2 次提升，1956 年美国玉米籽粒产量每年增加 0.1 t，到 1995 年时产量就已增加到 7 mg/hm²，农业劳动力占经济活动总人口的比例进一步大幅下降到 4%，到 20 世纪 90 年代末期，这一指标已变为 2%左右；农业信息化和测土配方技术的逐渐成熟，配合大规模机械化生产，使玉米的播种深度、种植密度、肥料用量等指标更为科学精准，从而带来了玉米产量的第 3 次飞跃，到 2017 年玉米产量增加到 11 mg/hm²。美国信息化技术在农业应用上也发展迅猛。20 世纪 90 年代美国逐步实现农业精准管理，产量地图、地理土壤地图、遥感地图及全球定位导航系统等在农业生产中全面运用，为精准管理提供了有效的数据支持；目前美国的大型农业机械都配备有 GPS 和相应传感器，在机械化作业的同时，可完成产量信息的收集，上传到数据库后，专家系统会根据产量和土壤信息制定出田间管理方案，通过精准的信息处理及分析，将播种量、播种密度、施肥量和农药用量进行精准的调控，有了精准数据支撑，使得美国拥有完善的测土配方施肥技术，同时肥料产品不断升级，来满足特定作物的养分需求，支撑了养分的精准管理。

（3）美国养分管理政策。美国自 20 世纪 40 年代和 70 年代分别颁布了《清洁水法案》和《清洁空气法案》，从水污染与大气污染的角度对农业生产中的养分使用情况进行了规定，这两部法案为《综合养分管理计划》提供了法律依据；1999 年，美国环保署提出《综合养分管理计划》，目的是保护水质健康，减少富营养化。该计划不仅对养殖中的养分流失进行监测和控制，同时也要求农业生产者在施肥前要有明确的计划（梁永红等，2015）。《综合养分管理计划》从国家战略角度出发制定，美国各州也纷纷制定了相应的养分管理法案。例如 1993 年宾夕法尼亚州立法机关通过了《宾夕法尼亚州养分管理法案》，并在 2005 年将养分管理法案作为保护农业、社会及农村环境最根本的行动；该法案要求制定氮、磷养分平衡预算表，运用土壤和肥料测试来制定养分使用的最佳方案等，对于种植业的管理还提出了"最佳管理措施"，这一措施以促进养分最大利用和减少损失为目标，来保护土壤和改善水质。该措施主要采用工程和管理的手段，在控制农业养分流失导致的面源污染中起到了非常重要的作用，其中管理措施包括养分管理如土壤测试、有机肥养分测试、土壤养分数字化等来实现平衡精准施肥，还有肥料深施、缓控释肥的应用等；此外还有耕作管理，通过免耕或少耕来改善土壤结构，减少径流和水土流失，提高土壤肥力。该管理措施实施成本低，适用性强，激发了农户参与环保政策的积极性，有效地控制了化肥的用量并降低了环境压力，2014 年美国农业面源污染面积较 1990 年下降了 66% 左右，仅占农业总污染的 20%。

2. 欧盟养分综合管理技术进展

从欧盟养分管理现状、欧盟养分管理政策体系和欧盟养分管理机制三个方面，了解欧盟养分管理体系的发展规律，为我国农田氮、磷养分流失污染防控技术提供有益借鉴。

（1）欧盟养分管理现状。1961—2011 年欧盟十五国（EU-15）农田氮素的投入、产出及盈余的变化：U-15 氮素的投入经历了先增加后减少的过程，在 1961—1983 年，总氮投入从 124 kg N/hm² 增加到 232 kg N/hm²，增加了约 87%，同一时期化肥氮素投入增幅更高，增幅近 143%，从 63 kg N/hm² 增加到 153 kg N/hm²，这是总氮增加的主要来源，作物收获的氮素增加了 56%，从 41 kg N/hm² 增加到 64 kg N/hm²，小于氮素投入增加的幅度，说明增加的氮素并没有被作物充分利用，而是呈现报酬递减规律，同时带来较大的环境风险；在 1983—2011 年，EU-15 的氮素投入逐步下降，化肥氮的投入降低了 33.7%，从 163 kg N/hm² 降低到 108 kg N/hm²，总氮的投入降低了 20.3%，从 232 kg N/hm² 降低到 185 kg N/hm²，但产出的氮增长了 35.9%，从 64 kg N/hm² 增加 87 kg N/hm²。总的来看，欧盟的氮素投入及盈余均造成农业环境污染问题的加剧，目前欧盟的农田养分盈余稳定在 100 kg N/hm²，仅为中国氮素盈余的一半（马海龙 等，2019）。

（2）欧盟养分管理政策体系。欧盟的养分管理政策主要分两类，一是共同农业政策，该政策是欧盟农业发展的基本纲要；二是环境政策，该政策主要作为共同农业政策中环境保护的辅助政策；环境政策主要由空气质量政策、海洋管理政策和水质管理政策三部分构成（曾韵婷 等，2011）。

① 共同农业政策。欧盟共同农业政策于 1957 年开始实施，主要目的有五点：一是帮助农民提高农业生产力，使消费者得到稳定且廉价的食品供应；二是保障农民经济收益和生活需求；三是帮助应对气候变化和自然资源的可持续性利用；四是维护整个欧盟农村地区和景观；五是保持农村经济的发展，促进农业相关部门的就业。

② 硝酸盐指令。硝酸盐指令是欧盟环境政策中对农田养分管理影响最大的一个指令。1991 年欧盟颁布了硝酸盐指令，目的是减少农业来源的硝酸盐对地表水和地下水的污染。该指令首先要求成员国建立监测网络来明确受污染的水体，并提出硝酸盐脆弱区这一概念，主要指污染水体覆盖的流域，脆弱区内要执行严格的养分管理规定和措施，如对有机肥用量、施用时期和施用区域的限制，其中明确规定有机肥投入不能超过 170 kg N/hm²，超过这一用量地下水硝酸盐含量存在超过安全浓度（50 mg/L）的风险。此外在冬季强降雨期不能施肥，在冻土和冰雪覆盖地及邻近水源地不得施肥；在畜禽养殖管理方面也有要求，如养殖场需配有安全可靠的粪污储藏罐，防止畜禽粪污浸入地表水或地下水造成水体污染。硝酸盐指令执行近 30 年来在改善欧洲水质方面取得了一定的进展，根据 2012—2015 年提交报告显示，相比于 2008—2010 年，74%的监测点水质都有提高，养殖密度降低了近 3%，有机肥施用量降低 3%，同时脆弱区的面积还在不断增加，《硝酸盐指令 2018 执行报告》指出硝酸盐脆弱区面积目前占欧洲农业总面积的 61%，说明越来越多的地区将按照指令中的养分管理要求指导农业生产。

③ 其他环境保护政策。自 20 世纪 90 年代欧盟颁布了一系列环境保护政策来解决环境污染物问题，其中对农业生产过程的环境保护是欧盟制定环境保护法规中的重要内容。2000 年欧盟颁布了水框架指令，要求各成员国建立地表水及地下水保护框架，并且对保护区内的水体进行监测，保证良好的水体质量；为进一步完善水框架指令，欧盟于 2006 年颁

布了地下水指令，作为水框架指令的一个补充，新地下水指令规定了地下水中化学物质的最大值，这对于减少农业生产中氮、磷的施用，防止氮、磷的淋洗发挥了重要的作用。一系列环境政策的实施，对欧盟的集约化农业产生了很大的影响，促使欧盟的农业朝着更加可持续的方向发展，也使欧盟成为世界环境保护领域的领先者。

（3）欧盟养分管理机制。欧盟委员会制定养分管理政策，并将养分管理指令下达到各个成员国，成员国可根据自己国家的具体情况，由各个国家的农业或者环境部门制定符合本国种植业和养殖业的具体措施。主要通过监管手段，如污染物排放上限，施肥限制等；经济手段，如税收，补贴等，这在共同农业政策中有所体现；服务手段，如教育和说服、技术推广等，同时由种植户或养殖户通过自发的组织，成立相关的合作社。各个成员国的国情各不相同，因此在欧盟层面，如果指令中某些条令无法在本国执行，成员国可以向欧盟议会和欧盟法院提出申诉或申请。同时成员国必须根据欧盟委员会的要求，定期向委员会进行养分管理进展的汇报。委员会将会对每个成员国的执行情况进行评估，如果没有达到委员会的要求，委员会将会对没有达到要求的成员国进行惩罚。

（二）我国农田氮、磷流失污染防控技术研究进展

1. 我国农田氮、磷流失现状

我国北方地区以地下淋溶为主，南方地区以农田氮、磷地表径流为主要特点。在我国黄淮海平原区以地下淋溶排放为主，氮、磷分别占 70%、5%。在我国南方平原区氮素以地表径流排放为主（占 61.0%），磷素以地表径流排放为主（占 80% 以上）。中国北方 4 个主要种植模式的平均氮和磷淋溶强度分别为：保护地蔬菜 117.5 kg（N）/hm² 和 0.74 kg（P）/hm²，露地蔬菜 51.7 kg（N）/hm² 和 0.10 kg（P）/hm²，冬小麦—夏玉米轮作 49.9 kg（N）/hm² 和 0.07 kg（P）/hm²，春玉米 30.7 kg（N）/hm² 和 0.09 kg（P）/hm²，与粮田相比，蔬菜田的高水肥投入决定了其较

高的氮、磷淋溶量（雷豪杰 等，2021）；小麦、玉米轮作周期施氮量为285~645 kg/hm²，硝态氮淋溶量为10~70 kg/hm²，设施菜田有机、无机肥料氮投入量为1 000 kg/hm²左右，磷肥投入量在600 kg/hm²左右，滴灌条件下硝态氮年淋溶量为70~100 kg/hm²，施用冲施肥硝态氮年淋溶量超过300 kg/hm²，磷的淋溶量低的为1 kg/hm²左右，高的可达10 kg/hm²（寇长林 等，2020）；不同作物氮淋失量差异很大，宁夏各作物平均氮淋失量排列顺序依次为设施蔬菜>枸杞>露地蔬菜>粮食作物（玉米、小麦），变化幅度分别为144.4~209.5 kg/hm²、61.3~118.7 kg/hm²、54.3~105.7 kg/hm²、23.6~55.4 kg/hm²（张学军 等，2020）。

2. 影响农田氮、磷流失的主要因素

农田氮、磷流失受施肥、灌溉（降雨）、地形地貌、植被种类和覆盖程度等因素影响。

（1）施肥。农田造成的氮、磷流失中有37.7%的氮素和26.9%的磷素来自当季施用的氮、磷化肥，施氮量为300 kg/hm²菜田淋溶液硝态氮含量最高可达27.4 kg/hm²；施氮量为111、222和444 kg/hm²时硝态氮的淋失量分别为不施氮处理的1.53倍、2.11倍和3.24倍（牛世伟 等，2016）；不同形态氮肥氮素的淋失量有较大差异，硝酸钾中氮素淋失率最高为98.7%，其次为尿素（43.2%），碳铵（41.6%）和硫酸铵（9.4%），化肥的过量施用不仅不能带来更高的经济效益，反而严重污染了水环境，成为了农田向水体输出氮、磷的主要来源；不同的有机肥种类和用量，对农田径流与土壤淋溶的氮、磷流失量不同（夏红霞，2015），施用肥料种类与施用量的改变，会显著改变农田地表径流的氮、磷含量，同时对于水作农田的氮、磷流失强度要远高于旱作农田；不同的施肥方式情况下，氮素流失产生时间主要是先地表径流后淋失，两者存在显著差异性，同时追肥的施用对氮素的流失影响极大。

（2）灌溉（降雨）。在灌溉方面，与传统的大水漫灌方式相比，减少

30%的灌溉量，可减少 50.7%~59.2%硝态氮淋失，滴灌替代沟灌之后，硝态氮淋失量由150 kg/hm² 下降至 76 kg/hm²，通过优化灌溉量和灌溉时期，氮素淋失量可下降 60%，淋失率可下降 50%左右（陈淑峰 等，2012）；降雨是农田氮、磷流失因素中一个重要影响因子。降雨条件下地表径流比壤中流先产生，其径流量更高，氮、磷流失浓度更高，而壤中流流失情况不显著，农田径流的氮素流失量受降雨量的大小影响，其流失速度与降雨强度有关，在降雨强度较大的情况下，氮素主要流失形态为颗粒态，水溶性氮主要流失为铵态氮（王冉 等，2018）。

五、发展趋势

（一）农业面源污染防控技术发展趋势

但从污染普查的数据来看，过去 10 年间农业环境污染的发展态势依然没有得到有效遏制，这说明中国农业面源污染治理还存在"卡脖子"的技术，治理思路亟待转变。中国的农林生态环境领域在理论体系构建、技术产品和装备研发、技术规模化应用等方面与发达国家仍存在 15~20 年的差距；结合国家农业绿色发展的重大需求，有专家和学者提出了以"生态循环、流域统筹"为核心的农业面源污染治理新思路；以"种养结合、产业链循环"为核心的污染治理实现路径，以"农民和农业企业为主力军"的多元主体治理及运维机制，今后研究热点和难点有以下几方面（展晓莹 等，2020）。

（1）深入理解界面尺度污染物迁移转化机制，创新流域尺度污染物溯源与模拟方法。

研究基于不同流域分区分类的特点，阐明种植业、养殖业和农村生活污水污染产生、排放系数及源强，探明农业源污染物在土—水介质中的迁移转化规律和驱动机制。

（2）加强农田"水—土"和"根—土"界面环境污染物迁移、转化分子机制及其微生物学过程的基础研究。

从环境功能微生物应用及作物吸收污染物分子调控角度开展绿色修复技术的研发与理论创新；并针对典型区域污染特点与农业生产特色，研发集成性和成熟度高的组合技术，同时配合生态补偿手段。

（3）从流域尺度进行全面统筹，确定种植、养殖、水体等子系统的污染排放定额及在区域空间中的最佳配置，形成种养结合型区域氮、磷养分优化管理与控制模式。

（4）发挥农民和农业企业主力军的作用，靠市场力量推动区域农业面源污染治理，集成兼顾流域生态和粮食安全的长效运维模式。

（二）农田面源污染防控技术发展趋势

今后农田面源污染防控研究热点和难点有以下几方面（张亦涛 等，2018）。

1. 加强农田氮素流失迁入水体途径及其机理研究

现有研究中所阐述的农田氮素流失量多数为出田的氮量，而对于流失出田的氮素如何迁移进入水体，以及这一迁移过程中的氮形态变化特征仍不清楚；此外，淋失出根区或径流出农田的氮素虽然并未直接进入环境，但这些氮素难以再被利用而成为严重的污染源，因此，这方面的研究除了要精确量化农田氮素出田外，还要进一步阐明氮素在出田至目标水体这一阶段内的变化特征，并积极探索消除农田氮流失环境风险的有效措施。

2. 重视基于以保护水质为目标农田氮肥阈值研究

农田氮流失的发生及其流失量受多种因素影响，分析当前氮肥施用现状，揭示氮素向水体的迁移规律，有助于制定合理、有效的针对性氮流失防控措施。诸多农田管理措施中，施氮量是最直接、最易控制的关键管理措施，在保证一定粮食产量的基础上，确定基于环境安全尤其是水质保护的合理农田施氮量是可行的，也是平衡产量需求与环境污染之间矛盾的有效措施。然而，当前种植业面源污染愈加严重，为防治由此造成的水体水质持续恶化，迫切需要制定以水质保护为目标的农田氮肥施用阈值（造成水质污染的施氮临界值）。

3. 基于区域尺度氮肥用量，创建合理的面源氮污染核算方法，提出导致水体污染施用临界值

目前，确定田块尺度适宜施氮量的方法较多，但在区域尺度上，随着农田面源氮污染问题日益突出，控制区域氮肥用量越来越重要，而要解决这一问题，应当建立区域乃至全国范围内的农业面源污染监测网络，在长期定位监测基础上，创建合理的面源氮污染核算方法，测算出种植业源污染物产生与排放系数，并明确农田氮肥施用与水体水质的关系，最终确定导致水体污染的氮肥施用阈值。

第二节　农田面源污染监测技术

本节主要介绍农田面源污染监测、农田淋溶流失监测、基于土壤无机氮测试作物推荐施氮技术，以及农田不同形态氮素气态损失的方法及其研究进展。

一、农田面源污染监测方法

（一）农田面源污染监测方法研究进展

早在 19 世纪中叶，科学家将研究水分平衡的渗滤池技术应用到氮素淋失研究，在此后 100 年间，研究的主要内容是对养分淋失量及其形态进行观察，但研究所采用的技术手段并不完善，未深入研究淋洗的剖面特征和动态。早期的面源污染监测主要针对降雨造成的径流污染，随着研究的深入，面源污染的内涵丰富起来，在借鉴水土保持的监测方法的同时，面源污染监测方法不断发展和改进。20 世纪 40 年代以来，氮肥大量施用造成的环境问题日益凸显，使氮素问题成为研究热点，农田氮素移动逐渐受

到科学家的重视。20世纪60年代初出现了吸力渗滤计，此后，基于氮素渗滤池抽滤原理，形成了田间原位渗滤计、渗滤池、淋溶盘、田间渗滤池等监测设备，并应用于农田面源污染监测。20世纪70年代后，科学界开始关注区域尺度的养分流失情况，并对影响养分流失的因素和有效控制措施进行了深入研究和模拟，随着^{15}N示踪技术应用于土壤的肥料效应研究，原位土壤溶液采集装置的发明和计算机模型等研究方法不断改进，同时多学科交叉合作日益增多，形成了诸多新兴研究领域，面源污染概念形成并引起关注；然而，虽然经过多年积累，面源污染监测方法已有所改进，但大都是各自为战，仍缺乏统一的标准。野外实地监测是量化农田面源污染程度最直接方法，常见的野外监测方法有径流小区或径流池技术、土钻取样法、多孔陶瓷杯抽滤技术、养分渗滤池技术、田间排水系统方法、离子交换树脂包技术等（刘宏斌 等，2015）。

20世纪80年代初，我国湖泊、水库富营养调查和河流水质规划是中国面源污染研究的主要开端，这一阶段主要集中在学习国外经验和探讨选择面源污染研究评价方法上，农田养分的流失监测未作为研究重点；此后，随着氮肥施用量的不断增加和农田灌溉条件的改善，面源污染问题日益突出，自20世纪90年代起，我国农业面源污染实地监测也开展起来。根据污染物的迁移途径、农田面源污染监测可分为地下淋溶监测、地表径流监测、壤中流监测。农田地下淋溶是借助降雨、灌水或冰雪融水将农田土壤表面或土体中的氮、磷等水污染物向地下淋洗的过程，该流失途径主要发生在北方旱地（张春霞 等，2013）；农田地表径流指借助降雨、灌水或冰雪融水将农田土体中的氮、磷等水污染物向地表水径向迁移的过程，该流失途径主要发生在水田、水旱轮作耕地、平原旱作耕地（张继宗，2006）；壤中流是土壤水在土壤内部的流动，发生在离地面很近的、具有孔隙的、透水性相对较弱的土层临时饱和带内，是水分积累超过田间持水量而发生的水平方向上的运动、其汇流速率处于地下径流和地表径流速率之间，山坡、丘陵等存在坡度的农田极易发生壤中流。

（二）地下淋溶监测

1. 室内模拟

以中小型土柱为研究对象，采用人工模拟供水的方式，可以模拟污染物在土壤垂直方向上的运移机制，为建立模型提供基本参数。模拟土壤中元素淋溶的设备主要由 3 部分组成：供水装置、淋溶土柱和淋出液接收装置（图 1-3），淋溶土柱高度根据具体研究目的确定，该方法可模拟研究不同农田土壤氮、磷等元素状况、淋失临界指标、淋失发生过程、淋失特征及淋失潜力等。

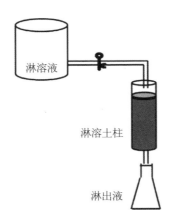

图 1-3　模拟淋溶试验装置

制备淋溶土柱装置时，柱体采用底部封口的玻璃或 PVC 管，底部开孔以排出淋出液。根据具体的研究目的，可取原状土填装，也可分土层取土后再分别回填装入柱管，并调节土壤容重与自然状态保持一致。装土前，先在柱体底部铺尼龙筛网或纱布以防止土壤细颗粒从底部圆孔中漏出，若是施肥处理，先将肥料与土壤混合再装入土柱。土柱填装完毕后，可在土壤表面铺一层滤纸，以防止供水过程中水流对表土产生冲击。土柱装好后，竖直固定在支架上，土柱的下端连接淋出液收集器，上端连接供水装置。试验之前，测定土壤最大排水量，然后将试验土柱的土壤水分保持在最大持水量的 80%，在此条件下培养一周，土柱顶端用塑料薄膜扎紧。试验过程中，土柱上端采用医学挂瓶注射的方式控制对土柱的供水，自动缓慢地加入一定量去离子水进行淋溶试验，土柱底端出水 10 min 后采用有刻度的瓶子收集土柱淋出液，瓶装满后及时换瓶，直至再无淋出液为止，通过收集的淋出液测定淋出液量、铵态氮、硝态氮、可溶性磷和总磷等指标，该类土柱淋溶试验需在阴凉的室内进行，室内温度保持在 25℃左右。

室内模拟试验操作简便，取样难度小，平行测试结果之间误差不大。然而，室内模拟监测的缺点是与田间状况相差极大，除初始土壤条件误差一致外，所处环境、管理措施完全不同，种植作物比较困难，一般作物也难以完成生育期，很难完全代表实际田间状况。

2. 田间监测

（1）土钻取样技术。土壤采样测试技术是田间土壤信息获取技术的主要环节，是精准农业的关键技术之一，国外土壤采样器研究盛行于 20 世纪 40~60 年代，其操作方式以螺旋式或重力锤击式为主。国内土壤采样器在技术上主要沿用 20 世纪 50~60 年代的技术。早在 1957 年，就有关于土钻应用于土壤水分测试的介绍，此后土钻成为农业研究的重要手段，常见的土钻较简易，可在不同质地的土壤上采样，拆卸方便、体积小，便于户外携带（图 1-4）。常见的 400 cm 土钻系统，一般包括 100 cm 延长杆 3 个、标有刻度的 100 cm 长钻头 1 把、吸能锤 1 个、T 型手柄 1 把、扳手 2 把、扩土器 1 把、手套 1 副、刮刀 1 把、刷子 1 把、标尺 1 把。随着工业技术发展，液压或电动冲击锤开始应用于土壤取样（图 1-5），此类设备的应用使土钻钻入土壤更加容易，取出土钻也不困难，样品处于比较宽松的柱状圆筒中，取土十分容易，但其成本高、对土壤扰动大、机动性较差、机械损耗较大、应用也不普遍。

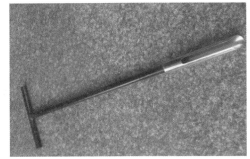

图 1-4　土壤取样器

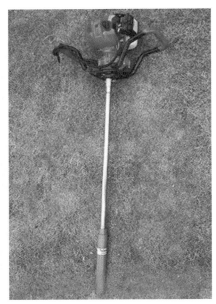

图 1-5　动力（汽油）土壤取样器
（汽油动力土钻）

　　取样深度不大于 100 cm 时，将 T 型手柄与土钻用扳手连接好，先顺时针旋转 T 型手柄，钻头会缓慢钻入土壤中，用手压钻入土阻力较大时，用锤子击打 T 型手柄上方，至预定土层后，旋转 T 型手柄使土壤保持在钻体内，并与农田土壤分开。根据取样方案，以每 5 cm、10 cm 或 20 cm 为一个土样，放在自封袋中，土样应及时贮存并测定。当取土深度大于 100 cm 时，先取出 100 cm 土层深度土样，保留钻孔，再将延长杆安装在 T 型手柄与钻头之间，在原有钻孔上继续向下取土，取更深层次土样时，重复以上操作，该方法可取 0~400 cm 土层土样，用以分析土壤各层次水分含量、养分含量，尤其是在取深层土壤样品时更有优势。

　　土钻取样技术机动性好，可应用于任何类型的农田，与其他监测方法相比，操作更简单易行。理论上采集一个样本就可以研究整个土壤剖面的情况，比开挖一个采样坑要节约时间，并可减少对土壤样本的破坏。但该方法对土钻材料的质量要求较高，尤其是在旱地或深层次取样时，一次取样深度不能过大，否则易造成土钻折断或钻体内土壤脱落。由于土壤要分层次取样，所以取样过程较繁琐，只能被动确定取样时间，劳动强度大，而且将土壤样品从原位取出，土壤溶液的化学组成和平衡易发生变化，对土壤扰动大，无法用于长期定位研究。

（2）抽滤技术。早在 1904 年，就有研究描述了用多孔陶瓷杯（suction cup）抽滤土壤溶液的原理，近一个世纪以来，相关的采样技术不断涌现。吸杯法是美国环境保护署规定的表征危险废物点的标准方法，并得到广泛应用，吸杯监测系统通常由 3 部分组成：多孔材料制成的吸杯（陶土头）、采样瓶和抽气装置，这种方法与土钻取样方法相似，需要与张力计或中子仪连用测定水量移动。淋溶盘也采用相似的原理，但相对吸杯法又有了进一步改进，是目前应用最广泛的监测技术之一（赵营 等，2011；张春霞 等，2013），淋溶盘监测装置除了可抽滤淋溶水、测定水中污染物浓度外，还可以用于淋溶水量的直接测定，便于研究不同种植模式及不同管理措施下水分及氮、磷等养分的淋失量和淋失特征，也可用于模型的检验和敏感性分析。

① 吸杯监测技术（图 1-6）：在不同土壤层次分别布设多孔材料制成的陶土头，陶土头与连通管相接，并将连通管延伸到土壤表面，但需要采用一定防护措施，保证连通管不被压断、出口不被堵塞，该技术利用真空泵采集土壤溶液、监测土壤溶液中氮、磷等元素动态变化特征，采样时，可将 100 mL 玻璃采样瓶用气动元件多通（多层次同时取样）或者两通（每层单独取样）连接到不同深度的采样装置上，用负压式吸引器加负压，吸取土壤溶液，然后按陶土头深度分别将水样放到玻璃瓶中，再将水样存放到已编号的塑料样品瓶中，冷冻保存待测。水田土壤溶液可每月采集一次，旱地生态系统可在降雨后采集淋出水样，非雨季可每月采集一次，雨季可每月采集两次。陶土头是吸杯采样的关键部件，烧制陶土头的陶土配方、孔径大小和分布密度必须符合约定的要求，经长时间使用后，陶土头

容易产生堵塞，而更换陶土头往往较昂贵，更换程序复杂。另外，陶土头和连通管的连接处也容易出现漏气等问题，影响监测结果。

图 1-6　陶土头采样装置示意图

② 淋溶盘原位监测技术：选定监测区域，在监测小区中间位置挖掘一个长 250 cm、宽 100 cm、深 150 cm 的土壤剖面，在每个剖面的两端安装两套淋溶装置。在土壤剖面挖掘过程中要保证监测小区一面整齐而不塌方，挖出的土壤分层（0~20 cm、20~40 cm、40~60 cm、60~80 cm 等）堆放，以便能分层回填。监测小区一面的纵剖面距地表 95 cm 深处（确保淋溶盘上表面在地下 90 cm 深处），朝小区内水平方向挖深 40 cm（PVC 盘面积 30 cm×50 cm）或 50 cm（PVC 盘面积 40 cm×50 cm）、宽 55 cm 左右的长方形洞、并使洞的上表面平整。将 PVC 盘出口处接好短出液管，并用硅胶或其他防水胶封严，然后在盘内出水口处覆两层 100 目尼龙筛网，将尼龙筛网用硅胶或其他防水胶稍加固定后，再向盘内装满用清水洗净的粗砂，装粗砂量以距盘口 2~3 mm 为宜，最后在粗砂表层覆盖一层尼龙筛网，并用取自 90 cm 深处的土壤调制的粗泥浆铺在筛网上，将 PVC 盘放入挖好的水平长方形洞中，使泥浆尽量与洞的上平面紧密接触，以模拟原土壤基质势，最后将洞口回填压实。在水平洞口覆盖一层比洞口大的塑料

薄膜，并用粗厚泥浆封严洞口，只将连在 PVC 盘底部的出液管露出，短
管另一端接在一个容积为 10 L 的接液瓶橡胶塞上，安放位置低于 PVC 盘，
用以收集淋溶液。将抽液管和通气管接入接液瓶，保证其与接液瓶橡胶塞
连接紧密，以防漏水。采用淋溶液原位管式收集方法时（图 1-7），将挖出
的土壤分层回填，逐层压实，并少量多次灌溉使土壤尽量恢复原状，回填
的过程中注意通气管和抽液管能露出地面，且不被压断。

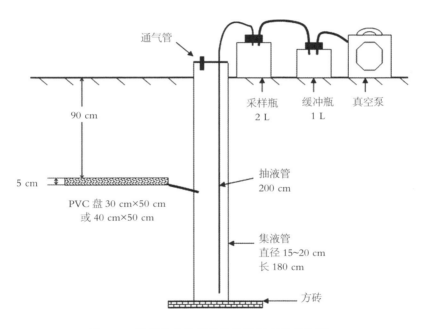

图 1-7　淋溶液原位管式收集装置布置示意图

每次灌溉后的第 2~4 d、下次灌溉之前，连续小雨时期，可根据降雨
量大小及接液瓶的容量，间隔 2~3 d 采集水样，但要避免淋溶瓶内水满；
采样前确认好采样瓶、缓冲瓶和真空瓶的容量，并保证各接口处连接紧
密，缓冲瓶用于抽出采样瓶中的气体，在采样瓶中形成负压，接液瓶中的
淋溶液在负压下流入采样瓶，另外缓冲瓶还能起到防止淋溶液抽进真空泵
的作用，田间原位淋溶自流式装置采样时，给工作人员进入淋溶坑池直接

取样。每次取样时，采集接液瓶、集液管和接液桶中的全部淋溶液，并记录每次采集的淋溶液总量，将淋溶液摇匀后，取 2 个混合水样，每个样约 500 mL，如淋溶液不足 1 000 mL 则将淋溶液全部作为样品采集，其中一个供分析测试用，另一个作为备用样品保存。样品瓶可用普通矿泉水瓶，但采样前需用蒸馏水洗净，采样时再用淋溶液润洗，水样瓶按试验各处理要求再进行编号，每个样品书写两个同样的编号，以防编号丢失；应立即于 −20℃冰柜中保存，测定前再解冻（刘宏斌 等，2015）。

3. 渗滤池技术

渗滤池是利用渗滤计原理建造的渗滤水采集装置，在方砖混凝土围成的框体内盛放土体，降雨或灌溉时，收集不同深度土壤孔隙水和渗滤水，并用测定田间排水中的可溶性成分，在农业化学与环境科学研究领域，渗滤池技术主要用于监测营养物质随渗滤水向剖面损失研究，并扩展到监测肥料、农药、除草剂等化学成分对地下水的污染研究上，渗滤池监测技术在我国应用广泛，1992—1994 年先后在不同农区、不同气候带和不同土壤类型的吉林黑土、北京潮褐土、河南褐土、陕西黄绵土、四川紫色土和浙江水稻土 6 个土壤肥力监测基地建设了 6 套养分渗滤设施，216 个渗滤池（图 1-8），此后各地也有陆续建设，渗滤池监测技术在我国的养分淋洗研究积累了大量数据，主要集中在研究施氮后硝态氮和铵态氮的迁移分布规律，以及进行氮素迁移变化对地下水的污染评价等。

渗滤池技术的主要功能是在尽可能接近自然或推荐状况下从土壤基质中收集渗滤池液，该技术由 4 个基本部分组成：四周密封而底部具有排水通道的容器或框体、垫有滤板或滤层的原状土柱或回填土柱、渗滤水采集系统、地下水监测室。地下水监测室建设在两组框体（水泥池）中间，是收集渗滤水和开展监测工作的场地，室壁上设置取水管道和自动监测设施，取水管道连接集水罐。目前有两种建设渗滤池的方法，一种方法是原状土柱整体装填，即在预定土地位置，挖出合乎要求的土坯，将无底的不

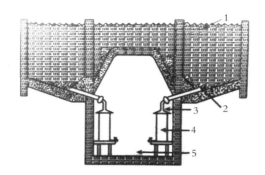

1. 水泥池 2. 锥形漏斗 3. 输水管及制动阀 4. 积水罐 5. 地下通道和地下室

图 1-8 渗滤池装置断面

锈钢（玻璃钢、PVC 塑料）放在预定的土体上，借助机械载重负荷向下切割至预定深度、土体切削完毕后在土体底部揳入不锈钢条若干根（如壁体为其他材料，则揳入物也用其他材料），并将其与壁体焊接在一起，再装入取样设施和各种探测器并进行密封焊接防渗处理。另一种方法是将原状土分层回填，即将土壤按层次分别挖出，分别混匀后再分层次分别回填，所建设的渗滤池表面积一般大于 2 m²，土体深度大于 1 m，四周以钢筋混凝土固定，底部设置为锥形漏斗型，将 60 目的沙层尼龙网铺设在池底管口，其上铺直径 4 cm 左右的石砾，5 cm 厚，再上铺一张 60 目的尼龙网，然后在其上铺设 5 cm 厚细砂，最后按层次将已混合均匀的土壤回填到池中，回填土壤时每回填 5 cm，洒水使土壤湿润，再将土壤踩压紧实，保证四周池壁高出土体土层 20 cm 左右。

渗滤池监测在我国开展较早，已有多年监测历史，监测结果较稳定，但这一技术建设时工程量大、施工难度高、耗时长、较昂贵，在地下水位浅、土壤松软的情况下，建立渗滤池难度更大，而且无论是原状土还是回填土，都要经过较长时间的沉积才能用于研究。由于渗滤池体积相对较小，其中作物生长往往受到抑制，只能采取育苗移栽的手段，但可栽种的作物数量也有限，很难代表真实田间状况；相对较小的土地面积也造成作物生育期内的管理难度较大，不能按照传统方法管理、需制定精细管理方案。

4. 田间渗滤池技术

田间渗滤池技术是在上述渗滤池基础上进一步改进后发展起来的，是在田间条件下用于收集特定面积、特定规格目标土体淋溶液的全套装置（图1-9），包括监测目标土体、淋溶液收集桶、采样装置及相关配件等。安装田间渗滤池之前，选定安装区域挖掘一个长150 cm、宽80 cm、深90 cm四壁平齐的土壤剖面，长边垂直于作物种植方向，挖出的土壤按层次（0~20 cm、20~40 cm、40~60 cm、60~90 cm等）堆放在周围标明土层编号的塑料薄膜上，以便能分层回填。挖掘过程中，要保证土壤剖面四壁整齐而不塌方。再将土壤修理成周围高出中心3~5 cm的倒梯形，以便淋溶液向中部汇集，然后在剖面正中心位置向下挖一个直径40 cm、深35 cm的圆柱形小剖面，以放置淋溶液收集桶，其上盖铺尼龙网，收集桶

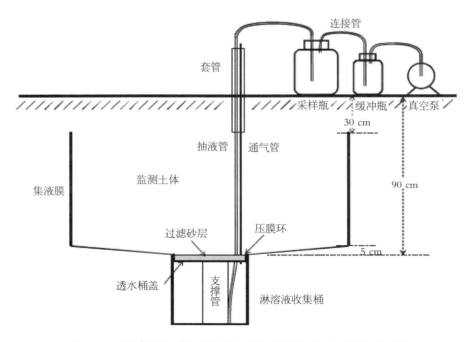

图1-9　田间渗滤池（地下部分）及取水装置（地上部分）示意图

安装好后，铺设已定制好的集液膜，使集液膜组成一个四周密闭的、与土坑大小一致的框体，底部开小口将抽液管伸出，用压膜环将集液膜压在淋溶液采集桶盖上，剪去盖上集液膜，其上再铺石英砂与桶平齐。将挖出土壤按逆序分层回填，边回填边压实，并保持集液膜与框体四壁之间紧密连接，回填过程中可少量多次灌水，使土层沉实，回填至距地表 30 cm 时，将集液膜沿回填土表面裁掉，再将通气管与抽液管穿过套管并垂直立于土表，最后回填最上层土壤。对于拥有多个区组、多个监测小区的地块，目标区域四边保持平齐，以方便田间管理，地表整平后即可播种作物，耕作时应避免破坏抽液管、通气管、集液膜，每次灌溉或降雨后，及时用真空泵抽取淋溶水，淋溶液冷冻保存待测。

相对于渗滤池，田间渗滤池体积小、成本低、工程量小、安装方便，其工作原理与渗滤池相同，具备渗滤池的所有功能，适用于各种类型土壤，可集中安装，对土壤破坏强度小，土壤回填后能迅速恢复自然状态，尤其是对于设施温室来讲，如建设在渗滤池上，工程量相当大，而且成本高、可操作性差，对土壤破坏强度大，短期内无法开展监测，而在温室中布置田间渗滤池时技术成熟、操作方便，埋设完毕即可进行监测，且不会大面积破坏温室内土壤结构，一个温室内可布置多个监测设备，同一环境下进行不同目的的监测研究，结果更直观、数据更可靠（刘宏斌 等，2015）。

5. 其他方法

除上述 4 种常用的监测方法外，还有田间排水系统技术、离子交换树脂包技术、稳定同位素示踪技术、非标记性指示离子技术等，但这些技术应用并不普遍（陈子明，1996），在排水系统健全的农田，可以收集和监测埋在地下排水瓦管中的溶液，研究响应农田氮、磷等养分的淋洗损失，受土壤及土体内各因素影响，瓦罐排水的排水量相对于渗滤池较低，但这种差异并不影响测定结果的趋势。离子交换树脂包置于一定土壤层次，可以截留淋洗下来的硝态氮的累积值，其监测结果一般与土钻取样和渗滤池监测结果相吻合，利用 ^{15}N 等稳定性同位素、Cl^- 和 Br^- 等非标记性指示离子可表征硝态氮在土体中的迁移特征，通过监测这些元素向地下水的迁移过程、可量化农田氮对水体的影响程度。

6. 监测方法对比

经过多年积累，地下淋溶监测方法不断改进（表1-1），其中，田间渗滤池技术相对于其他监测技术优势更大，该设备安装方便，适用于各种土壤类型的农田进行集中安装，便于在大区域范围内执行同一标准，并且对土地破坏程度小，应用性强，长期以来，采用渗滤池技术研究设施温室养分渗滤损失极少，田间渗滤池技术很好地解决了这一问题，该技术中大部分设施位于地下，不影响常规的耕作、灌溉、施肥等农田管理，便于长期定位监测，可进行定性和定量研究，监测更加稳定、准确性更高。

表1-1　地下淋溶监测方法优缺点比较

监测方法	监测面积/ m^2	优点	缺点
室内模拟技术	<0.2	操作过程简便，取样难度小； 可监测淋溶发生过程； 适于定性分析	监测面积有限，所模拟的土层深度有限； 制作模拟土柱时，土柱往往扰动较大； 与农田实际情况差别较大； 不能作为定量分析方法
土钻取样技术	<0.1	可随时取样； 可取深层土样； 可采集大量样品； 可在各种地形取样，易操作； 监测结果可用于定性分析	土壤扰动大，取样点随机性强； 所取样品分析结果为取样状态下的瞬时值，不能作为定量分析方法； 通过长期定点取样方法才能分析养分动态变化，此时工作量较大
吸杯监测技术	<0.1	设备安装简便；取样难度小	集水面积小，难以作为定量分析方法； 土壤水充足时才能采集到淋溶水； 对制作吸杯的材料要求较高

监测方法	监测面积/m²	优点	缺点
淋溶盘技术	0.15	集水面积比吸杯大;取样方便;不影响地面农田管理	设备安装所需技术高;设备之间的连接紧密,操作不当时无淋溶水;结构复杂,土体、水侧向流,难收集淋溶水
渗滤池技术	>2.0	全封闭系统;可收集全部渗滤水	安装技术难度高,工程量大;安装后不能移动;池四壁固定,农田管理受限制;所种植的作物数量有限
田间渗滤池技术	1.2	安装方便,有统一安装规范;可收集框体内全部淋溶液;适用于定性、定量分析;不影响农田管理	安装时扰动土壤,短期内不能用于监测;待土壤成自然状态下后再监测;适于长期监测
其他技术	无边界	适用于部分研究	需精密设备、技术实施难度高,应用性差

二、基于土壤无机氮（N_{min}）测试方法及其作物推荐施氮技术

（一）土壤无机氮测试方法

土壤 NH_4^+-N 测定方法主要有蒸馏和滴定法、纳氏比色法、水杨酸分光光度法（苏伟波 等，2015），土壤 NO_3^--N 含量的测定方法有离子选择电极法、紫外分光光度法、试纸−反射仪法、离子色谱法、戴氏合金还原法、酚二磺酸比色法、镉柱还原法、硫酸肼还原法。有研究者利用连续流动分析仪测定土壤不同形态氮素建立了施肥技术体系（宋建国 等，1999），美国应用土壤硝态氮速测箱（N-Kit）对土壤硝态氮含量进行田间快速测试，以代替利用土壤 N_{min} 含量进行土壤氮素诊断，解决了土壤样品实验室常规测试的烦琐和时间过长等问题（陈新平 等，1999），我国利用此方法与实验室常规的 0.01 mol/L $CaCl_2$ 溶液 1∶10 土水质量比浸提、连续流动分析法比较，具有很好的相关性（崔振岭 等，2005），而且方法间的差异

很小，完全满足氮肥推荐对测试精度的要求。

（二）基于土壤无机氮测试作物推荐施氮技术

1. 研究概况

土壤中铵态氮和硝态氮是作物的主要氮素来源，两者通过硝化作用和反硝化作用相互转化。氮肥主要分为铵态氮肥和硝态氮肥，过量施用氮肥导致农田铵态氮和硝态氮含量超标，影响土壤质量，甚至流失，对周围环境和人体健康带来危害。20 世纪 70 年代，欧美发达国家科学家建立了基于土壤无机氮 N_{min}（硝态氮和铵态氮之和）推荐施肥方法，该方法综合考虑了土壤无机氮素和氮肥的贡献，以满足作物最佳生长所需的充足但不过量的氮素供应水平。该推荐施肥方法的优点在于考虑了土壤氮素供应能力，可以对不同肥力的土壤进行较精确的氮素推荐，比较适合于土壤氮素含量变异较大的蔬菜地氮素推荐。在我国主要以碱解氮来表征土壤的供氮能力，目前已证明了碱解氮与土壤供氮量的相关性甚微（朱兆良，1992），早在 20 世纪 80 年代末，我国已对华北地区冬小麦土壤剖面无机氮与小麦产量的关系进行了研究（邵则瑶，1989），并在我国的冬小麦-夏玉米生产中已经得到了很好的应用效果，建立了同步作物养分需要和土壤供应的冬小麦氮肥推荐技术体系，提出了分阶段的土壤无机氮目标值和推荐施氮量，在露地蔬菜、日光温室土壤无机氮目标值与推荐施氮量上也得到了应用（赵营，2012）。

2. 影响土壤无机氮累积的主要因素

施肥、灌溉、土壤质地、作物种类与轮作方式是影响土壤无机氮累积的主要因素（张学军 等，2004a），氮肥的大量施用是造成土壤剖面中 NO_3^--N 深层积累的主要原因之一，施氮量与土壤氮素累积有很大关系（Wang et al.，2018）；适当控制灌溉量或分次少量灌水措施可有效地降低土壤残留；露地蔬菜轮作条件下，传统灌溉管理都能造成露地蔬菜轮作不同施氮处理下土壤氮素向深层土层淋洗，设施菜田 0~4 m 土壤剖面硝酸盐累积量均高于农田，设施菜田种植年限越长，土壤中硝态氮发生淋洗的潜力越大（石宁 等，2018）。

三、农田土壤氨挥发监测方法及其研究进展

氮肥施入土壤后，以氨挥发及反硝化产生的氧化亚氮气体等方式进入大气，造成环境污染。研究表明：通过氨挥发造成的氮素损失可达施氮量的 9%~42%，其中肥料碳铵和尿素的氮素损失分别为 49%~66% 和 29%~40%（Cai et al.，2000）。

（一）农田土壤氨挥发机理及其监测方法

1. 氨挥发机理的研究

氨挥发的过程是氮肥施入农田后，在土壤固相—液相—气相界面上发生一系列物理化学变化的过程。外界影响因素（含水量、气流、温度和不同施肥技术等）发生变化，都对气相氨和溶液中氨气的平衡产生影响。不同肥料、土壤特征和农业措施也能引起土壤中 NH_4^+ 浓度的变化，从而导致农田氨挥发损失情况不同。

2. 氨挥发测定方法

国内外测定氨挥发的方法主要包括微气象法、密闭室法、风洞法等测定方法。微气象学法从试验区上方空气中直接进行取样测定，准确度高，已被普遍认为是直接测定农田氨挥发的最好方法。但微气象法所需设备昂贵，成本高，并且为了避免相邻地块不同处理之间的干扰，要求试验面积足够大，一般要求试验地面积不小于 1 hm²，因此该方法无法进行推广应用，在大型生态区域的气体动态研究领域应用较多。风洞法采用田间自然风速作为流过风洞的风速，同时可以人工调节风洞内的环境因子，保持内部与外部环境一致，测定结果更真实、有效（黄彬香 等，2006）。但风洞法在静风或风速低于 0.3 m/s 时，误差较大，并且对仪器要求较高，体积庞大不易移动，需要试验费用高。目前，国内主要采用密闭室法测定氨挥

发。该方法是提供一个密闭环境，同时将土壤、肥料、作物及吸收装置等置于该环境内部，直接用吸收装置吸收土壤挥发的氨气，然后进行测定。由于该方法所提供的密闭环境不能与自然环境进行空气交流，对氨挥发有很大影响，通常不通气条件下测出的氨挥发量较通气的低，误差较大（王朝辉 等，2002）。

（二）农田土壤氨挥发研究进展

1. 影响农田氨挥发的因素

（1）土壤。土壤是氨挥发影响主要因素，它分为促进因素和抑制因素。土壤含盐量、pH 及 $CaCO_3$ 含量为促进因素，尿素的氨挥发损失量会随着土壤 pH 的升高而增多，氨挥发的损失率也会增大，与酸性水稻土相比，尿素在含有较多游离碳酸钙的石灰性土壤上氨挥发的损失量更大；土壤阳离子交换量、有机质、黏粒含量为抑制因素，土壤有机质和阳离子交换量对 NH_3 和 NH_4^+ 吸附能力较强，降低氨浓度，从而减少 NH_3 挥发损失，土壤有机质、阳离子交换量和土壤黏粒与氨挥发呈负相关，土壤黏粒同样对 NH_4^+ 具有吸附作用，能有效降低液相中的 NH_4^+ 浓度，从而使质地黏重的氨挥发小于质地粗松的土壤；土壤脲酶活性是影响氨挥发的重要因素，尿素水解速率随着土壤中脲酶活性的提高而加快，进而氨挥发损失量也相应增加。添加脲酶抑制剂可抑制尿素水解速率，有效降低土壤氨挥发损失量（徐万里 等，2011）；加强土壤团粒对肥料的吸附力从而达到氮肥深施的作用，也能减少氨挥发（邓美华 等，2006）。

（2）农业措施及其他因素。农业措施对氨挥发的影响较大，主要包括氮肥品种、施肥量、施肥及灌溉方式的影响。增大氮肥施用量明显提高氨挥发量，施氮量为 200 kg/hm² 条件下，氨挥发量相对较低（山楠 等，2020）；添加不同阶段及处理的生物炭氨挥发累积量差异显著，施氮肥后 1~10 d 为土壤氨挥发的主要阶段，该阶段氨挥发累积量占整个培养过程氨挥发累积量的 90%以上，与未添加外源材料处理相比，添加不同处理生物炭可有效减少氨挥发累积量，与常规施肥相比，稻秆生物炭显著降低稻—麦轮作土壤氨累积挥发量，且以麦季降幅最为显著。综合稻麦两季氨累积损失量发现，中量生物炭施加对土壤氨挥发控制效果最佳，施用生物炭能显著降低茶园土壤氨挥发量，添加棉花秸秆生物炭能显著减少土壤氨挥发累积量；氮肥减量后移明显减少氨挥发量（王朝旭 等，2018）。此外，光照时间、降雨量及风速等也是影响氨挥发的重要因素。

2. 不同作物氨挥发速率

夏玉米种植体系在施入氮肥后发生了明显的氨挥发，且氨挥发主要发生在施肥后 5 d 内，在施肥后 1~3 d 出现氨挥发速率峰值，追肥后氨挥发量大于基肥在整个夏玉米生长期间的量，氨挥发量随着氮肥施用量的增加而增加（赵斌 等，2009）；露地花椰菜和大白菜基肥后，不同有机、无机肥配施处理下土壤氨挥发损失高峰通常出现在第 1~4 d，而追肥后提前到第 1~2 d，在高量施氮处理下，氨挥发持续时间在 10 d 以上，不同有机、无机肥配施下，在花椰菜和大白菜全生育期内，随总施氮量的增加氨挥发量也增加（罗健航 等，2015）。

四、农田土壤一氧化二氮排放监测方法

一氧化二氮（N_2O）作为重要的温室气体之一，对全球变暖的贡献占全部温室气体总贡献的 5%~6%，农业活动是 N_2O 最大的人为排放源，其中农田土壤对 N_2O 排放贡献最大，农田土壤每年 N_2O 排放约占全球人为活动 N_2O 排放总量（6.7×10^6 t）的 42%，我国农田土壤占全球 N_2O 排放量的 31%。

1. 农田 N_2O 排放监测方法

土壤 N_2O 气体采集方法主要有箱法（Chamber、硅胶管法原位采集技术）（高志岭 等，2005），土壤气体原位采集系统（刘平丽 等，2011）。箱法（Chamber）简便易行，是国内外通用的监测土壤 N_2O 排放通量的采样

方法；硅胶管法原位采集技术通过埋入气体采集管（Gas probe）直接采集土壤产生的 N_2O 气体、研究 N_2O 的产生位置、周转动态并计算 N_2O 排放通量；箱法与硅胶管法比较研究，取得很好的试验数据，近年来，国内研究者提出的土壤气体原位采集系统，也是一项操作简单的方法，已应用于稻田、露地菜田，取得了很有价值的研究数据。

2. 农田土壤水肥管理对 N_2O 排放的综合影响

农田土壤 N_2O 的产生和消耗本质上是土壤碳、氮、氧等因子综合作用的结果，而田间水、碳、氮的管理措施是影响这些环境因子变化的主要因素（曹文超 等，2019）。土壤灌水后 N_2O 含量迅速增加主要是反硝化作用的结果，玉米播种灌水后产生的 N_2O 剧烈排放可能主要来源于反硝化作用过程（胡小康，2011），设施菜田土壤 N_2O 排放主要集中在基施有机肥并灌水后的 1 周内，N_2O 排放受反硝化作用影响；土壤碳源含量主要受耕作、有机肥投入、根系分泌物和作物残渣投入（如秸秆）等因素影响；免耕措施下 N_2O 排放显著高于传统耕作，秸秆施入后主要通过影响土壤碳、氮有效性及土壤通气性进而间接影响 N_2O 排放，大多数研究已证实，土壤施用生物炭能够显著减少 N_2O 的排放（Lan et al.，2018）；设施菜田土壤 N_2O 排放主要发生在无氧和微量氧条件下，异养反硝化菌对土壤 N_2O 排放的直接贡献最大，在碳源较为充足的条件下，施用化学氮肥能够增加农田土壤 N_2O 的排放，N_2O 排放随施氮量的增加呈指数而非线性增长，研究表明，尿素深施处理的 N_2O 排放量是浅施的 5~8 倍，尿素撒施减少了土壤 N_2O 排放（Engel et al.，2010），氮肥条施 N_2O 排放量显著低于氮肥穴施，氮肥撒施并无减排 N_2O 的优势（张岳芳 等，2013）；设施菜田不同施肥处理土壤 N_2O 排放通量高峰一般出现在黄瓜滴灌施肥或夏休闲期漫灌后第 1 d 或第 3 d，减施 50%化肥氮或减氮配合调节土壤碳氮比都能达到设施菜田土壤 N_2O 的减排目标（赵营 等，2019）。

3. 研究热点与展望

施肥后因立即灌水而产生的农田土壤 N_2O 排放高峰，应深入研究这一阶段的 N_2O 产生和消耗过程及其机理；环境因子和调控措施对反硝化产物比的影响及其机理也是一研究热点，通过对反硝化过程中 N_2O/N_2 产物比、产生规律及其影响因素的深入了解，为利用田间 N_2O 监测数据定量估算氮的反硝化损失提供一种新的途径，也为通过降低产物比实现 N_2O 减排提供依据；加强对 N_2O 还原过程及其影响因素的研究，寻找与 N_2O 排放有关的关键微生物有一定困难，随着分子生物学和基因芯片技术的发展，这一问题能够逐步得到解决。综合利用新技术、新方法，如平面光极技术、Robot 动培养技术、氦环境培养—气体同步直接测定技术、宏基因组测序技术等进一步探究土壤物理、化学和生物学因素对氮素转化过程、N_2O 关键位点排放及关联微生物多样性的影响，构建氮素平衡和相关 N_2O 排放模型，可进一步为 N_2O 排放机制及相关影响因素提供理论依据。

第三节　宁夏菜田氮、磷流失监测与防控技术研究的背景与意义

2021 年，我国蔬菜种植面积为 3.13 亿亩左右，产量达 7.21 亿 t，年销售量达到世界总量的 50%，目前，我国蔬菜产区已形成了华南与西南热区冬春、长江流域冬春、黄土高原夏秋、云贵高原夏秋、北部高纬度、黄淮海与环渤海设施蔬菜产区的六大蔬菜产区，常年种植的蔬菜达 14 大类 150 多个品种。宁夏地处黄河上游地区，是农业农村部规划确定的黄土高原夏秋蔬菜和设施农业优势生产区。2020 年统计结果显示，全区蔬菜种植面积稳定在 300 万亩左右，产量达到 568.61 万 t，已建成了多个蔬菜优势区。宁夏与全国蔬菜产业发展一样，在蔬菜种植环节还存在水肥投入过量，尤其是氮肥施用量过高，造成农业面源污染加剧，开展菜田面源污染绿色防

控技术研究与集成应用，十分迫切且有必要，该项工作为宁夏蔬菜产业可持续发展提供技术支撑，对黄河流域生态保护和高质量发展具有重大意义。

一、宁夏蔬菜产业发展、现状及其存在的问题

（一）宁夏蔬菜产业发展回顾

1. 2001—2010 年蔬菜产业发展

2005 年宁夏回族自治区政府将蔬菜产业确立为主导产业之一，设施蔬菜发展迅猛，引进推广了一批名特优新品种，摸索出了一套日光温室设计和模式化栽培的综合技术，形成了一批科技成果，建立了一批先进且设备完善的科技示范园。截至"十五"末（2005 年），全区蔬菜发展到 153 万亩，总产量 357.9 万 t，产值 21.5 亿元，占种植业产值的 26%，形成了 3 大蔬菜产区，以银川、吴忠、中卫三市为核心的设施蔬菜产区，以石嘴山市为核心的脱水蔬菜产区，以引黄灌区为核心的露地蔬菜产区。"十一五"期间，自治区党委、政府把大力发展设施农业作为促进我区农业农村经济跨越式发展的重要战略，设施类型由日光温室向日光温室、大中拱棚、小拱棚多类型方面发展，设施蔬菜新品种应用率达到 80%以上，工厂化育苗、测土配方施肥、张挂反光幕、CO_2 施肥、病虫害综合防治等新技术的推广应用，设施蔬菜滴灌应用率达到 60%以上，大大提高了水肥利用效率，提高了蔬菜产量，85%的设施农产品生产基地通过了无公害、绿色食品认证；在露地蔬菜方面，形成了中卫的番茄、彭阳的辣椒、西吉的西芹等各具地方特色、集约化建设、规模化生产的产业发展新格局；截至"十一五"末，全区蔬菜种植面积 198.1 万亩，其中设施农业种植面积 105.8 万亩，产量 511.4 万 t，产值 58.95 亿元。

2. "十二五"蔬菜产业发展

"十二五"期间，自治区政府实施了《设施农业效益倍增计划》《蔬

菜产业优化升级实施方案》等政策，大力发展设施农业和供港蔬菜两大产业。以园艺标准园和现代农业示范基地建设为抓手，规范标准、扩规模，旧棚改造、提性能，着力提高综合生产能力；推进规模化种植、标准化生产、商品化处理、品牌化销售和产业经营水平，着力提高了产业竞争力；完成了国家、自治区科技攻关、集成技术示范等项目，主要就制约蔬菜产、供、销环节关键技术问题进行攻关，颁布实施了一批蔬菜无公害和绿色生产技术标准，形成了一批拥有自主知识产权的科研成果；设施标准化建设、集约化育苗、测土配方施肥、滴灌水肥一体化、秸秆生物反应堆等提质增效技术推广，大大提高了设施园艺产业的科技含量；在露地蔬菜生产方面，土地流转机制介入，露地蔬菜走集约化专业合作社道路，喷灌、全机械化技术的应用，促进了蔬菜规模化、标准化发展，初步建立了符合宁夏实际的蔬菜产业技术体系，确立了区域化专业化生产模式，大力推进了设施农业提质增效、露地蔬菜规模化发展及永久性蔬菜基地建设，蔬菜种植面积稳步扩大，效益逐步提高。截至"十二五"末，全区蔬菜种植面积 201 万亩，其中设施蔬菜种植面积 89.7 万亩、供港蔬菜种植面积 13.65 万亩、冷凉蔬菜种植面积 97.65 万亩，农民年人均来自蔬菜产业的纯收入达到 1 211 元。

（二）宁夏蔬菜产业发展现状

"十三五"期间，自治区政府提出"1+4"农业产业布局，把瓜菜列入四大产业之中，各级政府紧紧抓住国家永久性蔬菜基地及蔬菜标准园建设工程契机，通过建基地、育龙头、拓市场、活流通，促进蔬菜产业的快速发展。在科技方面，以环境友好、提质增效为目标，区内外科研院所完成了国家、自治区重点研发计划等一批科研项目，制定了一批绿色节本增效防控技术规程，形成了一批科研成果；结合国家实施"化肥农药零增长"、"果菜茶有机肥替代化肥"等科技行动，宁夏农技部门主推优新品种、秸秆生物反应堆、滴灌水肥一体化、蚯蚓生物技术、病虫害绿色防控等绿色提质增效技术，引进无土基质栽培、椰糠栽培、一年多茬高效栽培模式、物联网智能监控等新技术，蔬菜种类有国内外优良品种，也有地方优势品种，品种优良率达到90%以上，设施蔬菜滴灌普及率达到了95%以上，节水达30%以上，肥料使用减少20%以上，肥料利用率提高20%以上，农药使用量减少30%，绿色高质高效技术覆盖率达到70%；各地突出绿色高质量发展，供港蔬菜、黄花菜、高品质口感番茄、樱桃番茄、线椒、西蓝花等特色产业集聚度显著提升，形成了设施蔬菜、供港蔬菜、露地冷凉蔬菜、露地西甜瓜四大产业格局，建成了以银川、吴忠、中卫为主的现代设施蔬菜、供港蔬菜生产优势区，以固原市为主的冷凉蔬菜优势区。据统计，2020年瓜菜种植面积297.6万亩，其中设施蔬菜种植面积51.7万亩、露地冷凉蔬菜种植面积167.4万亩，总产量725.8万t、产值203.8亿元，与"十二五"相比，总产量与产值增幅分别为6.7%、103%。

2021年，全区"两品一标"蔬菜产品110个，全区蔬菜抽检合格率99.3%，质量安全水平得到有效提升。全区蔬菜种植规模500亩以上基地含露地蔬菜基地207个、设施蔬菜基地133个，培育蔬菜产业社会化综合服务站53家。通过社会化综合服务站提供全程技术服务，设施蔬菜、露地蔬菜亩节本增效分别达到286元、156元；设施蔬菜、露地蔬菜机械化率分别达到28%、40%；配方施肥应用率达到100%，统防统治率达到35%。全区蔬菜社会化综合服务站体系初步建立，有效降低了投入成本，扩大了绿色生产技术推广，提高了生产效益。"宁夏菜心""盐池黄花菜""六盘山冷凉蔬菜"等区域公用品牌逐步唱响；贺兰螺丝菜、越夏番茄、西吉西芹、彭阳辣椒、固原马铃薯等远销海内外；"银川番茄""宁夏上海青""上滩韭菜"等更是成为全国市场上的"靓仔"，宁夏成为公认的优质蔬菜产区。

（三）存在的主要问题

近年来，随着农业产业转型升级，宁夏蔬菜产业也转向由产量型向质量型、功能型、休闲、观赏型等方向转变，目前，蔬菜生产种植过程还存在以下问题。

蔬菜新品种引进，配套种植生产管理水平相对滞后，制约了蔬菜产业的发展。

蔬菜产业作为一个技术依存度较高的产业，技术的推广及在生产应用中的普及程度和应用速度直接决定了产业的整体效率和效益。但我区经济发展相对缓慢，生产和管理的人才相对匮乏，从事蔬菜生产的主体仍是农民，农村留守家庭的劳动力以老人为主，劳动力素质不高，文化水平低，对园艺作物栽培知识学习能力有限，管理运营水平高低不一。近年来，宁夏黄花菜、供港菜心等蔬菜新品种不断增加，而与这些蔬菜新品种配套种植生产技术还相对落后，由于宁夏当地农民和企业对菜心种植技术不了解，目前在宁夏种植菜心企业大多数为云南、贵州和四川省的种植企业，这些企业带来技术人员和员工进行菜心种植，外地企业对种植技术的垄断制约了该项技术在宁夏的普及推广；近年来，黄花菜在宁夏盐池、红寺堡种植面积增加，企业和农民急需各项种植技术指导，但黄花菜从品种引进、播种、水肥管理和收获等种植环节标准化技术，还没有制定和颁布，严重制约了黄花菜产业的发展。

蔬菜不同品种施肥技术较少，水肥管理技术相对粗放，是否会加重菜田农业面源污染？这还需深入研究探讨。

蔬菜属于喜水肥的经济作物，不同蔬菜品种养分和需肥规律不同，目前，对蔬菜不同品种仅按照茄果类蔬菜、根茎类菜和叶类菜进行个性化施肥，但对相同蔬菜种类，例如茄果类蔬菜（番茄、黄瓜和茄子等）不同品种需肥规律和施肥技术研究相对滞后，尤其是番茄、黄瓜施肥量较高（见后章节施肥现状），是否造成菜田面源污染加剧？近年来宁夏设施蔬菜发展较快，水肥一体化的滴灌设备已经普及推广、应用，但在滴灌条件下还沿用膜下条施、冲施肥的传统施肥方式，水和施肥不匹配，造成肥料利用率较低，这种做法是否导致设施菜田面源污染加剧？其次，近年来微喷灌溉方式在供港菜心大面积应用（见后章节施肥现状），在此条件下采用何种施肥方式，施肥技术还没有系统研究，施肥对菜心产地土壤环境质量有无影响，尤其是氮肥流失是否严重，如何控制菜心产地氮肥流失，如何控制菜田面源污染日益加剧等问题均无系统研究。为加强菜田面源污染防控技术研究，急需解决以上问题，提出不同类型菜田面源污染防控绿色减排技术体系，为蔬菜产业可持续发展提供技术支撑。

二、宁夏蔬菜种植现状

本研究团队在相关项目的资助下，完成了宁夏回族自治区 2012—2019 年粮食作物、不同类型蔬菜产量、施肥量调查。本部分将宁夏粮食作物、露地蔬菜和设施蔬菜产量、施肥量动态变化进行对比分析，摸清宁夏主要蔬菜产量、施肥量动态变化及其现状，为宁夏不同类型菜田面源污染调控及绿色高效生产技术制订提供依据。

（一）不同类型蔬菜氮、磷、钾肥施用量动态变化

全区露地蔬菜、设施蔬菜及粮食作物的样本调查，分析蔬菜氮、磷、钾肥用量的动态变化。露地蔬菜选取宁夏 14 个县（市、区）进行调查，其中黄瓜 114 个样本、芹菜 125 个样本、番茄 90 个样本；设施蔬菜选取宁夏 5 个县（市、区）进行调查，其中黄瓜 55 个样本、芹菜 46 个样本、番茄 81 个样本；粮食作物选取宁夏 22 个县（市、区）进行调查，主要以小麦、玉米、水稻为主，调查项目为产量、施氮肥（N）、磷肥（P_2O_5）、钾肥（K_2O）量。

1. 粮食作物和蔬菜氮肥施用量与产量动态变化分析

从图 1-10 可看出，2012—2019 年，全区设施蔬菜、露地蔬菜和粮食作物产量呈增加趋势，但氮肥用量呈降低趋势。2019 年与 2012 年相比，设施蔬菜、露地蔬菜和粮食作物产量提高了 13.0%、28.6% 和 7.1%，设施蔬

菜、露地蔬菜和粮食作物氮肥施用量减少了 17.1%、12.6% 和 10.2%；设施蔬菜、露地蔬菜和粮食作物差异均较大，依次为设施蔬菜>露地蔬菜>粮食作物，设施蔬菜平均产量比露地蔬菜高 14.7%，比粮食作物高 8 倍，露地蔬菜产量比粮食作物高 6.8 倍；设施蔬菜平均施氮量比露地蔬菜高 28.8%，是粮食作物的 98.3%，露地蔬菜平均施氮量比粮食作物高 54%。

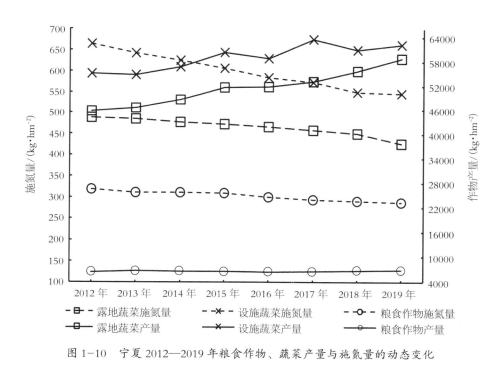

图 1-10　宁夏 2012—2019 年粮食作物、蔬菜产量与施氮量的动态变化

2. 粮食作物和蔬菜产量及磷肥（P_2O_5）施用量动态变化分析

由图 1-11 可知，2012—2019 年，全区设施蔬菜、露地蔬菜磷肥（P_2O_5）施用量呈降低趋势。2019 年与 2012 年相比，设施蔬菜、露地蔬菜和粮食作物磷肥（P_2O_5）平均施用量减少了 18.9%、9.4% 和 5.9%；设施蔬菜平均施磷量（P_2O_5）比露地蔬菜高 26.2%，比粮食作物高 136.7%，露地蔬菜平均施磷量（P_2O_5）比粮食作物高 87.5%。

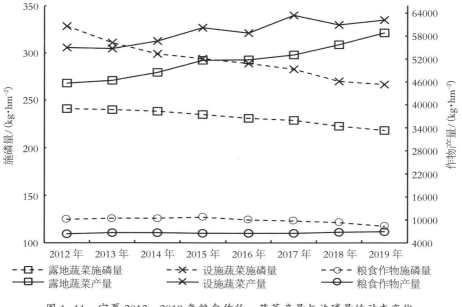

图 1-11　宁夏 2012—2019 年粮食作物、蔬菜产量与施磷量的动态变化

3. 粮食作物与蔬菜产量及钾肥（K_2O）施用量动态变化分析

从图 1-12 可看出，2012—2019 年，全区设施蔬菜、露地蔬菜钾肥（K_2O）用量呈降低趋势。2019 年与 2012 年相比，设施蔬菜、露地蔬菜和粮食作物钾肥平均施用量减少了 21.2%、3.3% 和 3.7%；设施蔬菜平均施钾量（K_2O）比露地蔬菜高 29%，是粮食作物的 7.1 倍，露地蔬菜平均施钾量（K_2O）比粮食作物高 5.3 倍。

近 10 年来，无论粮食作物、还是蔬菜在新品种、新技术引进，氮、磷、钾化肥用量在下降，但产量在逐步提高，这进一步说明适当减施氮、磷、钾化肥配套新品种、新技术能够保证产量稳步提高；以上数据还表明，设施蔬菜、露地蔬菜自 2016 年起实施"果菜茶有机肥替代化肥"和粮食作物实施"化肥零增长"行动效果较显著，比 2015 年及以前化肥减量效果明显，产量稳步增长。

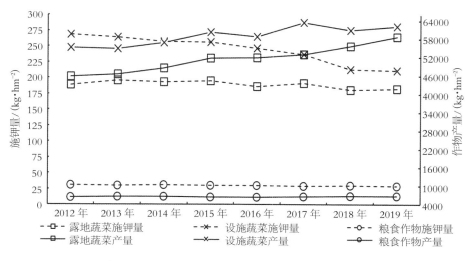

图 1-12 宁夏 2012—2019 年粮食作物、蔬菜产量与施钾量的动态变化

（二）黄瓜和番茄氮、磷、钾肥施用量动态变化分析

由图 1-13 可看出，不同类型蔬菜氮、磷、钾肥施用量差异较大，设施黄瓜>设施番茄>露地黄瓜>露地番茄。设施黄瓜比设施西红柿氮肥、磷肥施用量分别高 12%、1%、钾肥低 23%，比露地黄瓜氮肥、磷肥、钾肥施用量分别高 29%、16%、10%，比露地西红柿氮肥、磷肥、钾肥施用量分别高 37%、21%、13%；设施西红柿比露地黄瓜氮肥、磷肥、钾肥施用量分别高 15%、15%、42%，比露地西红柿氮肥、磷肥、钾肥施用量分别高 22%、19%、46%。2019 年与 2012 年相比，设施西红柿氮、磷、钾肥施用量分别降低 21%、8%、13%，露地黄瓜氮、磷、钾肥施用量分别降低 13%、6%、13%，露地西红柿氮、磷、钾肥用量分别降低 8%、8%、11%，设施黄瓜氮、磷、钾肥施用量分别降低 20%、17%、30%。以上数据说明，氮、磷、钾肥对作物产量的贡献在持续提升，由于测土配方施肥技术、有机肥替代化肥、水肥一体化、新型高效肥料等一系列化肥减量增效技术的多年推广应用，明显减少了化肥用量，提升了化肥利用率。

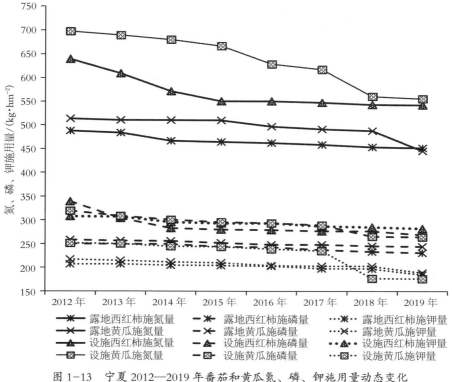

图 1-13 宁夏 2012—2019 年番茄和黄瓜氮、磷、钾施用量动态变化

（三）不同种类作物产量和氮、磷、钾肥用量现状分析

由表 1-2 可看出，蔬菜、粮食作物和其他经济作物产量及氮、磷、钾施用量差异较大，产量由大到小顺序依次为瓜果类蔬菜、根茎叶类蔬菜、其他经济作物、玉米、小麦，氮、磷、钾施用量大到小顺序依次为瓜果类蔬菜、根茎叶类蔬菜、玉米、其他经济作物、小麦，瓜果类蔬菜氮肥平均施用量比粮食作物小麦、玉米分别高 95.4%、23.8%，磷肥平均施用量分别高 180%、92.1%，钾肥平均施用量分别高出 488%、229%；以上数据表明蔬菜平均施肥量整体偏高，尤其磷肥和钾肥施用量极高。单纯对蔬菜而言，瓜果类蔬菜平均施肥量与茎根叶类蔬菜施肥量比较，氮肥和磷肥施用量差别不大，钾肥超出 46.1%，可见瓜果类蔬菜钾肥平均施肥明显高于根茎叶类蔬菜钾肥施用量；氮、磷、钾肥平均用量最高作物

均为瓜果类蔬菜。

表 1-2 宁夏各作物产量及施肥量统计表

单位：kg/666.7 m²

作物	产量			N			P₂O₅			K₂O		
	灌区	山区	平均	灌区	山区	平均	灌区	山区	平均	灌区	山区	平均
小麦	393	106.9	249.95	15.58	7.78	11.68	8.98	7.45	8.21	4.79	2.21	3.5
玉米	770	484	627	24.45	12.43	18.44	15.37	8.76	12.06	6.68	5.84	6.26
瓜果类蔬菜	5 315	5 015	5 165	29.77	15.86	22.82	31.98	14.36	23.17	29.16	12.02	20.59
根茎叶类蔬菜	4 262	1 839	3 050.5	31.97	12.01	21.99	32.89	9.8	21.34	19.96	7.65	13.80
其他经济作物	3 008	145	1 576.5	23.86	7.48	15.67	20.21	5.54	12.87	13.42	3.64	8.53

以上数据表明，宁夏不同农业生态类型区产量、施肥量差异较大，灌区产量、施肥量明显高于山区，这主要由于灌区农业生产条件较好，有引黄灌溉，而山区主要以旱作农业为主，生态条件较差。不同作物品种产量及氮、磷、钾施用量差异也较大，瓜果类、根茎类蔬菜产量和施肥量明显高于其他作物。

三、宁夏不同类型菜田土壤养分动态变化特征

（一）宁夏不同类型菜田土壤物理性状变化特征分析

宁夏引黄灌区银川市兴庆区、西夏区、吴忠市利通区、青铜峡市定位设施菜田、露地菜田和菜心菜田产地土壤物理性状差异较大，从表 1-3 可看出，不同类型菜田土壤 pH 差异不大，标准误差差异不大，这说明设施菜田长期施用化肥，设施土壤有酸化趋势；土壤全盐由低到高顺序为露地菜田、菜心菜田、设施菜田，设施菜田土壤全盐含量比露地蔬菜高 60%，比供港蔬菜菜田高 24.3%，设施菜田土壤随种植年限呈抛物线形式变化，

设施蔬菜连作下盐分累积更快（何文寿 等，2011）；设施菜田土壤有机质与露地菜田和菜心菜田相比差异较大：设施菜田>菜心菜田>露地菜田，设施菜田土壤有机质比露地蔬菜高33.5%，比供港蔬菜菜田高30.2%，设施菜田土壤有机质等级处于农田等级二级水平，露地菜田与菜心菜田土壤有机质等级处于农田等级四级水平（马玉兰 等，2020），这与设施蔬菜施肥水平较高有关，有研究表明，宁夏设施土壤与露地土壤相比，水稳性团聚体显著增加，造成土壤有机质有所增加（何进勤 等，2012）；阳离子交换量（CEC）指土壤胶体所能吸附和交换的阳离子的量，代换量高低是衡量土壤肥力标准，设施菜田土壤CEC比露地菜田高20.5%，说明设施蔬菜施肥水平较高，造成土壤CEC较高。

表1-3 不同类型菜田土壤物理性状统计表

类型	样本数	pH	全盐/(g·kg⁻¹)	有机质/(g·kg⁻¹)	CEC/(cmol·kg⁻¹)
设施菜田	8	8.05±0.23	1.60±1.32	27.1±4.8	12.56±1.66
露地菜田	25	8.14±0.32	0.64±0.14	18.0±2.7	9.99±1.24
菜心菜田	25	8.08±0.33	1.21±0.66	18.9±2.5	—
农田等级				25~30（二级） 15~20（四级）	

（二）宁夏不同类型菜田土壤氮、磷、钾主要养分变化特征分析

1. 土壤氮素含量变化

从表1-4可看出，不同类型蔬菜全氮差异较大，设施菜田>供港菜田>露地菜田，设施菜田全氮比露地菜田高47.8%，比供港菜田高40.3%，设施菜田土壤全氮等级处于农田等级三级水平，露地菜田与供港菜田土壤全氮等级处于农田等级四级水平；不同类型菜田碱解氮含量大小顺序为设施菜田>露地菜田>菜心菜田，设施菜田土壤碱解氮含量比露地菜田高44.7%，比菜心菜田高51.9%，设施菜田土壤碱解氮等级处于农田等级四级水平，露地菜田与菜心菜田土壤碱解氮等级处于农田等级五级水平。以上

数据说明，不同类型菜田施氮量差异很大，但在不同类型菜田全氮、碱解氮差异不大，这也表明氮素移动性较强，菜田土壤碱解氮含量并不能表示蔬菜的供氮能力。另有研究表明，菜地过量施用氮肥，会导致氮在土壤中积累，随着种植年限的增加，氮的积累越多，氮积累形态主要为硝态氮，设施菜田氮素累积主要以硝态氮为主，随着种植年限增加不同层次无机氮有所增加，而且有向下运移趋势，设施蔬菜田、露地菜田与粮田相比，土壤碱解氮含量增加，设施菜田同一棚龄不同层次的土壤，碱解氮随着土层的向下延伸而逐渐降低（张学军 等，2004b），设施菜田 0~150 cm 土壤剖面溶解性总氮（TSN）、硝态氮（$NO_3^- - N$）和溶解性有机氮（SON）含量都显著高于大田（柯英 等，2014）；设施菜田，与露地菜田土壤相比，设施土壤容重、团粒结构、孔隙状况及田间持水量等性质均好，设施土壤脲酶活性、过氧化氢酶活性、磷酸酶活性高。

表 1-4　不同类型菜田土壤氮、磷、钾养分性状统计表

类型	样本数	全氮/(g·kg⁻¹)	全磷/(g·kg⁻¹)	全钾/(g·kg⁻¹)	碱解氮/(mg·kg⁻¹)	速效磷/(mg·kg⁻¹)	有效钾/(mg·kg⁻¹)	缓效钾/(mg·kg⁻¹)
设施菜田	8	2.01±0.30	2.84±0.55	19.96±0.46	166.4±43.3	278.9±94.7	371.9±167.1	989.2±95.7
露地菜田	25	1.05±0.21	1.13±0.25	20.27±1.09	92.0±15.2	57.7±29.2	173.3±39.2	942.1±154.3
供港菜田	25	1.20±0.20	—	—	80.0±23.5	140.1±68.0	217.8±153.4	—
农田等级		1.0~1.5（四级）1.5~2.0（三级）			50~100（五级）100~150（四级）	50~100（五级）100~150（四级）150~300（二、三级）	150~200（六级）200~350（四、五级）350~400（三级）	

2. 土壤磷素变化

由表 1-4 可得知，不同类型蔬菜全磷差异较大，设施菜田>露地菜田，

设施菜田全磷比露地菜田高 85.1%，不同类型菜田有效磷含量大小顺序为设施菜田>露地菜田；不同类型菜田有效磷差异较大，设施菜田土壤有效磷含量比露地菜田高 79.3%，比菜心菜田高 49.7%，设施菜田土壤有效磷等级处于农田等级二级水平，露地菜田土壤有效磷等级处于农田等级五级水平，菜心菜田土壤速效磷等级处于农田等级四级水平。以上数据说明，设施蔬菜、供港蔬菜施磷量较高，土壤中积累较高，露地蔬菜相对施磷量较低，土壤累积磷较少；还有研究表明，设施蔬菜田、露地菜田与粮田相比土壤速效磷增加，随着棚龄的增加土壤速效磷含量增加，同一棚龄不同层次的土壤速效磷含量，随着土层的向下延伸而逐渐降低（张学军 等，2005a）；设施菜田全磷、速效磷的平均含量温室较露地高，在宁夏灌区和山区两地土壤全磷、有效磷含量相差不大；宁夏露地菜田、蔬菜保护地土壤全磷、无机磷、有机磷、Olsen-P 差异很大，土壤 Olsen-P 占全磷的比率显著高于一般农田。蔬菜保护地土壤各形态磷素主要积累在 0~30 cm 土层，并随土层深度的增加各形态磷素的含量逐渐降低，各土层 Olsen-P、Ca_2-P、Ca_8-P、 AI-P 含量降低幅度明显高于 Fe-P、O-P、Ca_{10}-P；随着施磷水平的提高，0~20 cm 土层 Olsen-P 和 $CaCl_2$-P 含量都呈增加趋势，磷肥施用量越高土壤磷素盈余越大（罗健航 等，2014）。

3. 土壤钾素变化

从表 1-4 可看出，不同类型蔬菜土壤全钾、缓效钾差异不大，土壤全钾含量大小顺序为露地菜田、设施菜田，土壤缓效钾含量大小顺序为设施菜田、露地菜田，以上数据说明，蔬菜属于喜钾作物，施钾量高并没有增加不同类型菜田土壤全钾、缓效钾含量；不同类型蔬菜土壤速效钾含量差异较大，土壤速效钾含量大小顺序为设施菜田、供港菜田、露地菜田，设施菜田土壤速效钾含量比露地菜田高 53.4%，比供港菜田高 41.4%，设施菜田土壤速效钾等级处于农田等级三级水平，露地菜田土壤速效钾等级处于农田等级六级水平，供港菜田土壤速效钾等级处于农田等级五级水平。以上数据说明，不同类型菜田土壤速效钾差异与蔬菜施用钾肥量呈正相关关系，设施蔬菜长期种植施用钾肥，土壤速效钾累积较高，供港蔬菜虽然属于叶类菜，企业为了追求品质，长期施用含钾量较高的复合肥，造成菜心产地土壤速效钾积累较高，露地蔬菜有的一年种植两茬，也有的种一茬，钾肥施用量也很高，但毕竟有轮作倒茬种植粮食作物，粮食相对施钾量较低，造成露地菜田土壤有效钾积累不高。另有研究表明，蔬菜温棚 0~30 cm 土层土壤全钾、缓效钾含量与农田和露地菜田变化不大，但速效钾含量变化较大，随着土层深度的增加，蔬菜温棚土壤全钾、速效钾、缓效钾含量均有不同程度减少，其中速效钾减幅较大（张学军 等，2005b）；温室土壤速效钾含量较露地高，温室土壤钾含量随种植年限增长总体上均呈增加趋势。

四、目的和意义

2022 年 6 月，中国共产党宁夏回族自治区第十三次代表大会，明确提出了全面建设社会主义现代化美丽新宁夏，深入实施特色农业提质计划，坚持以龙头企业为依托、以产业园区为支撑、以特色发展为目标，确定冷凉蔬菜为宁夏"六特"产业之一。《宁夏回族自治区农业农村现代化发展"十四五"规划》中指出，蔬菜产业立足粤港澳大湾区、长三角经济带、京津冀都市圈等目标市场需求，围绕"设施蔬菜、露地冷凉蔬菜、西甜瓜"三大产业，培育产业大县，大力推广绿色标准化生产技术，打造成高品质蔬菜生产基地，到 2025 年，全区蔬菜种植面积达到350 万亩，其中设施蔬菜、露地冷凉蔬菜分别达到 60 万亩、230 万亩，总产量达到 750 万 t。但是，我区蔬菜种植过程中存在一些问题，一是蔬菜新品种引进，配套种植生产管理水平相对滞后，制约了蔬菜产业的发展；二是长期超量施肥导致蔬菜地土壤养分的过度积累和流失，造成菜田面源污染严重。解决并研究蔬菜绿色高产高效技术迫在眉睫。推进农业绿色高效发展、推进化肥农药减量增效和加强农业废弃物资源化利用是今后的主要任务，本书在国家、自治区相关项目资助下，创新性提出控制不同类型菜田面源污染及蔬菜绿色生产高产高效技术体系，并在宁夏集成应用，形成的研究成果将对宁夏蔬菜产业可持续发展和农田生态环境保护具有重要意义。

第四节　宁夏菜田面源污染监测研究内容与试验设计

一、宁夏菜田面源污染防控技术各试验监测点布局

宁夏蔬菜产业自 2005 年被确立为农业战略性主导产业以来，在全区已形成了设施蔬菜、越夏及冷凉蔬菜、供港蔬菜、麦后复种蔬菜和脱水加工蔬菜等五大板块的蔬菜四季生产，周年供应的良好局面，建成了以银川、吴忠和中卫为主的现代设施蔬菜、供港蔬菜优势区，以石嘴山为主脱水蔬菜生产优势区，以固原市为主的冷凉蔬菜生产优势区。2019 年我区瓜菜种植面积 296.8 万亩，占全国蔬菜种植面积的 0.87%，总产量 731 万 t，产值 116.9 亿元。其中，蔬菜总产量 565.6 万 t，人均占有量 822.1 kg，比全国人均水平高 317 kg，产业布局区域特色鲜明，集聚度逐步提高。因此，宁夏蔬菜的品质在同类型蔬菜中更胜一筹，是农业农村部规划确定的黄土高原夏秋蔬菜生产优势区域和设施农业优势生产区。

根据宁夏蔬菜产业布局现状，本研究团队在农业农村部生态环境总站和自治区财政支农资金资助下，分别建立宁夏种植业氮、磷流失国家级和自治区级试验监测点，合计 14 个，其中设施蔬菜 3 个，露地蔬菜 4 个，各试验监测点分布见表1–5。

表 1-5　宁夏不同类型菜田氮、磷流失各试验监测点分布表

菜田类型	区域类型	所在地
露地菜心连作	引黄灌区	石嘴山市平罗县
露地菠菜连作	引黄灌区	银川市贺兰县
设施蔬菜 1	引黄灌区	银川市兴庆区
设施蔬菜 2	引黄灌区	银川市贺兰县
露地甘蓝—白菜	引黄灌区	银川市金凤区
设施蔬菜 3	引黄灌区	吴忠市青铜峡市
露地芹菜	南部山区	固原市西吉县

二、研究内容

(一) 不同类型菜田氮、磷淋溶流失规律及其主要影响因素研究

针对宁夏设施蔬菜、露地菜心连作、露地菠菜连作水肥投入过量，肥料流失引起的农业面源污染日趋严重的问题，以宁夏不同类型菜田蔬菜为监测对象，采用定位田间试验、监测取样与室内分析结合的方法，开展不同水肥措施条件下蔬菜连作氮、磷淋溶流失规律研究，明确蔬菜连作不同水肥管理措施的氮、磷淋失量，揭示不同类型菜田氮、磷淋溶流失规律，提出基于控制氮、磷流失的蔬菜绿色水肥管理技术，为宁夏不同类型菜田氮、磷流失系数测算提供数据支持，也为宁夏蔬菜产业可持续发展提供技术支撑和保障。

(二) 不同水肥措施对蔬菜产量、氮、磷养分吸收和土壤氮、磷残留及其迁移规律的影响

采用定位试验、室内分析与生物统计相结合的方法，开展不同施肥措施对不同蔬菜产量、氮、磷养分累积和土壤养分残留规律的影响研究，摸清不同水肥措施对蔬菜连作氮、磷养分累积、产量影响的规律，揭示不同水肥措施对和土壤无机氮残留周年动态变化规律，为蔬菜绿色水肥管理技

术的提出提供科学理论依据。

（三）蔬菜连作体系氮、磷投入阈值与污染预警

对不同水肥措施下氮、磷平衡特征进行评价，探讨蔬菜连作产量、氮、磷施肥量、氮、磷平衡的关系，结合氮、磷流失量，提出蔬菜连作体系氮、磷投入合理阈值和基于产量和环境双目标的环境指标预警范围，为不同蔬菜绿色水肥管理技术的提出提供科学理论依据。

（四）有机无机配施下露地花椰菜—大白菜轮作体系土壤氮、磷残留和氮损失

采用长期定位试验、室内分析与生物统计相结合的方法，开展有机无机配施对露地花椰菜—大白菜轮作体系土壤氮、磷残留进行连续监测，揭示不同施肥措施对不同层次土壤氮、磷残留及迁移规律，分析评价氮、磷施用量与无机氮、磷残留的关系，探讨土壤不同形态磷的相互关系；采用密闭式连续抽气法，开展露地花椰菜—大白菜轮作体系氨挥发连续监测，摸清有机、无机配施对露地花椰菜—大白菜轮作体系氨挥发动态变化规律，为露地菜田面源污染预警提供科学依据。

（五）周年地下水位变化对设施菜田土壤氮素累积运移和淋溶的影响

利用在宁夏灌区建立的设施菜田定位试验，以宁夏设施菜田地下水观测为切入点，观测周年地下水变化（不同形态氮素含量、水位上下运移），研究不同碳氮施肥管理措施下，设施菜田周年不同层次土壤氮素运移累积变化和土壤氮素淋溶变化，摸清周年地下水对宁夏灌区设施菜田土壤剖面氮素养分积累与淋溶的贡献份额。

（六）设施菜田耕层土体 N_2O 排放特点及其影响因素

利用在宁夏灌区建立的定位试验，在设施菜田夏休闲期，大水漫灌泡田前后和设施蔬菜生育期内基、追肥后，对设施菜田不同耕层土壤 N_2O 连续测定，定量研究在不同碳氮管理条件下的设施菜田耕层土体 N_2O 损失量；结合设施菜田休闲期干湿交替不同耕层土壤温湿度定位监测数据，定性研究土壤温、湿度等环境因素对 N_2O 排放的影响，揭示设施菜田夏休闲期耕层土体 N_2O 排放特点及其影响因素。

三、不同类型菜田面源污染防控技术试验设计

（一）设施番茄—黄瓜轮作体系土壤氮、磷流失规律及主要影响因素（简称设施蔬菜氮、磷淋溶重点试验监测）

采用随机区组设计，共设 6 个施肥处理，3 次重复，18 个小区，随机区组排列，处理名称及描述见表 1-6。各施肥处理肥料投入量和有机肥养分含量分别如表 1-7 和表 1-8 所示。氮肥为 N 46%尿素，磷肥为 P_2O_5 46%

表 1-6 设施菜田田间试验处理描述表

处理名称	处理描述
CK	对照处理：不施用任何肥料
CON	常规施肥处理：设施番茄—黄瓜轮作，施肥量根据当地调查平均数据。2008—2013 年，第 1 季番茄，播种方式为穴播，全部磷肥和有机肥用作基肥，氮肥基追比为（30%~40%）:（60%~70%），钾肥基追比为（40%~50%）:（50%~60%），番茄全生育期追肥 2~3 次；第 2 季黄瓜，播种方式为穴播，全部磷肥和有机肥用作基肥，氮肥基追比为（30%~40%）:（60%~70%），钾肥基追比为（40%~50%）:（50%~60%），全生育期追肥 1~2 次。2014 年冬春茬种植黄瓜，有机肥和磷肥全部基施，氮、钾 30%基肥，70%追肥，其中，20%通过滴灌追肥，50%通过畦灌追肥；2014 年秋冬茬番茄有机肥和磷肥全部基施，氮、钾 30%基肥，70%畦灌追肥。两季蔬菜都采用常规灌溉方式
OPT	优化化肥处理：设施番茄—黄瓜轮作，化肥用量在常规施肥的基础上减量 20%~40%进行推荐。蔬菜播种方式都为穴播，肥料种类、运筹方式和灌溉方式等田间管理同常规施肥处理
M	单施有机肥处理：根据当地常规有机肥用量和施用方式，每季蔬菜施干鸡粪 1 200 kg/亩，全部用作基肥。采用常规灌溉方式
CON+C/N	常规施肥+调节 C/N 处理：CON 处理基础上每亩分别施用 500 kg 麦草+500 kg 牛粪 [有机 C 含量 161.3 g/kg，C、N 比（17~36）:1] 调节土壤 C/N。栽培、肥料运筹及灌溉等田间管理同 CON 处理
OPT+C/N	优化化肥+调节 C/N 处理：减量优化化肥的基础上每亩分别施用 500 kg 麦草+500 kg 牛粪 [有机 C 含量 161.3 g/kg，C、N 比（17~36）:1] 调节土壤 C/N。栽培、肥料运筹及灌溉等田间管理同 OPT 处理

表 1-7　2008—2014 年设施菜田肥料投入纯 N、P、K 养分量

单位：kg/hm²

蔬菜季	处理	有机肥			化肥			施肥总量		
		N	P	K	N	P	K	N	P	K
2008 番茄	CON	178.2	118.8	288.0	900.0	327.5	871.3	1 078.2	446.3	1 159.3
	OPT	178.2	118.8	288.0	750.0	262.0	746.8	928.2	380.8	1 034.8
	M	178.2	118.8	288.0	—	—	—	178.2	118.8	288.0
	CON+C/N	250.2	139.1	332.3	900.0	327.5	871.3	1 150.2	466.5	1 203.5
	OPT+C/N	250.2	139.1	332.3	750.0	262.0	746.8	1 000.2	401.0	1 079.1
2008 黄瓜	CON	138.6	132.1	241.6	900.0	208.5	871.5	1 038.6	340.6	1 113.1
	OPT	138.6	132.1	241.6	675.0	130.5	622.5	813.6	262.6	864.1
	M	138.6	132.1	241.6	—	—	—	138.6	132.1	241.6
	CON+C/N	207.6	159.6	321.1	900.0	208.5	871.5	1 107.6	368.1	1 192.6
	OPT+C/N	207.6	159.6	321.1	675.0	130.5	622.5	882.6	290.1	943.6
2009 番茄	CON	105.1	83.7	241.2	900.0	327.5	871.3	1 005.1	411.2	1 112.5
	OPT	105.1	83.7	241.2	525.0	196.5	622.3	630.1	280.2	863.5
	M	105.1	83.7	241.2	—	—	—	105.1	83.7	241.2
	CON+C/N	138.9	89.6	326.5	900.0	327.5	871.3	1 038.9	417.1	1 197.8
	OPT+C/N	138.9	89.6	326.5	525.0	196.5	622.3	663.9	286.1	948.8
2009 黄瓜	CON	210.6	111.2	248.4	600.0	131.0	373.4	810.6	242.2	621.8
	OPT	210.6	111.2	248.4	450.0	98.2	435.6	660.6	209.5	684.0
	M	210.6	111.2	248.4	—	—	—	210.6	111.2	248.4
	CON+C/N	289.8	135.9	399.9	600.0	131.0	373.4	889.8	266.9	773.3
	OPT+C/N	289.8	135.9	399.9	450.0	98.2	435.6	739.8	234.2	835.5
2010 番茄	CON	219.2	131.8	284.4	690.0	327.5	398.3	909.2	459.2	682.7
	OPT	219.2	131.8	284.4	402.5	196.5	497.9	621.7	328.2	782.3
	M	219.2	131.8	284.4	—	—	—	219.2	131.8	284.4
	CON+C/N	310.1	150.2	456.9	690.0	327.5	398.3	1 000.1	477.7	855.2
	OPT+C/N	310.1	150.2	456.9	402.5	196.5	497.9	712.6	346.7	954.8

续表

蔬菜季	处理	有机肥			化肥			施肥总量		
		N	P	K	N	P	K	N	P	K
2010黄瓜	CON	154.1	123.8	189.0	600.0	131.0	373.4	754.1	254.8	562.4
	OPT	154.1	123.8	189.0	450.0	98.2	435.6	604.1	222.1	624.6
	M	154.1	123.8	189.0	—	—	—	154.1	123.8	189.0
	CON+C/N	198.9	134.8	282.8	600.0	131.0	373.4	798.9	265.8	656.2
	OPT+C/N	198.9	134.8	282.8	450.0	98.2	435.6	648.9	233.0	718.4
2011番茄	CON	155.2	144.0	276.8	900.0	327.5	497.9	1055.2	471.5	774.7
	OPT	155.2	144.0	276.8	525.0	196.5	622.3	680.2	340.5	899.2
	M	155.2	144.0	276.8	—	—	—	155.2	144.0	276.8
	CON+C/N	236.2	160.7	425.9	900.0	327.5	497.9	1136.2	488.1	923.8
	OPT+C/N	236.2	160.7	425.9	525.0	196.5	622.3	761.2	357.1	1048.3
2011黄瓜	CON	230.4	86.6	405.0	600.0	131.0	373.4	830.4	217.6	778.4
	OPT	230.4	86.6	405.0	450.0	98.2	435.6	680.4	184.8	840.6
	M	230.4	86.6	405.0	—	—	—	230.4	86.6	405.0
	CON+C/N	292.9	100.2	585.0	600.0	131.0	373.4	892.9	231.1	958.4
	OPT+C/N	292.9	100.2	585.0	450.0	98.2	435.6	742.9	198.4	1020.6
2012番茄	CON	155.2	144.0	276.8	900.0	327.5	497.9	1055.2	471.5	774.7
	OPT	155.2	144.0	276.8	525.0	196.5	622.3	680.2	340.5	899.2
	M	155.2	144.0	276.8	—	—	—	155.2	144.0	276.8
	CON+C/N	236.2	160.7	425.9	900.0	327.5	497.9	1136.2	488.1	923.8
	OPT+C/N	236.2	160.7	425.9	525.0	196.5	622.3	761.2	357.1	1048.3
2012黄瓜	CON	75.6	50.0	453.6	600.0	131.0	373.4	675.6	181.0	827.0
	OPT	75.6	50.0	453.6	450.0	98.2	435.6	525.6	148.3	889.2
	M	75.6	50.0	453.6	—	—	—	75.6	50.0	453.6
	CON+C/N	105.6	66.6	528.6	600.0	131.0	373.4	705.6	197.6	902.0
	OPT+C/N	105.6	66.6	528.6	450.0	98.2	435.6	555.6	164.9	964.2

蔬菜季	处理	有机肥			化肥			施肥总量		
		N	P	K	N	P	K	N	P	K
2013 番茄	CON	159.1	25.2	302.4	900.0	327.5	497.9	1 059.1	352.7	800.3
	OPT	159.1	25.2	302.4	450.0	65.5	398.3	609.1	90.7	700.7
	M	159.1	25.2	302.4	—	—	—	159.1	25.2	302.4
	CON+C/N	200.5	41.6	483.9	900.0	327.5	497.9	1 100.5	369.0	981.8
	OPT+C/N	200.5	41.6	483.9	450.0	65.5	398.3	650.5	107.0	882.2
2013 黄瓜	CON	388.8	183.6	342.0	600.0	300.0	450.0	988.8	483.6	792.0
	OPT	388.8	183.6	342.0	300.0	120.0	450.0	688.8	303.6	792.0
	M	388.8	183.6	342.0	—	—	—	388.8	183.6	342.0
	CON+C/N	512.6	201.6	465.8	600.0	300.0	450.0	1 112.6	501.6	915.8
	OPT+C/N	512.6	201.6	465.8	300.0	120.0	450.0	812.6	321.6	915.8
2014 黄瓜	CON	276.5	58.3	188.9	600.0	131.0	373.4	876.5	189.3	562.3
	OPT	276.5	58.3	188.9	300.0	52.4	298.7	576.5	110.7	487.6
	M	276.5	58.3	188.9	—	—	—	276.5	58.3	188.9
	CON+C/N	469.8	69.2	439.9	600.0	131.0	373.4	1 069.8	200.1	813.3
	OPT+C/N	469.8	69.2	439.9	300.0	52.4	298.7	769.8	121.5	738.6
2014 番茄	CON	363.4	196.2	252.0	900.0	327.5	497.9	1 263.4	523.7	749.9
	OPT	363.4	196.2	252.0	450.0	65.5	398.3	813.4	261.7	650.3
	M	363.4	196.2	252.0	—	—	—	363.4	196.2	252.0
	CON+C/N	494.5	232.7	405.8	900.0	327.5	497.9	1 394.5	560.2	903.6
	OPT+C/N	494.5	232.7	405.8	450.0	65.5	398.3	944.5	298.2	804.0

的重过磷酸钙，钾肥为 K_2O 50% 的硫酸钾；施肥方式都为撒施（2014 年为滴灌施肥为主），追肥与灌水结合进行。

（二）不同类型菜田氮、磷淋溶流失规律及其主要影响因素研究（以下简称不同类型菜田氮、磷淋失试验监测）

采用随机区组设计，设置 3 个处理，常规对照（CON）：施肥、耕作、

表 1-8 2008—2014 年不同设施蔬菜季有机肥养分含量（纯 N、P、K）

单位：g/kg

蔬菜季	鸡粪			牛粪		
	全 N	全 P	全 K	全 N	全 P	全 K
2008 番茄	9.88	6.63	15.98	9.58	2.75	5.94
2008 黄瓜	7.70	7.34	13.42	9.21	3.67	10.60
2009 番茄	5.84	4.65	13.40	4.50	0.78	11.37
2009 黄瓜	11.70	9.18	13.80	10.56	3.29	20.20
2010 番茄	12.18	7.32	15.80	12.12	2.46	23.00
2010 黄瓜	8.56	6.88	10.50	5.97	1.46	12.50
2011 番茄	8.62	8.00	15.38	10.80	2.22	19.88
2011 黄瓜	12.80	4.81	22.50	8.33	1.81	24.00
2012 番茄	8.62	8.00	15.38	10.80	2.22	19.88
2012 黄瓜	4.20	2.78	25.20	4.00	2.21	10.00
2013 番茄	8.84	1.40	16.80	5.52	2.18	24.20
2013 黄瓜	21.60	10.20	19.00	16.50	2.40	16.50
2014 黄瓜	15.36	3.24	10.50	25.76	1.45	33.46
2014 番茄	20.19	10.90	14.00	17.48	4.87	20.50

灌溉等农艺措施完全参照当地农民生产习惯；主因子优化（KF）：减少施肥量，以减施氮肥为主，磷、钾肥为辅；综合优化（BMP）：菠菜、芹菜主要以控灌减施化肥为主，控灌比常规灌溉量减少 30%，设施蔬菜在亩基施有机肥（牛粪）3 000 kg 基础上，调节 C、N 比为主（玉米秸秆 30 000 kg/hm²），菜心每亩增施有机肥（商品有机肥）200 kg，其他施肥与 KF 处理一致，各试验监测点各处理重复 3 次，共计 9 个小区，具体设计方案见表 1-9。

表 1-9　各试验监测点试验设计

单位：kg/hm²

地点	作物		CON			KF			BMP		
			N	P₂O₅	K₂O	N	P₂O₅	K₂O	N	P₂O₅	K₂O
贺兰	菠菜（第1季）		255	225	255	180	150	15	135	150	15
	菠菜（第2季）		210	360	45	165	150	15	165	150	15
	菠菜（第3季）		210	255	45	165	150	15	165	150	15
西吉	芹菜		428.7	300	180	310.2	225	120	231.15	180	120
平罗渠口	菜心（3茬施肥量一致）		135	22.5	22.5	102	16.5	16.5	88.5	15	15
贺兰	梅豆	2016	988.9	163.4	356.0	525	225	300	375	150	225
		2017	757.5	255	450	525	225	300	375	150	225
		2018	773.1	224.4	615	525	225	300	375	150	225

（三）有机无机配施下露地花椰菜—大白菜轮作体系土壤氮、磷残留和氮损失（以下简称露地花椰菜—大白菜轮作氮、磷残留试验）

采用随机区组设计，氮肥投入阈值试验设 8 个施肥处理，各有机、无机配施处理具体描述如表 1-10 所示；磷肥投入阈值试验设 6 个施肥处理，各有机、无机配施处理具体描述如表 1-11 所示。重复 3 次，随机区组排列。花椰菜—大白菜轮作，试验时间为 2011—2014 年。

有资料表明，第 1 季花椰菜目标经济产量为 45 t/hm²，每生产 1 000 kg 花椰菜经济产量需要 N 8.6 kg、P₂O₅ 3.0 kg、K₂O 7.2 kg，氮、磷、钾养分吸收比例为 1∶0.35∶0.84，目标产量下需养分 N 387 kg、P₂O₅ 135 kg、K₂O 324 kg，考虑到土壤和环境供应养分（N_{min}+矿化+灌水=155+100+20=275 kg/hm²）及肥料利用率情况（氮肥利用率按 35% 计），N、P₂O₅、K₂O 优化施肥量约为 300 kg/hm²、105 kg/hm²、250 kg/hm²。

第 2 季大白菜目标产量 75 t/hm²，大白菜每生产 1 000 kg 经济产量，需吸收氮 2.24 kg、P₂O₅ 0.65 kg、K₂O 3.15 kg，氮、磷、钾养分吸收比

表 1-10 露地蔬菜氮肥投入阈值田间试验处理描述

处理名称	处理描述
N0	空白：不施氮肥和有机肥；磷、钾肥采用优化施用量。施肥量根据当地调查平均数据，露地花椰菜—大白菜轮作，播种方式分别为移栽和条播，第 1 茬花椰菜 P_2O_5 105 kg/hm²，K_2O 250 kg/hm²；第 2 茬大白菜 P_2O_5 90 kg/hm²，K_2O 225 kg/hm²；磷、钾肥全部基施。两季蔬菜都采用常规畦灌灌溉方式
MN0	单施有机肥：根据当地常规施用有机肥用量和施用方式，每季蔬菜施用折合干鸡粪 6 000 kg/hm²，全部用作基肥，采用常规灌溉方式。两季蔬菜有机肥用量一致，磷、钾肥施用量和施肥方式同 N00 处理
MN0.75	M+75%N（单施有机肥+优化施氮量的 75%）：在 N00 和 N0 处理基础上，氮肥施用量按 75%优化设计施用量进行，栽培、磷、钾肥施用量与运筹及灌溉管理等同 N00 处理
MN1	M+100%N（有机肥+优化施氮量的 100%）：在 N1 处理基础上，氮肥用量按 100%优化设计施用量，第 1 茬花椰菜优化施氮量为 300 kg/hm²，50%基肥，50%追施；第 2 茬大白菜优化施氮量为 225 kg/hm²，30%基肥，70%追施；其他栽培、磷、钾肥施用量与运筹及灌溉管理等同 N1
MN1.25	M+125%N（有机肥+优化施氮量 125%）：在 N2 处理基础上，氮肥用量增加 1.25 倍，其他栽培、磷、钾用量与运筹及灌溉管理等同 N2
MN1.5	M+150%N（有机肥+优化施氮量 150%）：在 N2 处理基础上，氮肥用量增加 1.5 倍，其他栽培、磷、钾用量与运筹及灌溉管理等同 N2
MN2	M+200%N（有机肥+优化施氮量 200%）：在 N2 处理基础上，氮肥用量增加 2.0 倍，其他栽培、磷、钾用量与运筹及灌溉管理等同 N2
N1	单施化肥，化肥用量与 N2（M+100%N）处理：不施有机肥，其他栽培、氮、磷、钾肥用量与运筹及灌溉管理等同 N2

表 1-11 露地蔬菜磷肥投入阈值田间试验处理描述

处理	处理描述
P0	空白：不施磷肥，不施有机肥；氮、钾肥采用优化施用量。施肥量根据当地调查平均数据，花椰菜—大白菜轮作，播种方式分别为移栽和条播，第 1 茬花椰菜 K_2O 250 kg/hm² 全部基施，N 300 kg/hm² 50%基施，50%追施，追肥 1 次；第 2 茬大白菜 K_2O 225 kg/hm² 全部基施，N 225 kg/hm² 30%基施，70%追施，全生育期追肥 1 次。两季蔬菜都采用常规灌溉方式
MP0	单施有机肥：根据当地常规施用有机肥施用量和施用方式，每季蔬菜施用折合干鸡粪 6 000 kg/hm²，全部用作基肥，采用常规灌溉方式，两季蔬菜有机肥施用量一致

处理	处理描述
MP1	M+100%P（有机肥+优化施磷量100%）：在P00和P0处理基础上，磷肥用量按100%进行推荐。2011年花椰菜磷肥75 kg/hm² 全部基施；2011年紫甘蓝磷肥90 kg/hm² 全部基施。2012—2013年花椰菜 P_2O_5 105 kg/hm² 全部基施；2012—2013年大白菜 P_2O_5 90 kg/hm² 全部基施，栽培、氮、钾肥施用量与运筹及灌溉管理等同P00
MP2	M+200%P（有机肥+优化施磷量200%）：在P1处理基础上，磷肥用量200%增加，其他栽培、氮、钾肥施用量与运筹及灌溉管理等同P1
MP4	M+400%P（有机肥+优化施磷量400%）：在P1处理基础上，磷肥用量400%增加，其他栽培、氮、钾肥施用量与运筹及灌溉管理等同P1
P1	单施化肥，施用量同P1（100%）：处理P1单施化肥，不施有机肥，其他管理同P1处理

例为1：0.29：1.41。目标产量下大白菜需养分 N 168 kg、P_2O_5 49 kg、K_2O 236 kg，考虑到土壤和环境供应养分（N_{min}+矿化+灌水=40+63+20=123 kg/hm²）及肥料利用率情况（氮肥利用率按20%计），N、P_2O_5、K_2O 优化施肥量约为 225 kg/hm²、90 kg/hm²、225 kg/hm²。

氮肥为普通尿素，磷肥为过磷酸钙，钾肥为硫酸钾。纯鸡粪作为试验用有机肥，施用量按烘干基 6 t/hm²。花椰菜和大白菜的磷、钾肥和有机肥全部基施，花椰菜氮肥基施 50%，追施 50%；大白菜氮肥基施 50%，追施50%。

四、不同类型菜田面源污染防控技术试验监测点基本情况概述

（一）设施蔬菜氮、磷淋溶重点试验监测点基本情况

宁夏引黄灌区设施菜田地下淋溶监测点位于银川市兴庆区掌政镇杨家寨村五队，地理坐标是东经 106°21′27″，北纬 38°26′51″。该地主要气候特点是干旱少雨、蒸发强烈、光照充足、热量丰富、无霜期短、温差大。监测点地处银川平原，土地利用类型为旱地，主要进行日光温室蔬菜生产，种植制度为轮作，试验监测主要以番茄—黄瓜轮作为对象。

　　该地土壤类型为灌淤土。试验前采集 0~100 cm 土层土壤样品测定土壤机械组成、容重和 0~20 cm 土层土壤基础理化性质，如表 1-12、表 1-13 和表 1-14 所示。从表 1-12 可以看出，该土壤质地属于砂壤土，土壤容重为 1.37~1.63 g/cm³，由于长时期的传统耕作，0~20 cm 和 20~40 cm 土层的容重较低。

表 1-12　设施菜田监测地土壤机械组成及容重测定结果

土层深度/cm	黏粒	粉砂	砂粒	质地（美国制）	土壤容重/(g·cm⁻³)
0~20	14%	30%	56%	砂壤土	1.37
20~40	17%	26%	57%	砂壤土	1.37
40~60	13%	28%	59%	砂壤土	1.55
60~80	12%	27%	61%	砂壤土	1.63
80~100	15%	30%	55%	砂壤土	1.45

表 1-13　设施菜田基础土壤养分含量情况表（新鲜土样）

土层深度/cm	新鲜土壤样品分析结果（mg/kg 单位已经折算为干土含量）		
	含水率	硝态氮（N）/(mg·kg⁻¹)	铵态氮（N）/(mg·kg⁻¹)
0~20	10.3%	27.07	4.42
20~40	35.2%	9.67	5.75
40~60	25.5%	10.69	6.63
60~80	13.9%	6.22	4.30
80~100	34.1%	22.84	6.97

表 1-14　设施菜田基础土壤养分含量情况表（干基）

土层深度/cm	土壤养分测试结果						
	有机质（OM）/(g·kg⁻¹)	全氮（N）/(g·kg⁻¹)	全磷（P）/(g·kg⁻¹)	全钾（K）/(mg·kg⁻¹)	Olsen-P（P）/(mg·kg⁻¹)	速效钾（K）/(mg·kg⁻¹)	pH
0~20	30.10	2.42	2.14	15.80	302.40	390.00	8.27

表 1-14 数据表明该地土壤有机质含量和全氮、磷、钾含量及速效磷、钾含量都较高，属于高土壤肥力地块。

（二）不同类型菜田氮、磷淋失试验监测点基本情况

按照《农田面源污染监测方法与实践》要求，依据宁夏地形和气候特征，综合考虑土壤、作物种类与布局、种植制度、耕作方式、灌排方式，在宁夏主要作物种植区布置 4 个淋溶监测点，对各试验监测点土壤肥力进行了评价（马玉兰 等，2020），各试验监测点基本信息及土壤肥力状况见表 1-15。

表 1-15　各试验监测点信息及土壤基本性状

地点	小区面积/ m^2	作物（品种）	有机质/ $(g \cdot kg^{-1})$	全氮/ $(g \cdot kg^{-1})$	有效磷/ $(mg \cdot kg^{-1})$	速效钾/ $(mg \cdot kg^{-1})$	硝态氮/ $(mg \cdot kg^{-1})$	铵态氮/ $(mg \cdot kg^{-1})$	土壤肥力
贺兰	45	菠菜（帝沃 2 号）	16.38	0.92	50.53	103.21	3.85	0.44	中
西吉	42	供港蔬菜（70 菜心）	13.70	0.91	29.84	265.94	36.04	0.80	中
平罗渠口	72	芹菜（加州王）	14.94	0.69	12.33	105.12	3.64	1.08	中
贺兰	35.8	设施梅豆（绿龙）	29.99	1.65	59.48	205.47	17.58	0.53	高

（三）露地花椰菜—大白菜轮作氮、磷残留试验点基本情况

在宁夏灌区银川市兴庆区掌政镇，布置了 2 个氮肥投入阈值和 2 个磷肥投入阈值试验，试验期限为 2011—2014 年。各试验地属于半干旱平原区，土壤类型都为灌淤土，自流灌溉。该地区属大陆性气候，特点是干旱少雨、年降雨量不足 300 mm，蒸发强烈、光照充足、热量丰富、无霜期短、温差大，年际多变。

1. 氮肥投入阈值试验 1（DNXN1）

2012—2013 年在银川市兴庆区掌政镇杨家寨村五队进行，试验地地理坐标为东经 106°21′01.28″，北纬 38°26′43.74″，海拔 1 069 m。试验地前茬作物为春玉米，常年大田作物。0~200 cm 各层土壤理化性质如表 1-16 所示，土壤有机质和全氮含量不高，有效磷含量低，土壤肥力偏低。

表 1-16　DNXN1 监测地 0~200 cm 土壤基本现状

土层深度/cm	pH	有机质/$(g \cdot kg^{-1})$	全氮/$(g \cdot kg^{-1})$	全磷（P）/$(g \cdot kg^{-1})$	有效磷（P）/$(mg \cdot kg^{-1})$	NH_4^+-N/$(mg \cdot kg^{-1})$	NO_3^--N/$(mg \cdot kg^{-1})$
0~20	8.25	9.88	0.75	1.10	13.4	16.14	20.30
20~40	8.37	8.85	0.77	1.10	11.6	12.20	12.02
40~60	8.49	6.82	0.71	1.02	10.5	9.04	3.99
60~80	8.56	4.83	0.43	0.96	7.6	6.33	4.42
80~100	8.38	3.13	0.40	0.96	6.5	1.62	6.07
100~120	8.35	3.71	0.37	1.02	11.2	1.85	3.60
120~140	8.29	5.16	0.35	1.06	12.7	9.04	2.70
140~160	8.35	5.46	0.30	1.06	12.7	9.45	2.00
160~180	8.32	4.65	0.31	1.05	16.3	9.23	2.18
180~200	8.35	4.90	0.30	1.10	14.9	7.65	2.21

2. 氮肥投入阈值试验 2（DNXN2）

2012—2014 年在银川市兴庆区掌政镇杨家寨村一队进行，试验地地理坐标为东经 106°17′08.57″，北纬 42°58′06.30″，海拔 1 107 m。该试验地为常年露地菜田。0~200 cm 各层土壤理化性质如表 1-17 所示，土壤全氮含量高，有效磷含量较高，各层土壤无机氮累积明显，肥力属中上等水平。

表 1-17　DNXN2 和 DNXP2 监测地 0~200 cm 土壤基本现状

土层深度/cm	pH	有机质/$(g \cdot kg^{-1})$	全氮/$(g \cdot kg^{-1})$	全磷（P）/$(g \cdot kg^{-1})$	有效磷（P）/$(mg \cdot kg^{-1})$	NH_4^+-N/$(mg \cdot kg^{-1})$	NO_3^--N/$(mg \cdot kg^{-1})$
20	8.28	14.7	0.91	1.28	52.5	6.98	27.47
20~40	8.40	11.8	0.84	1.22	32.7	7.35	24.82
40~60	8.56	9.12	0.77	1.05	19.8	6.31	11.08

土层深度/cm	pH	有机质/(g·kg⁻¹)	全氮/(g·kg⁻¹)	全磷 (P) /(g·kg⁻¹)	有效磷 (P) /(mg·kg⁻¹)	NH_4^+-N/(mg·kg⁻¹)	NO_3^--N/(mg·kg⁻¹)
60~80	8.69	3.98	0.32	0.95	10.0	3.49	24.04
80~100	8.85	3.53	0.47	0.96	9.6	6.42	28.03
100~120	8.61	5.90	0.54	1.00	10.0	6.36	24.46
120~140	8.73	5.63	0.53	0.67	7.8	8.23	36.55
140~160	8.62	5.72	0.62	0.96	6.7	8.82	30.21
160~180	8.56	5.41	0.58	0.36	6.9	1.06	20.67
180~200	8.58	5.93	0.53	0.97	9.6	0.83	30.18

3. 磷肥投入阈值试验 1（DNXP1）

2011—2012 年在银川市兴庆区掌政镇杨家寨村九队进行，试验地地理坐标为东经 106°18′65.10″，北纬 42°59′14.10″，海拔 1 106 m。该试验地为常年露地菜田。试验前取 0~20 cm 土层的土壤理化性质如表 1-18 所示，试验地土壤有机质和全氮含量中上等水平，有效磷含量高，达 89.7 g/kg，土壤肥力水平相对较高。

表 1-18　DNXP1 监测地 0~20 cm 土壤基本现状

有机质/(g·kg⁻¹)	全氮 (N) /(g·kg⁻¹)	全磷 (P) /(g·kg⁻¹)	有效磷 (P) /(mg·kg⁻¹)
16.0	1.02	1.13	89.7

4. 磷肥投入阈值试验 2（DNXP2）

试验地基本情况和土壤理化性质同地块代码 DNXN2。

各试验用有机肥养分含量见表 1-19。

表 1-19 氮、磷投入阈值试验用有机肥养分含量

试验名称 地块	有机肥	有机质（OM）/ (g·kg⁻¹)	全氮（N）/ (g·kg⁻¹)	全磷（P）/ (g·kg⁻¹)	全钾（K）/ (g·kg⁻¹)
氮阈值 DNXN1	2012 鸡粪	208.0	4.20	2.78	25.2
	2013 鸡粪	237.0	19.00	21.60	10.2
氮、磷阈值 DNXN2 DNXP2	2012 鸡粪	208.0	4.20	2.78	25.2
	2013 鸡粪	274.0	29.72	10.20	15.2
	2014 鸡粪	295.6	10.70	3.40	13.0
磷阈值 DNXP1	2011 鸡粪	637.0	3.48	1.495	10.1
	2012 鸡粪	208.0	4.20	2.78	25.2
	2013 鸡粪	251.0	21.15	16.77	18.0

五、田间管理情况

（一）田间管理基本情况

1. 设施蔬菜氮、磷淋溶重点试验田间管理基本情况

该监测点常规耕作方式多采用棚内机械翻耕，翻耕深度 20~30 cm。试验前，整地施肥，按小区耕翻土壤，之后起垄（垄宽 130 cm，高 30 cm），垄间距 50 cm。起垄后垄上移栽蔬菜，淋溶盘位于垄的正下方。

各蔬菜季农药施用按常规管理防控病虫害。2008—2014 年，分别进行了 7 年 14 季蔬菜的轮作，2008—2013 年冬春茬种植番茄，秋冬茬为黄瓜，2014 年冬春茬为黄瓜，秋冬茬为番茄，种植记录如表 1-20 所示。番茄—黄瓜轮作体系下，蔬菜种植期间采用垄沟灌溉（膜下畦灌）方式，夏休闲期（6 月下旬到 7 月底）引黄河水进行大水漫灌方式，不同时期的灌溉量、灌水水源及水质记录见表 1-21。

2. 不同类型菜田氮、磷淋失试验监测田间管理情况

设施蔬菜、露地菠菜试验监测点于 2016 年布置试验，实施监测，露地芹菜和菜心试验监测点于 2017 年布置，实施监测；由表 1-22 可看出，露

表 1-20　设施菜田监测点种植记录

耕作记录		移栽记录			密度/ (株·亩$^{-1}$)	株距/ cm	行距/ cm
蔬菜名称	品种	移植日期	收获日期	播种方式			
番茄	玛丽亚	2007-12-28	2008-06-17	穴播	3 600	40	75
黄瓜	博耐 10 号	2008-08-23	2008-12-11	穴播	3 300	30	70
番茄	悦佳	2009-01-19	2009-06-16	穴播	3 100	40	75
黄瓜	津圆 6 号	2009-08-15	2009-11-17	穴播	3 500	30	70
番茄	欧盾	2009-12-20	2010-06-17	穴播	3 600	40	75
黄瓜	德尔 99	2010-08-07	2010-11-16	穴播	3 200	30	70
番茄	芬达	2010-12-03	2011-06-08	穴播	3 030	40	75
黄瓜	德尔 99	2011-08-05	2011-11-17	穴播	3 366	30	70
番茄	芬达	2011-12-08	2012-06-11	穴播	3 030	40	75
黄瓜	德尔 99	2012-08-01	2012-11-08	穴播	3 366	30	70
番茄	赞誉	2012-12-10	2013-06-08	穴播	3 220	40	75
黄瓜	德尔 99	2013-08-07	2013-11-04	穴播	4 000	30	70
黄瓜	德尔 88	2014-02-15	2014-06-12	穴播	3 655	30	70
番茄	赞誉	2014-07-10	2014-11-28	穴播	3 220	40	75

表 1-21　2008—2013 年番茄—黄瓜轮作期间灌溉记录

蔬菜季	灌水日期	灌溉水源	灌水量/ mm	总 N	NO$_3^-$-N	NH$_4^+$-N	总 P
				/(mg·L^{-1})			
2008 番茄	2008-03-05	GW	85.2	6.46	3.70	0.21	0.004
	2008-03-19	GW	99.4	3.42	1.03	0.19	0.001
	2008-04-14	GW	78.1	10.31	8.50	0.84	0.012
	2008-05-07	YR	106.5	6.60	1.86	0.40	0.030
2008 黄瓜	2008-08-23	GW	86.8	8.01	6.46	0.41	0.012
	2008-10-10	GW	71.1	13.14	12.81	0.31	0.023
	2008-11-18	YR	63.1	12.54	7.50	3.40	0.047

续表

蔬菜季	灌水日期	灌溉水源	灌水量/mm	总N	NO₃⁻-N	NH₄⁺-N	总P
				/(mg·L⁻¹)			
2009 番茄	2009-03-16	GW	91.5	1.58	1.07	0.04	0.240
	2009-04-08	GW	72.1	11.84	8.43	0.14	0.017
	2009-04-30	YR	104.1	1.62	0.98	0.03	0.128
2009 休闲	2009-06-21	YR	79.0	3.08	2.11	0.68	0.971
	2009-07-31	YR	116.8	5.60	4.58	0.75	0.250
2008 黄瓜	2009-08-16	GW	78.7	9.24	6.70	0.71	0.110
	2009-09-27	GW	83.2	16.17	11.69	0.36	0.070
2010 番茄	2010-03-22	GW	83.3	8.92	7.79	0.36	0.19
	2010-04-19	GW	75.8	2.99	1.65	0.18	0.02
	2010-05-02	YR	87.1	1.30	0.72	0.57	0.16
	2010-06-13	YR	104.4	2.26	1.79	0.16	0.14
2010 休闲	2010-07-20	YR	113.6	2.51	1.35	0.25	0.30
	2010-08-07	YR	79.2	3.09	2.07	0.43	0.18
2010 黄瓜	2010-08-31	YR	63.6	3.23	1.84	0.45	0.35
	2010-10-03	GW	54.7	2.13	1.24	0.31	0.02
	2010-10-15	GW	50.6	2.13	1.24	0.31	0.02
2011 番茄	2011-03-17	GW	85.2	8.35	7.37	0.58	0.48
	2011-04-08	YR	89.0	10.15	8.36	0.04	0.33
	2011-04-22	YR	87.1	9.51	8.00	0.05	0.28
	2011-05-16	YR	104.2	10.08	7.32	0.50	0.27
2011 休闲	2011-07-10	YR	132.6	6.48	5.45	0.15	0.37
2011 黄瓜	2011-08-05	YR	115.0	13.81	5.54	0.20	0.03
	2011-09-25	GW	109.5	8.89	4.33	0.17	0.03
	2011-10-21	GW	94.7	3.97	3.12	0.13	0.03

续表

蔬菜季	灌水日期	灌溉水源	灌水量/mm	总 N	NO₃⁻-N	NH₄⁺-N	总 P
				/(mg·L⁻¹)			
2012 番茄	2012-03-16	GW	85.2	4.95	4.35	0.60	0.40
	2012-04-29	GW	79.5	5.63	4.47	1.16	0.19
	2012-04-20	GW	85.2	7.40	6.68	0.72	0.32
	2012-05-28	YR	118.4	5.99	5.17	0.83	0.12
2012 休闲	2012-07-17	YR	142.0	4.65	3.98	0.66	0.11
2012 黄瓜	2012-08-01	YR	113.6	0.94	0.43	0.52	0.13
	2012-09-14	GW	85.2	10.64	9.99	0.65	0.04
	2012-10-18	GW	79.5	15.25	14.72	0.53	0.07
2013 番茄	2013-04-16	GW	99.4	6.49	5.03	0.14	0.03
	2013-05-08	YR	113.6	9.71	7.29	0.20	0.05
2013 休闲	2013-07-19	YR	132.6	2.56	—	—	0.12
2013 黄瓜	2013-08-07	YR	127.8	6.63	2.47	0.06	0.04
	2013-08-29	GW	102.3	1.61	1.43	0.11	0.05

注：GW 表示地下水，YR 表示黄河水，2014 年冬春茬黄瓜和秋茬番茄全部采用滴灌施肥，当年短暂的夏休闲期后直接种植秋冬茬番茄。

地菠菜每年种植 3 季，全年灌 6 次水，常规灌溉每次灌水量为 1 300 m³/hm²；全年灌 5 次水，常规灌溉每次灌水量为 1 275 m³/hm²；菠菜与芹菜灌溉方式均为畦灌；菜心灌溉方式为畦灌，每年种植 3 季，2020 年为 4 茬，全年灌 6 次水，常规灌溉每次灌水量为 1 200 m³/hm²；设施梅豆灌溉方式为滴灌，每季滴灌 6 次，滴灌量为 1 300 m³/hm²。

各作物选用氮肥品种为普通尿素（含 N 46%）、火箭氮（含 N 21%）；磷肥为重过磷酸钙（含 P₂O₅ 46.0%）、磷酸二铵（含 N 18%，P₂O₅ 46.0%），钾肥为硫酸钾（含 K₂O 50%），复合肥（15-15-15）；有机肥为牛粪（N 3.12%、P₂O₅ 0.87%、K₂O 1.37%）、商品有机肥（N 2.5%、P₂O₅ 1.3%、

表 1-22 不同蔬菜氮、磷流失试验监测点种植记录

蔬菜名称 (地点)	年度	灌溉方式	耕种记录		灌溉记录 (取水时间)	播量、密度/ (kg·hm⁻²) (万株·hm⁻²)
			种植日期	收获日期		
菠菜 (贺兰)	2016	畦灌	2016-04-26	2016-06-07	2016-04-26	第1、第3茬: 75.0 第2茬: 97.5
			2016-06-20	2016-07-29	2016-06-20	
			2016-08-10	2016-09-21	2016-08-10	
	2017		2017-05-02	2017-06-15	2017-05-02	
			2017-07-07	2017-08-22	2017-07-07	
			2017-08-29	2017-10-23	2017-08-29 2017-09-30	
	2018		2018-04-19	2018-06-04	2018-04-20 2018-05-22	
			2018-06-14	2018-07-26	2018-06-14	
			2018-08-11	2018-09-22	2018-08-11	
	2019		2019-04-17	2019-06-04	2019-04-17 2019-05-24	
			2019-07-04	2019-08-14	2019-07-04	
			2019-08-24	2019-10-09	2019-08-24	
	2020		2020-04-10	2020-05-28	2020-04-10 2020-05-22	
			2020-06-09	2020-07-20	2020-06-10	
			2020-08-18	2020-09-27	2020-08-19 2020-09-18	
芹菜 (西吉)	2018	畦灌	2018-04-05	2018-08-06	2018-04-23 2018-05-20 2018-07-05 2018-07-19 2018-08-03	19.95
	2019		2019-04-03	2019-08-27	2019-03-28 2019-04-12 2019-05-26 2019-06-25 2019-07-19 2019-08-11	

续表

蔬菜名称 (地点)	年度	灌溉 方式	耕种记录		灌溉记录 (取水时间)	播量、密度/ (kg·hm⁻²) (万株·hm⁻²)
			种植日期	收获日期		
菜心 (平罗)	2018	喷灌	2018-04-02	2018-05-15	2018-04-28	7.2
			2018-06-15	2018-08-09	—	
			2018-08-22	2018-10-15	—	
	2019		2019-04-01	2019-05-17	2019-05-07	
			2019-05-25	2019-07-01	—	
			2019-08-20	2019-10-08	—	
菜心 (平罗)	2020	滴灌	2020-03-24	2020-05-15	2020-04-23 2020-05-05	7.2
			2020-05-28	2020-07-01	2020-06-25	
			2020-07-07	2020-08-14	2020-08-04	
			2020-09-10	2020-10-19	2020-09-19 2020-10-12	
梅豆 (贺兰)	2016	滴灌	2016-07-27	2016-11-28	2016-09-02 2016-09-22 2016-10-02 2016-10-11 2016-11-12 2016-11-27	5.25
	2017		2017-09-14	2017-12-25	2017-10-07 2017-10-29 2017-11-07 2017-11-19 2017-11-30	
	2018		2018-09-02	2018-11-22	2018-08-30 2018-09-20 2018-10-10 2018-10-25	

K_2O 1.24%)。

3. 露地花椰菜—大白菜轮作氮、磷残留试验点田间管理基本情况

露地蔬菜氮、磷阈值试验都采用常规耕作方式，多采用机械翻耕，翻

耕深度 20 cm 左右，试验前，整地施肥，按小区翻耕土壤，之后起垄（垄宽 130 cm，高 30 cm），垄间距 50 cm。第 1 季春茬种植花椰菜采用垄上移栽，第 2 季秋茬大白菜垄上条播，出苗后间苗定植，各试验点种植记录见表 1-23。灌溉方式都采用垄沟畦灌，花椰菜灌水 3~5 次，单次灌水量 25.5~31.5 mm；大白菜灌水 4 次，单次灌水量 24.0~24.5 mm。

（二）样品采集与测定方法

1. 设施蔬菜氮、磷淋溶重点试验

（1）土壤样品采集：试验前土壤剖面采样，在各小区取 150 cm 深的土壤剖面，经简单处理后，详细观察、描述、记录土壤剖面情况。同时，分 0~20 cm、20~40 cm、40~60 cm、60~80 cm 和 80~100 cm 土层采集、制备基础土壤样品，至少 3 个土壤剖面采样，同一层次土样混合，确保 0~20 cm 土层土壤样品总量不少于 10 kg，其余土层土壤样品不少于 1.0 kg。同时，采集新鲜土壤样品 1.0 kg 置于封口袋中，立即冷冻保存。用 0.01 mol/L $CaCl_2$ 浸提，Alliance Futura 流动注射分析仪测定土壤 NO_3^--N 和 NH_4^+-N 含量。

试验收获时土壤样品采集：蔬菜收获后，用土钻多点、混合采集各小区 0~20 cm 土层土壤样品。土壤样品分为两份，其中一份风干保存，另一份为新鲜土壤样品，用封口袋冷冻保存。从 2009 年黄瓜收获起，按 20 cm 一层多点混合采集 0~100 cm 土层的土壤样品，用来测定土壤 NO_3^--N 和 NH_4^+-N 含量。

（2）植株样品采集：在番茄—黄瓜生长的盛果期按小区分别采集果实样，每次采集样品 2~3 kg，连续采集 3 次样品，混合，烘干，粉碎，测定其全氮、全磷含和全钾养分含量。

蔬菜收获时，按经济产量部分（果实）和废弃物部分（茎秆）分别采集、制备植物样品。记录每个小区产量，多点混合采集、制备样品，烘干样品重量不少于 0.1 kg，测定养分含量。

表1-23 氮、磷投入阈值试验田间试验种植情况

试验名称地块	耕作记录		播种记录			播种方式	密度/(株·亩⁻¹)	株距/cm	行距/cm
	蔬菜名称	品种	播种日期	移植日期	收获日期				
氮阈值 DNXN1	花椰菜	欧罗	—	2012-05-07	2012-07-18	穴播	2 259	50	58
	大白菜	小叉和秋	2012-08-01	2012-08-29	2012-10-10	条播	3 322	34	58
	花椰菜	春秀	—	2013-05-06	2013-07-04	穴播	2 326	50	55
	大白菜	小叉和秋	2013-07-24	2013-08-20	2013-10-08	条播	3 721	35	60
氮、磷阈值 DNXN2 DNXP2	花椰菜	欧罗	—	2012-05-07	2012-07-18	穴播	2 555	50	55
	大白菜	小叉和秋	2012-08-01	2012-08-29	2012-10-10	条播	2 889	37	62
	花椰菜	春秀	—	2013-05-06	2013-07-04	穴播	2 489	50	55
	大白菜	小叉和秋	2013-07-24	2013-08-20	2013-10-08	条播	2 933	35	60
	花椰菜	春秀	—	2014-05-06	2014-07-08	穴播	2 489	50	55
	大白菜	小叉和秋	2014-07-26	2014-08-19	2014-10-09	条播	2 845	35	60
磷阈值 DNXP1	紫甘蓝	普莱米罗	—	2011-02-24	2011-06-26	穴播	2 260	50	55
	花椰菜	春秀	—	2011-07-21	2011-11-13	穴播	2 260	40	45
	花椰菜	春秀	—	2012-04-25	2012-06-26	穴播	2 500	50	55
	大白菜	小叉和秋	2012-07-10	2012-07-23	2012-09-17	条播	2 062	31	44
	花椰菜	春秀	—	2013-04-13	2013-06-13	穴播	2 334	50	55
	大白菜	小叉和秋	2013-07-05	2013-07-29	2013-09-16	条播	2 479	31	44

（3）田间原位淋溶盘安装：淋溶盘安装位置见图 1-14。以两个小区交接线为中线，挖掘一个长 250 cm、宽 100 m、深 150 m 的土壤剖面，在每个剖面的两端安装两套淋溶装置。在土壤剖面挖掘过程中要保证监测小区一面整齐不塌方，挖出的土壤分层（0~20 cm、20~40 cm、40~60 cm、60~80 cm 等）堆放，以便能分层回填；在监测小区一面的纵剖面距地表 95 cm 深处（确保淋溶盘上表面在地面下 90 cm 深处）朝小区内水平方向挖深 40 cm（PVC 盘面积 30 cm × 50 cm）或 50 cm（PVC 盘面积 40 cm × 50 cm），宽 55 cm 左右的方形洞，并尽力使洞的上表面平整；将 PVC 盘出水嘴处接好短出液管，并用硅胶或其他防水胶封严，然后在盘内出水口处覆两层 100 目尼龙纱网，将尼龙纱网用硅胶或其他防水胶稍加固定后，再向盘内装满用清水洗净的粗砂，装粗砂量以距盘口 2~3 mm 为宜，最后在粗砂表层覆盖一层尼龙纱网，并用取自 90 cm 深处的土壤调制的粗泥浆铺在纱网上，将 PVC 盘放入挖好的水平方洞中使泥浆尽量与洞的上平面紧密接触，以模拟原土壤基质势，最后将洞口回填压实；在水平洞口覆盖一层比洞口大的塑料薄膜，并用粗厚泥浆封严洞口，只将连在 PVC 盘底部的出液管露出，短管另一端接在一个容积为 10 L 的接液瓶橡胶塞上，安放位置低于 PVC 盘，用以盛装收集淋溶液；将抽液管和通气管接入接液瓶，保证其与接液瓶橡胶塞连接紧密，以防漏水。通气管露出胶塞约 1 cm，抽液管底距接液瓶底 2~3 mm，接液管下端斜剪成楔状，以防泥沙堵塞；分层回填，逐层压实，并多次灌溉使土壤尽量恢复原状。回填的过程中注意通气管和

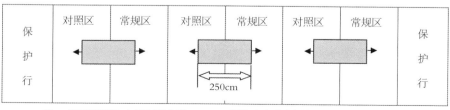

注：▨ 土壤剖面位置　↔ 淋溶盘安装位置与方向

图 1-14　保护地生产条件下监测试验淋溶盘安装位置示意图

抽液管能露出地面。

为直观观测淋溶出液情况，也可采用田间原位淋溶液管式集液装置或田间原位淋溶液自流式集液装置，见图1-8。

（4）淋溶水样采集：每次灌水3 d后，每个处理小区提取水样约500 mL，分别提取2小瓶，每瓶约250 mL。同时测算每次淋溶水体积量，样品于−20℃冰柜中保存待测，测定前解冻，测试其全氮、全磷、可溶性磷、硝态氮和铵态氮含量。

（5）灌溉水样采集：记录灌溉水源、每次灌水时间，保持各小区灌水量一致。通过水泵流量和各小区灌水时间估算每次灌水量，并取灌溉水样500 mL左右冷冻保存测定全氮、全磷含量。由于是日光温室监测，降水不计。

（6）地下水采集、分析项目和方法：在设施菜田保护区内埋置的380 cm深的PVC管观测井2个，定期测定农田地下水埋深，并分别采集地下水样约500 mL，样品于−20℃冰柜中保存待测，测试前解冻，测定其TN、TSN、NO_3^--N和NH_4^+-N含量，SON（mg/L）=TSN−NO_3^--N−NH_4^+-N。分析方法与淋溶水样分析方法一致，溶解性总氮（TSN），采用碱性过硫酸钾消解紫外分光光度法。

（7）气体采集方法：在设施菜田夏休闲期间，大水漫灌泡田前后和设施黄瓜生育期内基追肥后，利用静态箱—气相色谱法采集测定不同施肥处理下土壤N_2O排放浓度，定量研究不同碳氮管理下土壤剖面中N_2O排放损失量，静态密闭箱装置底座安装在畦上，每个小区安装一个，静态密闭箱为5个，重复采气使用。静态箱圆筒形尺寸：320 mm × 600 mm。滴灌施肥期间采集气体方法同基肥和畦灌追肥。

气体采集时间定于上午9:00—11:00时间段，在休闲期大水漫灌前后、设施番茄、黄瓜基追肥后分别进行原位动态监测。休闲期大水漫灌前采集1次气体，灌水后第1 d、3 d、5 d、7 d、11 d各监测1次，设施蔬菜生育期间，基追肥后第 1 d、3 d、5 d、7 d、11 d 各监测 1 次（基肥后可加测到 15 d 前后，直至各施肥处理 N_2O 排放通量无差异时为止）。每次取样时，用 50 mL 注射器连续采集不同施肥处理 0 min、10 min、20 min、30 min 的 4 个样品，注射器来回抽动多次，保证气体均匀，采好的样品带回实验室用气相色谱仪测定样品中的 N_2O 含量。每次采气时记录采样箱内温度。每次采集气体样品前后，采用 AR5 气象要素自动观测系统（北京雨根科技有限公司）测定 0~5 cm 土层土壤温度、湿度和气温等。

（8）样品测试方法：样品种类有水样、土壤样和植株样品三类，其测定指标及方法见表 1-24。

表 1-24　样品测定指标及方法

样品名称	测定指标	标准检测方法	标准号
水样	总氮	碱性过硫酸钾消解紫外分光光度法	GB 11894-89
水样	总磷	钼酸铵分光光度法	GB 11893-89
水样	可溶性磷	过硫酸钾氧化—钼蓝比色法	GB 11893-89
水样	硝态氮	酚二磺酸分光光度法	GB 7480-87
水样	铵态氮	水杨酸分光光度法	GB 7481-87
土样	pH	pH 计电位测定法	—
土样	有机质	重铬酸钾容量法	GB 9834-88
土样	总氮	半微量开氏法	GB 7173-87
土样	总磷	钼蓝分光光度法	GB 837-88
土样	有效磷	碳酸氢钠浸提—钼锑抗比色法	GB 12297-90
土样	速效钾	醋酸铵—火焰光度计法	NY/T 889-2004
土样	硝态氮	0.01 mol/L $CaCl_2$ 浸提流动分析法	—
土样	铵态氮	0.01 mol/L $CaCl_2$ 浸提流动分析法	—
植株样	总氮	H_2SO_4-H_2O_2 消煮，半微量开氏法	GB/T 6432-2018
植株样	总磷	H_2SO_4-H_2O_2 消煮，钒钼黄比色法	GB/T 6437-2018
植株样	总钾	H_2SO_4-H_2O_2 消煮，火焰光度计法	GB 5009.91-2017

2. 不同类型菜田氮、磷淋失试验监测

按照《农田面源污染监测方法与实践》（刘宏斌 等，2015）要求进行田间监测小区建设、田间渗滤池装置及安装和样品的采集、分析与测试方法。

3. 露地花椰菜—大白菜轮作氮、磷残留试验点

（1）土壤样品采集与分析。采样频率：每季露地蔬菜试验前、收获后各采集一次。

土壤容重：试验前在保护行挖 0~200 cm 土层土壤剖面，每 20 cm 用环刀法测定土壤容重，并描述剖面性状。

基础土样及测试指标：试验前采集 0~200 cm 土层土壤样品，每 20 cm 采集一个样。各层土壤样品取鲜样 200 g 冷冻保存，用于分析硝态氮、铵态氮、溶解性总氮、含水量；将风干土样分为两份，按编码规则写好标签后，一份自备（要求 0~20 cm 土层不少于 4 kg，其余各层样品不少于 1 kg），另一份（要求 0~20 cm 土层土壤不少于 2 kg，其余各层样品不少于 0.3 kg）分析测定土壤有机质、全氮、全磷、pH、Olsen-P、$CaCl_2$-P。

收获后土样及测试指标：每年秋季作物收获后采集 5 钻 0~200 cm 土层土壤样品，每 20 cm 采集一个样；其他季节作物收获后的土壤采样深度为 0~100 cm，每 20 cm 采集一个样。鲜土样采集后冰冻保存，分析硝态氮、铵态氮、溶解性总氮、含水量。每年秋季作物收获后的土壤样品还应风干保存备用。

有机质采用重铬酸钾容量法测定；全氮采用凯氏法测定、全磷采用钼锑抗比色法测定、全钾采用火焰光度法测定、溶解性总氮采用碱性过硫酸钾氧化法，硝态氮、铵态氮采用流动注射分析法测定。溶性磷含量采用比色法测定和土壤 Olsen-P 采用比色法测定法。

（2）植物样品采集与分析。作物收获后测产，并分别采集、制备花椰菜和大白菜样品。所有植株烘干样不少于 100 g，测试指标均为全氮或全

磷、含水量。全氮采用凯氏法测定、全磷采用钼锑抗比色法测。

（3）氨挥发样品采集与测定方法。2013 年在低肥力田块（DNXN1），监测了露地花椰菜—大白菜轮作体系氨挥发损失特征。氨挥发采用密闭室间歇通气法测定，密闭室为内径 20 cm、高 15 cm 的无底有机玻璃圆筒，将其嵌入土中约 2 cm。密闭室顶部留有直径 25 mm 的进气孔，与高 2.5 m 的通气管相连，出气口与氨吸收装置相连，通过真空泵控制阀保持交换室内空气交换频率为 15 次/min 左右。氨吸收装置中吸收溶液为 60 mL 浓度为 0.05 mo/L 的稀硫酸溶液。测定时间为每日 9:00—10:00 和 15:00—16:00，通过这段时间土壤产生的气态氨可测算全天的平均水平，以该 2 小时平均通量折算一天的氨挥发通量。露地蔬菜施肥（基肥或追肥）灌水后第 2 d 起开始抽气测定，如果遇阴天或下雨天，可隔 1~2 d 测一次，直到施肥后 10~11 d 停止，此时施氮处理与对照的氨挥发通量基本无差异。抽气结束后将吸收液带回实验室，然后在实验室内利用靛酚蓝比色法测定吸收液中铵态氮的含量。

（三）数据的处理、计算方法

1. 设施蔬菜氮、磷淋溶重点试验

$$氮、磷淋失量 \ P = C_i \times V_i$$

其中，P 为氮、磷淋失量；C_i 为第 i 次淋溶水中氮、磷的浓度（mg/L）；V_i 为第 i 次淋溶水的体积（L）。

氮肥淋失系数（%）=（施肥处理氮淋失量−对照氮淋失量）×100/施氮量

地上部氮吸收（kg/hm²）=果实产量×果实氮含量+茎秆产量×茎秆氮含量

氮肥利用率（%）=（施肥处理氮吸收量−对照氮吸收量）×100/施氮量

土壤氮矿化（kg/hm²）=无肥区地上部氮+土壤残留 N_{min}−无肥区起始 N_{min}

N_{min} 累积量（kg/hm²）=土层×土壤容重×NO_3^--N（NH_4^+-N）浓度/10

氮表观损失（kg/hm²）=氮素总输入−地上部吸收−土壤残留 N_{min}

数据和图表处理用 Excel 2007 及 DPS 7.05 进行统计分析。

2. 不同类型菜田氮、磷淋失试验监测

监测周期内农田面源污染排放通量的计算公式：

$$F=\sum_{i=1}^{n}\frac{V_i\times C_i}{S}\times f$$

其中，F 是农田面源污染排放通量（kg/hm²）；n 表示监测周期内的农田产流（地表径流或地下淋溶）次数；V_i 表示第 i 次产流的水量（L）；C_i 表示第 i 次产流的氮、磷等面源污染物浓度（mg/L）；S 为监测单元的面积（m²），地表径流监测单元的面积即为监测小区的面积，地下淋溶监测单元的面积为田间渗滤池所承载的集液区的面积；f 是转换系数，系由监测单元面源污染物排放量（mg/m²）转换为每公顷面源污染物排放量（kg/hm²）时的转换系数。

氮效率评价公式如下：

氮收获指数= 籽粒氮积累量/地上部总氮积累量

氮肥偏生产力（kg/kg）=施氮区产量/施氮量

同理可计算磷肥、钾肥收获指数和偏生产力。

3. 露地花椰菜—大白菜轮作氮、磷残留试验点

地上部氮吸收（kg/hm²）=果实产量×果实氮含量+茎秆产量×茎秆氮含量

氮肥利用率（%）=（施肥处理氮吸收量−对照氮吸收量）×100/施氮量

土壤氮矿化（kg/hm²）=无肥区地上部氮+土壤残留 N_{min}−无肥区起始 N_{min}

N_{min} 累积量（kg/hm²）=土层×土壤容重×NO_3^-−N（NH_4^+−N）浓度/10

$F=D\times10^{-6}\times V_a\times10^{-3}\times10^4/(\pi\times r^2)\times V_c/V_s\times24/t$

其中，F 表示氨挥发通量，kg N·hm⁻²·d⁻¹；D 表示铵态氮的测定值，mg N·L⁻¹；V_a 表示酸阱中稀硫酸溶液的体积，mL；r 表示气室的半径，m；

V_t 表示比色管容积，ml；V_s 表示比色法测定时的取样量，ml；t 表示氨挥发收集时间，h。

施肥处理氨挥发累积损失率（%）＝（施肥处理氨挥发量－不施氮 N0 处理氨挥发量）/施氮量×100

氨挥发累积量中化肥的贡献率（%）＝（施肥处理氨挥发量－单施有机肥处理氨挥发量）/（施肥处理氨挥发量－不施氮 N0 处理氨挥发量）×100

数据图表处理采用 Excel 2007 和 DPS 7.05 进行统计分析。

第二章　宁夏露地菜田氮、磷流失监测与防控技术研究

化肥是作物增产的重要保障，相对于谷类作物，蔬菜种植通常需要更高强度的管理和大量水肥投入。2010 年之前，中国氮肥用量超过了全球氮肥用量的 30%（Zhang et al.，2010）。据统计，全球氨排放总量中 20% 来自中国（Klimont，2001），特别是来自集约化程度高的农业地区。我国禾谷类作物的氮肥利用率仅 28%~41%，大部分氮素通过土壤淋洗、氨挥发和反硝化等途径损失掉（朱兆良，1992）。大量不合理地施用化肥导致肥料利用率低和经济效益下降，更会造成土壤硝态氮累积、土壤质量下降及水体污染等问题（Shi et al.，2009），同时也严重影响蔬菜产品的品质。由氮、磷引起的水体面源污染已经得到全世界的广泛关注（Conley et al.，2009；Olarewaju et al.，2009）。很多研究表明，合理控制灌水、氮肥投入是提高水分和氮肥利用率，减少露地蔬菜硝酸盐累积和土体硝酸盐淋洗的重要措施（于红梅 等，2005）。

宁夏统计局统计资料显示，2009 年宁夏全区蔬菜种植面积达 12.4 万 hm²，其中，露地蔬菜种植面积占 54.6%，引黄灌区蔬菜种植面积占 55.5%。全区大部分区域的露地蔬菜种植中存在施肥结构不合理，重化肥轻有机肥，肥料利用率低等已成为影响农业增效、农民增收的主要限制因素之一。2007 年测土配方调查数据来看，自流灌区耕地土壤有效磷平均含量基本稳定在

28 mg/kg，露地蔬菜土壤有效磷平均含量在 26.21 mg/kg，接近自流灌区耕地土壤有效磷平均含量，导致耕地土壤有效磷含量不断增加的重要原因是磷肥不断增加及磷在土壤的叠加累积。因此，研究宁夏灌区露地蔬菜氮、磷肥的合理施用及其环境效应具有重要意义，通过多年定位监测试验研究不同类型露地蔬菜氮和磷淋失规律、蔬菜产量及养分吸收利用、土壤氮和磷累积规律，综合提出基于产量、经济效益和环境保护多目标的主要类型露地蔬菜的氮和磷肥投入阈值或水肥管理模式，为宁夏灌区露地蔬菜合理施肥和高质量绿色发展提供科学依据和技术支撑。

第一节　露地花椰菜—大白菜产量和养分吸收利用及土壤氮、磷累积

一、氮、磷施用量对花椰菜—大白菜产量的影响

（一）施氮量对花椰菜—大白菜产量的影响

在低肥力田块下，从表 2-1 可以看出，2012—2013 年花椰菜和大白菜经济产量在不同施氮肥处理间存在显著差异；除 MN0 处理外，有机无机氮肥配施处理间蔬菜经济产量均无显著差异。不同施氮处理下，2012 年、2013 年花椰菜经济产量分别为 20.90~34.73 t/hm² 和 20.38~35.51 t/hm²，两年的产量差异并不大，其最高产量施氮处理为 MN0.75。2012 年、2013 年大白菜经济产量分别为 98.06~176.41 t/hm² 和 39.72~160.47 t/hm²，两年大白菜最高产量施氮处理为 MN1.25 和 MN1.5。相对于 N0 处理，增施氮肥均可显著提高大白菜经济产量。

低肥力田块下不同施氮处理下花椰菜外叶产量差异都不显著（表 2-2），其干物质产量为 5.53~7.03 t/hm²；但 2013 年地上部外叶产量出现显著差异，不同施氮处理下干物质产量为 3.85~7.18 t/hm²，N0 处理显著低于 MN1、MN1.25、MN1.5、MN2 和 N1 处理。

表 2-1　2012—2013 年露地花椰菜—大白菜经济产量（低肥力田块，鲜重：t/hm²）

处理	2012 花椰菜	2013 花椰菜	2012 大白菜	2013 大白菜
N0	21.65 b	20.38 d	98.06 e	39.72 d
MN0	20.90 b	29.40 c	130.73 cd	70.33 cd
MN0.75	34.73 a	35.51 a	162.62 ab	137.02 ab
MN1	31.25 ab	33.76 ab	156.40 ab	133.58 ab
MN1.25	30.69 ab	33.80 ab	176.41 a	146.51 a
MN1.5	28.97 ab	34.05 ab	159.47 ab	160.47 a
MN2	22.87 b	30.70 bc	146.01 bc	124.65 ab
N1	25.23 ab	31.63 abc	122.76 d	99.16 bc

注：同列数值后不同小写字母表示显著差异达 5% 显著水平，下同。

表 2-2　2012—2013 年露地花椰菜外叶产量（低肥力田块，干重：t/hm²）

处理	2012 花椰菜	2013 花椰菜
N0	7.03 a	3.85 d
MN0	5.53 a	5.47 bcd
MN0.75	5.93 a	4.69 cd
MN1	6.63 a	5.63 abc
MN1.25	6.91 a	7.18 a
MN1.5	6.45 a	6.56 ab
MN2	6.44 a	5.72 abc
N1	5.79 a	5.63 abc

　　从表 2-3 可以看出，中高肥力田块下，2012—2014 年花椰菜和大白菜经济产量在不同施氮肥处理间存在显著差异。不同施氮处理下，2012 年、2013 年、2014 年花椰菜经济产量分别为 21.36~51.43 t/hm²、10.45~34.60 t/hm² 和 25.88~38.83 t/hm²；大白菜经济产量分别为 90.24~160.62 t/hm²、101.20~153.71 t/hm² 和 93.30~142.36 t/hm²。除 MN0 处理外，相对于 N0 处理，其

他有机、无机配施氮肥均可显著提高花椰菜和大白菜经济产量。MN1 处理相对于 N1 处理，2012 年、2013 年、2014 年花椰菜和大白菜产量分别可提高 8.95%、14.02%、21.92%和 23.05%、5.97%、25.60%。

表 2-3　2012—2014 年不同施氮量下露地蔬菜经济产量（中高肥力田块，鲜重：t/hm²）

处理	2012 花椰菜	2013 花椰菜	2014 花椰菜	2012 大白菜	2013 大白菜	2014 大白菜
N0	21.36 c	10.45 c	25.88 b	90.24 c	101.20 b	93.30 d
MN0	23.53 c	25.64 b	34.22 ab	91.58 c	144.76 a	103.68 cd
MN0.75	37.20 b	30.36 ab	36.84 a	137.51 ab	153.41 a	142.36 a
MN1	39.93 ab	30.36 ab	38.83 a	145.74 a	151.07 a	140.94 a
MN1.25	51.43 a	30.74 ab	36.46 a	160.62 a	153.12 a	120.46 bc
MN1.5	51.18 a	34.60 a	38.08 a	160.62 a	153.71 a	127.86 ab
MN2	41.00 ab	34.60 a	37.33 a	153.98 a	152.53 a	124.73 ab
N1	36.65 b	26.63 b	31.85 ab	118.44 b	142.56 a	112.21 bc

中高肥力田块下，2012 年由于其土壤基础肥力较高，不同施氮处理下花椰菜外叶产量差异都不显著（表 2-4），其干物质产量为 5.97~8.06 t/hm²。

表 2-4　2012—2014 年不同施氮量下露地花椰菜外叶产量（中高肥力田块，干重：t/hm²）

处理	2012 花椰菜	2013 花椰菜	2014 花椰菜
N0	5.97 b	1.35 b	2.07 ab
MN0	7.22 ab	3.29 a	1.87 b
MN0.75	8.06 ab	3.72 a	3.09 a
MN1	7.55 ab	3.61 a	2.81 ab
MN1.25	7.76 ab	3.28 a	2.43 ab
MN1.5	8.02 ab	3.57 a	2.46 ab
MN2	7.00 ab	3.68 a	2.75 ab
N1	9.04 a	2.99 a	2.96 ab

2013 年花椰菜地上部外叶产量出现显著差异，相对于 N0 处理（1.35 t/hm²），增施肥处理都能显著提高地上部外叶干物质产量，增施氮处理下干物质产量为 2.99~3.72 t/hm²。2014 年，不同施氮处理间花椰菜外叶干物质量差异不大，为 1.87~3.09 t/hm²，以 MN0.75 处理为最高。由此可见，不同年份中，增施氮肥对外叶干物质量并没有显著影响。

（二）施磷量对花椰菜—大白菜产量的影响

从表 2-5 可看出，在高肥力田块，除 2013 年花椰菜外，增施磷肥处理对露地蔬菜经济产量都有显著影响。不同施磷处理下，2011 年、2012 年和 2013 年花椰菜经济产量分别为 35.21~48.75 t/hm²、29.94~36.21 t/hm² 和 35.12~39.03 t/hm²，年际产量各有差异，由于基础土壤供磷能力高，相对于 P0 处理，增施磷肥仅 MP4 处理增产达显著水平。2011 年紫甘蓝经济产量为 76.42~92.53 t/hm²，与 P0、MP0 处理相比，增施磷肥均有显著增产效果。2012 和 2013 年大白菜经济产量分别为 117.77~170.58 t/hm² 和 110.01~171.56 t/hm²，增产效果都以 MP1 处理为最好。可以看出，不同露地蔬菜的经济产量在 MP1、MP2、MP4 和 P1 处理间均无显著差异，说明过量增施磷肥对露地蔬菜的增产作用都不显著。

表 2-6 显示，高肥力田块下，2011 年花椰菜各处理外叶产量差异不明

表 2-5　2011—2013 年露地蔬菜经济产量（高肥力田块，鲜重：t/hm²）

处理	2011 花椰菜	2012 花椰菜	2013 花椰菜	2011 紫甘蓝	2012 大白菜	2013 大白菜
P0	35.21 b	29.94 b	35.12 a	78.55 b	132.63 bc	110.01 b
MP0	37.45 b	28.06 b	35.41 a	76.42 b	117.77 c	134.06 ab
MP1	44.59 ab	34.73 a	36.93 a	87.97 a	170.58 a	171.56 a
MP2	42.19 ab	34.94 a	39.03 a	86.93 a	162.12 ab	163.07 a
MP4	48.75 a	36.19 a	35.35 a	92.53 a	168.72 a	154.58 a
P1	42.76 ab	36.21 a	36.69 a	90.49 a	141.70 abc	151.85 a

注：高肥力田块下 2011 年第 2 茬露地蔬菜为紫甘蓝。

显，2011 年紫甘蓝单施有机肥处理 MP0 外叶产量显著降低，增施磷肥对紫甘蓝地上部外叶产量影响不大。不同施磷处理对 2012 年和 2013 年花椰菜外叶产量都有显著性影响，但其与地上部经济产量的增产效果并不同步。

表 2-6　2011—2013 年露地蔬菜外叶产量（高肥力田块，干重：t/hm²）

处理	2011 花椰菜	2012 花椰菜	2013 花椰菜	2011 紫甘蓝
P0	6.69 a	8.99 cd	5.47 ab	4.86 a
MP0	6.34 a	9.12 d	5.07 b	4.16 b
MP1	6.56 a	14.97 a	6.31 a	4.56 ab
MP2	5.61 a	11.49 abc	6.68 a	4.42 ab
MP4	7.75 a	11.69 ab	5.70 ab	4.49 ab
P1	6.76 a	10.12 bcd	4.98 b	4.67 ab

从表 2-7 可以看出，中高肥力田块条件下，2012—2013 年增施磷肥处理对花椰菜经济产量无显著影响；随着 P0 处理的连续不施磷肥，2014 年 MP1、MP2、MP4 处理相对于 P0 处理都有显著增产作用，花椰菜最高产量为 MP1 处理的 38.83 t/hm²，但其与 MP0 和 P1 处理间均无显著差异。2012—2014 年大白菜在不同施磷处理间的经济产量存在显著差异，相对于

表 2-7　2012—2014 年不同施磷量下露地蔬菜经济产量（中高肥力田块，鲜重：t/hm²）

处理	2012 花椰菜	2013 花椰菜	2014 花椰菜	2012 大白菜	2013 大白菜	2014 大白菜
P0	39.19 a	37.46 a	29.00 b	121.04 b	110.01 b	115.48 b
MP0	37.57 a	37.77 a	33.35 ab	76.56 c	134.06 ab	134.40 ab
MP1	39.93 a	39.39 a	38.83 a	145.74 a	171.56 a	140.94 a
MP2	43.12 a	41.63 a	38.58 a	146.61 a	163.07 a	136.25 ab
MP4	42.76 a	37.71 a	37.83 a	139.53 ab	154.58 a	129.42 ab
P1	46.62 a	39.14 a	33.60 ab	130.72 ab	151.85 a	121.88 ab

P0 处理，MP1 处理的增产都达到显著水平。2012—2014 年不同施磷处理下，花椰菜经济产量分别为 37.57~46.62 t/hm²、37.46~41.63 t/hm² 和 29.00~38.83 t/hm²，大白菜经济产量分别为 76.56~146.61 t/hm²、110.01~171.56 t/hm² 和 115.48~140.94 t/hm²。因此，有机无机磷配合施用都能够起到增产效果，由于蔬菜种类的差异，增产效果存在差异，而且年际也不同。

表 2-8 结果表明，与经济产量不同，中高肥力田块不同施磷处理对花椰菜外叶产量有显著影响，2012—2014 年花椰菜外叶干物质量年际差异较大，相比之下，化学磷肥配施有机肥有利于提高蔬菜地上部生物产量形成，但增施磷肥处理之间的外叶产量并无显著差异。

表 2-8 2012—2014 年不同施磷量下露地花椰菜外叶产量（中高肥力田块，干重：t/hm²）

处理	2012 花椰菜	2013 花椰菜	2014 花椰菜
P0	7.54 ab	5.83 ab	2.12 c
MP0	6.25 b	5.41 b	2.28 c
MP1	7.55 ab	6.73 a	2.81 ab
MP2	7.91 ab	7.12 a	2.45 bc
MP4	8.54 a	6.08 ab	2.79 ab
P1	6.86 ab	5.31 b	2.95 a

（三）施氮量与花椰菜—大白菜经济产量的关系

图 2-1 是低肥力田块露地花椰菜经济产量与施氮量（包括有机肥输入氮）的拟合关系，可以看出，二者符合二次曲线关系，拟合方程为 $y = -0.000\ 06x^2 + 0.051x + 21.4$，$R^2$ 为 0.327。按花椰菜平均单价 1 元/kg，N 折合 4.29 元/kg，可以计算出花椰菜最高产量时施氮量为 N 425 kg/hm²，最佳经济施氮量为 389.3 kg/hm²。由此可以确定，保证花椰菜经济产量的氮肥投入最高阈值为 425 kg/hm²。

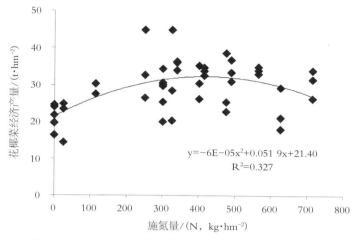

图 2-1　低肥力田块下露地花椰菜经济产量与施氮量的关系

图 2-2 是低肥力田块下露地大白菜经济产量与施氮量（包括有机肥输入氮）的拟合关系，二者也符合二次曲线关系，拟合方程为 $y=-0.000\ 47x^2+0.369x+77.41$，相关系数 R^2 为 0.406。按大白菜平均单价 0.8 元/kg，N 折合 4.29 元/kg，可以计算出大白菜最高产量时施氮量为 N 392.6 kg/hm²，最佳经济施氮量为 386.8 kg/hm²，施氮量 392.6 kg/hm² 为大白菜保证产量氮肥最高投入阈值。

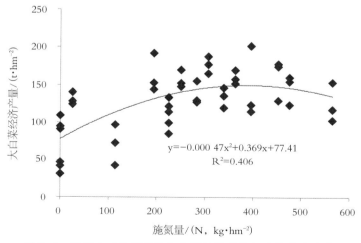

图 2-2　低肥力田块下露地大白菜经济产量与施氮量的关系

图 2-3 是中高肥力田块下露地花椰菜经济产量与施氮量（包括有机肥输入氮）的二次曲线关系，拟合方程为 y=−0.000 07x²+0.071x+21.12，相关系数 R² 为 0.349。按花椰菜平均单价 1.6 元/kg，N 折合 4.29 元/kg，可算出花椰菜最高产量时施氮量为 N 507.1 kg/hm²，最佳经济施氮量为 488.0 kg/hm²。由此可以确定，在中高肥力田块保证花椰菜经济产量的氮肥最高投入阈值为 507.1 kg/hm²。

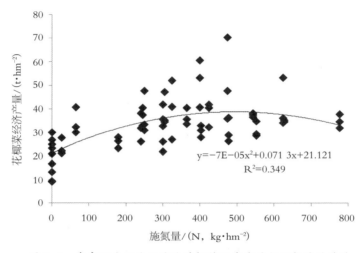

图 2-3　中高肥力田块下露地花椰菜经济产量与施氮量的关系

中高肥力田块下，露地大白菜经济产量与施氮量（包括有机肥输入氮）拟合关系也符合二次曲线关系（图 2-4），拟合方程为 y=−0.000 27x²+0.250x+94.07，相关系数 R² 为 0.607。按大白菜平均单价 0.8 元/kg，N 折合 4.29 元/kg，可以计算出大白菜最高产量时施氮量为 N 463.0 kg/hm²，最佳经济施氮量为 453.0 kg/hm²，施氮量 463.0 kg/hm² 为大白菜保证产量的氮肥最高投入阈值。

（四）施磷量与花椰菜—大白菜经济产量的关系

图 2-5 是高肥力田块下露地花椰菜经济产量与施磷量（包括有机肥输入磷）的拟合关系，二者符合二次曲线关系。花椰菜按平均单价 1.0 元/kg，

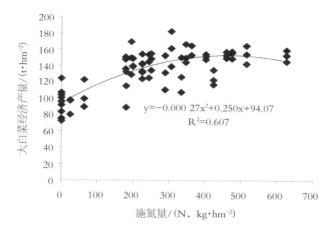

图 2-4　中高肥力田块下露地大白菜经济产量与施氮量的关系

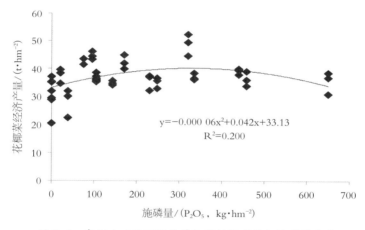

图 2-5　高肥力田块下露地花椰菜经济产量与施磷量关系

P_2O_5 折合 6.24 元/kg，计算出花椰菜最大产量施磷量为 P_2O_5 350.0 kg/hm²，P_2O_5 最佳经济用量 298.0 kg/hm²。可以看出，当施磷量超过最高产量施磷水平时，增施磷肥起不到增产作用，施磷量 P_2O_5 350.0 kg/hm² 应为花椰菜保证产量的最高磷肥投入阈值。

高肥力田块下，露地大白菜经济产量与施磷量也可以用二次曲线关系拟合，拟合方程的相关系数 R^2 为 0.364（图 2-6）。大白菜平均单价 0.8 元/kg，P_2O_5 折合 6.24 元/kg，计算出大白菜最大施磷量为 P_2O_5 391.7 kg/hm²，最

佳经济产量施 P_2O_5 量为 378.7 kg/hm²。大白菜保证产量的最高磷肥投入阈值不超过 391.7 kg/hm²。

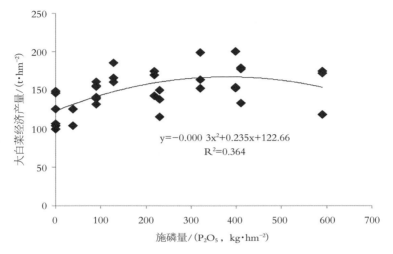

图 2-6　高肥力田块下露地大白菜经济产量与施磷量关系

图 2-7 是中高肥力田块下露地花椰菜经济产量与施磷量（包括有机肥输入磷）的拟合关系，可以看出，二者之间拟合方程的相关系数较低，R^2=0.129，这可能与试验前基础土壤速效磷含量较高有关，达 52.5 mg/kg。

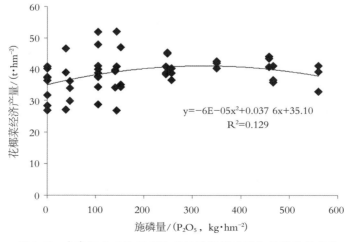

图 2-7　中高肥力田块下露地花椰菜经济产量与施磷量的关系

花椰菜按平均单价 1.6 元/kg，P_2O_5 折合 6.24 元/kg，计算出花椰菜最大产量施磷量为 P_2O_5 308.3 kg/hm²，P_2O_5 最佳经济用量 275.8 kg/hm²。这表明，当施磷量大于 P_2O_5 308.3 kg/hm²，增施磷肥起不到增产作用，在土壤中发生大量累积，此值应该为花椰菜保证产量的磷肥最大投入阈值。

中高肥力田块条件下，露地大白菜经济产量与施磷量也符合二次曲线关系，相关系数 R^2=0.295（图 2-8）。大白菜平均单价 0.8 元/kg，P_2O_5 折合 6.24 元/kg，计算出大白菜最大施磷量为 P_2O_5 323.8 kg/hm²，最佳经济产量施磷量为 P_2O_5 314.0 kg/hm²，远远超过了优化施磷量 P_2O_5 90 kg/hm²。大白菜保证产量的最高磷肥投入阈值不超过 323.8 kg/hm²。

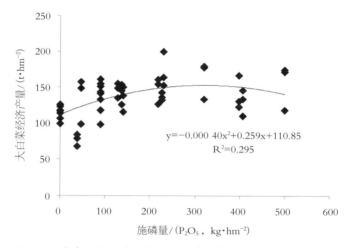

图 2-8 中高肥力田块下露地大白菜经济产量与施磷量的关系

二、氮、磷施用量对花椰菜—大白菜地上部氮、磷吸收利用的影响

（一）施氮量对花椰菜—大白菜地上部氮吸收利用的影响

1. 露地花椰菜—大白菜地上部吸氮量与氮肥利用率

表 2-9 是低肥力田块下 2012—2013 年不同施氮处理下花椰菜和大白菜的地上部吸氮量和氮肥利用率，结果表明，增施氮肥能显著促进露地蔬菜地上部氮素吸收累积。不同施氮处理下，2012 年、2013 年花椰菜地上部

吸氮量分别为 227.4~354.9 kg/hm² 和 154.9~395.8 kg/hm²，大白菜分别为 174.8~345.0 kg/hm² 和 61.0~275.4 kg/hm²。表 2-9 还可以看出，MN1 处理下花椰菜和大白菜地上部吸氮量都高于 N1 处理，说明有机无机配施有利于提高蔬菜吸收利用氮素，但都没达到显著水平。2012 和 2013 年花椰菜当季氮肥利用率分别为 13.3%~26.3% 和 26.6%~51.8%，大白菜的利用率分别为 22.3%~51.6% 和 34.2%~64.4%，总体来说，都是随着化肥氮施用量增加其利用率呈降低趋势。由于 N0 处理连续不施氮肥，以其作为对照计算氮肥当季利用率，可能会过高估算了其利用率大小，同时有机肥中的氮素难以被当季蔬菜全部吸收利用，在计算氮肥利用率时会过高估算了氮肥当季利用率。

表 2-9 2012—2013 年露地花椰菜—大白菜地上部氮素吸收利用（低肥力田块）

处理	2012 花椰菜		2013 花椰菜		2012 大白菜		2013 大白菜	
	吸氮量(N)/ (kg·hm⁻²)	利用率	吸氮量(N)/ (kg·hm⁻²)	利用率	吸氮量(N)/ (kg·hm⁻²)	利用率	吸氮量(N)/ (kg·hm⁻²)	利用率
N0	262.2bc	—	154.9c	—	174.8c	—	61.0c	—
MN0	227.4c	—	248.6b	—	242.8b	—	97.0bc	—
MN0.75	327.9ab	26.3%	312.5ab	46.5%	274.9b	51.6%	243.0a	64.4%
MN1	347.6a	26.3%	346.2a	46.2%	264.8b	36.0%	259.3a	58.5%
MN1.25	354.9a	23.2%	395.8a	49.3%	345.0a	55.5%	254.8a	49.0%
MN1.5	351.0a	13.3%	369.9a	37.1%	283.3ab	30.0%	275.4a	46.4%
MN2	349.0a	13.9%	345.1a	26.6%	280.8b	22.3%	253.6a	34.2%
N1	329.6ab	22.5%	310.5ab	51.8%	248.5b	32.8%	191.1ab	57.8%

表 2-10 是中高肥力田块下 2012—2014 年不同施氮处理下花椰菜和大白菜的地上部吸氮量和氮肥利用率，可发现，除 MN0 处理外，与 N0 处理相比，增施氮肥都能显著促进露地花椰菜和大白菜的地上部氮素吸收累积。不同施氮处理下，2012 年、2013 年花椰菜地上部吸氮量分别为 170.7~

表 2-10　2012—2014 年露地花椰菜—大白菜地上部氮素吸收利用（中高肥力田块）

处理	2012 花椰菜 吸氮量/(kg·hm⁻²)	利用率	2013 花椰菜 吸氮量/(kg·hm⁻²)	利用率	2014 花椰菜 吸氮量/(kg·hm⁻²)	利用率	2012 大白菜 吸氮量/(kg·hm⁻²)	利用率	2013 大白菜 吸氮量/(kg·hm⁻²)	利用率	2014 大白菜 吸氮量/(kg·hm⁻²)	利用率
N0	170.7c	—	53.8d	—	114.2c	—	172.2de	—	206.6c	—	195.7d	—
MN0	176.7c	—	153.9c	—	148.4bc	—	130.9e	—	295.7b	—	249.5bcd	—
MN0.75	323.3b	61.0%	205.6abc	37.6%	214.6a	28.6%	246.4c	38.3%	329.7ab	35.5%	358.0a	53.0%
MN1	354.5ab	56.5%	183.0abc	27.0%	216.9a	25.0%	266.1bc	37.5%	326.1ab	29.7%	357.7a	46.1%
MN1.25	397.2ab	56.6%	197.8abc	26.0%	208.1a	19.9%	339.9a	54.7%	306.0b	21.6%	295.6abc	25.2%
MN1.5	436.7a	54.4%	218.6ab	26.0%	219.2a	20.9%	316.1ab	38.0%	310.3ab	16.2%	307.0abc	22.4%
MN2	363.1ab	30.8%	239.2a	23.8%	240.7a	19.4%	297.2abc	26.3%	372.8a	26.5%	341.0ab	27.3%
N1	324.9b	51.4%	179.1bc	41.8%	192.7ab	32.7%	234.1cd	27.5%	319.0ab	50.0%	227.4cd	17.6%

436.7 kg/hm²、53.8~239.2 kg/hm² 和 114.2~240.7 kg/hm²，大白菜分别为 130.9~339.9 kg/hm²、206.6~372.8 kg/hm² 和 195.7~358.0 kg/hm²。有机、无机配施都有利于促进蔬菜吸收利用氮素，提高露地蔬菜地上部氮素累积量。由表 2-10 还可看出，2012 年、2013 年、2014 年花椰菜当季氮肥利用率分别为 30.8%~61.0%、23.8%~41.8% 和 19.4%~32.7%，大白菜的利用率分别为 26.3%~54.7%、16.2%~50.0% 和 17.6%~53.0%，总体随着化肥施氮量增加而降低。

2. 施氮量与露地花椰菜—大白菜吸氮量、氮肥利用率的关系

从图 2-9 可以看出，露地花椰菜地上部吸氮量与施氮量服从二次曲线

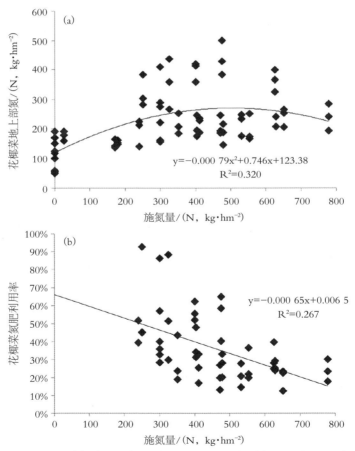

图 2-9　露地花椰菜地上部氮（a）、氮肥利用率（b）与施氮量的关系

方程，相关系数 R^2 为 0.320。花椰菜氮肥利用率与施氮量呈负线性相关关系，相关系数 R^2 为 0.267。花椰菜地上部氮累积随施氮量增加到某一个值后，增施氮肥并不会提高其吸氮量。不同施氮处理下，花椰菜平均氮肥利用率变幅为 19.4%~61.0%，氮肥利用率随着施氮量增加而降低。图 2-10 是大白菜地上部吸氮量、氮肥利用率与施氮量的拟合关系，结果表明，大白菜地上部吸氮量与施氮量的关系也服从二次曲线方程，相关系数 R^2 为 0.558。大白菜氮肥利用率与施氮量呈负线性相关，相关系数 R^2 为 0.168。不同施氮处理下大白菜氮肥利用率变幅为 16.2%~56.7%，随着施氮量增加

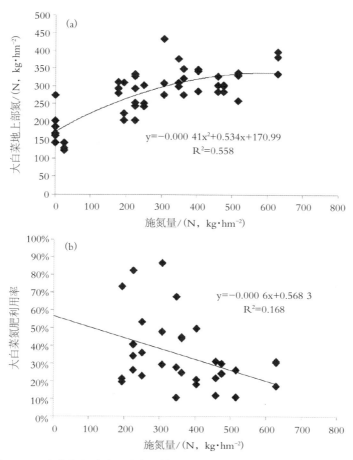

图 2-10　露地大白菜地上部氮（a）、氮肥利用率（b）与施氮量的关系

呈降低趋势。

3. 露地花椰菜—大白菜地上部吸磷量与磷肥利用率

高肥力田块下，2011—2013 年露地蔬菜地上部吸磷量和磷肥利用率情况见表 2-11。结果表明，不同施磷处理下，2011 年、2012 年、2013 年花椰菜地上部吸磷量分别为 P_2O_5 105.5~170.2 kg/hm²、164.0~255.7 kg/hm² 和 69.9~97.5 kg/hm²，年际差异较大，主要与产量和当季施磷量有关。2011 年紫甘蓝地上部吸磷量为 P_2O_5 81.1~125.7 kg/hm²，2012 年和 2013 年大白菜分别为 90.4~149.3 kg/hm² 和 84.7~119.0 kg/hm²。第 1 季蔬菜，相对于 P0 处理，增施磷肥对蔬菜吸磷量的促进作用不明显，主要是土壤基础供磷水平较高。由于蔬菜地上部吸磷量、施磷水平差异，造成不同露地蔬菜、同一种类露地蔬菜不同年际磷肥利用率变异较大，2011 年、2012 年、2013 年花椰菜当季磷肥利用率分别为 10.1%~38.1%、2.5%~8.2%、7.4%~45.9%；2011 年当季紫甘蓝磷肥利用率为 20.0%~53.8%，2012 年、2013 年大白菜分别为 11.7%~31.3% 和 3.9%~14.5%。在有机肥施用处理中，磷肥利用率都随化学磷肥用量增加而降低。

中高肥力田块下，表 2-12 是 2012—2014 年不同施磷处理下花椰菜和大白菜的地上部吸磷量和磷肥利用率，结果表明，除 2013 年大白菜外，施磷处理间露地蔬菜地上部吸磷量都存在显著差异，但增施磷肥间差异不显著。不同施磷处理下，2012 年、2013 年、2014 年花椰菜地上部吸磷量分别为 P_2O_5 103.5~140.9 kg/hm²、74.6~106.1 kg/hm² 和 37.1~65.4 kg/hm²，大白菜分别为 P_2O_5 59.3~118.9 kg/hm²、90.0~128.6 kg/hm² 和 70.0~96.7 kg/hm²。2012 年、2013 年、2014 年花椰菜当季磷肥利用率分别为 4.2%~19.0%、2.6%~12.0% 和 6.1%~18.7%，大白菜当季利用率分别为 14.1%~46.5%、5.2%~16.8% 和 3.0%~19.5%，都是 MP1 处理最高，磷肥与有机肥配施情况下，随着化肥磷施用量增加其利用率降低。相对于 P1 处理，MP1 处理可提高花椰菜和大白菜磷肥利用率 0.7%~28.8%。

表 2-11　2011—2013 年露地蔬菜地上部吸磷量（P₂O₅）与磷肥利用率（高肥力田块）

处理	2011 花椰菜 吸磷量/(kg·hm⁻²)	利用率	2011 紫甘蓝 吸磷量/(kg·hm⁻²)	利用率	2012 花椰菜 吸磷量/(kg·hm⁻²)	利用率	2012 大白菜 吸磷量/(kg·hm⁻²)	利用率	2013 花椰菜 吸磷量/(kg·hm⁻²)	利用率	2013 大白菜 吸磷量/(kg·hm⁻²)	利用率
P0	105.5b	—	81.1c	—	164.0c	—	90.4c	—	69.9b	—	84.7a	—
MP0	120.7b	—	102.6b	—	182.1bc	—	95.8bc	—	83.2ab	—	105.2a	—
MP1	131.6ab	27.3%	115.7ab	53.8%	241.1a	8.2%	149.3a	31.3%	97.5a	45.9%	119.0a	10.7%
MP2	122.7b	10.1%	123.1ab	23.2%	221.7ab	6.0%	123.6ab	20.9%	96.4a	15.2%	116.6a	7.8%
MP4	170.2a	20.2%	125.7a	20.0%	255.7a	3.6%	120.7abc	11.7%	93.3a	7.6%	107.9a	3.9%
P1	134.0ab	38.1%	108.8ab	25.1%	190.3bc	2.5%	97.1bc	30.8%	72.5b	7.4%	97.8a	14.5%

表 2-12　2012—2014 年露地蔬菜地上部吸磷量（P₂O₅）与磷肥利用率（中高肥力田块）

处理	2012 花椰菜 吸磷量/(kg·hm⁻²)	利用率	2013 花椰菜 吸磷量/(kg·hm⁻²)	利用率	2014 花椰菜 吸磷量/(kg·hm⁻²)	利用率	2012 大白菜 吸磷量/(kg·hm⁻²)	利用率	2013 大白菜 吸磷量/(kg·hm⁻²)	利用率	2014 大白菜 吸磷量/(kg·hm⁻²)	利用率
P0	103.5b	—	74.6b	—	37.1d	—	59.3b	—	90.0a	—	70.0c	—
MP0	108.3b	—	88.7ab	—	50.0c	—	76.6b	—	112.5a	—	86.1b	—
MP1	130.7ab	19.0%	104.1a	12.0%	65.4a	18.7%	118.9a	46.5%	128.6a	16.8%	96.6a	19.5%
MP2	131.4ab	11.2%	102.8a	8.1%	62.2ab	9.8%	114.4a	25.2%	126.3a	11.3%	96.7a	11.8%
MP4	140.9a	8.2%	99.5a	4.4%	65.7a	6.1%	115.6a	14.1%	116.2a	5.2%	82.1b	3.0%
P1	107.9b	4.2%	77.4b	2.6%	52.9bc	15.0%	75.3b	17.7%	104.5a	16.1%	77.2b	11.7%

4. 施磷量与露地花椰菜—大白菜吸磷量、磷肥利用率的关系

从图 2-11 和图 2-12 可以看出，花椰菜、大白菜地上部吸磷量与施磷量的相关关系也都服从二次曲线方程，相关系数 R^2 分别为 0.264 和 0.439；花椰菜—大白菜磷肥利用率与施磷量都呈负线性相关关系，相关系数 R^2 分别为 0.252 和 0.288。花椰菜季当 P_2O_5 用量为 422.9 kg/hm² 时，地上部吸收累积磷素最大；大白菜季最大磷素累积时的 P_2O_5 用量为 285.7 kg/hm²。不同施磷处理下，花椰菜和大白菜平均磷肥利用率变幅分别为 4.4%~19.0% 和 3.0%~46.5%。

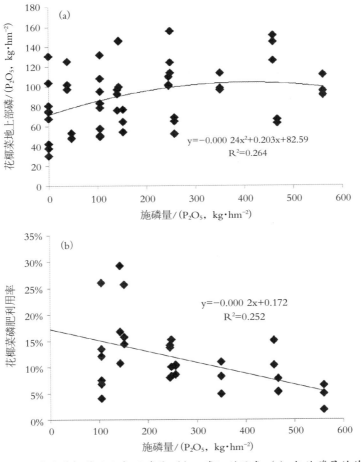

图 2-11 露地花椰菜地上部吸磷量 (a)、磷肥利用率 (b) 与施磷量的关系

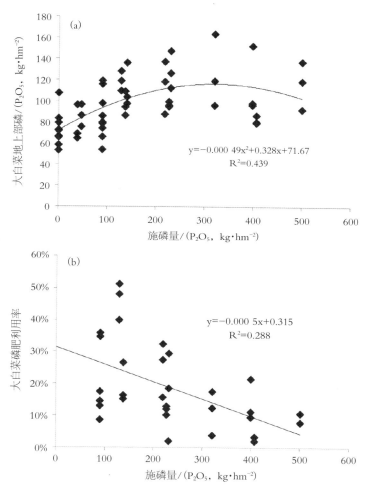

图 2-12　露地大白菜地上部吸磷量（a）、磷肥利用率（b）与施磷量的关系

三、施氮量对露地花椰菜—大白菜轮作下土壤氨挥发的影响

（一）施氮量对露地花椰菜—大白菜轮作体系土壤氨挥发速率的影响

从图 2-13 可看出，露地花椰菜基肥后，不同施氮量下土壤氨挥发速率高峰通常出现在 1~3 d，即使在单施有机肥的 MN0 处理下，氨挥发速率峰值也达 2.39 kg N/hm²/d；6 d 之后，各施肥处理的氨挥发速率都降低到 0.60 kg N/hm²/d 以下，并不断降低至基肥后 10 d，增施肥处理氨挥发速率

与对照（N0）接近。在高氮 MN1.5 和 MN2 处理下，其基肥后氨挥发速率一直保持较高水平，分别为 1.74~2.60 kg N/hm²/d、1.15~3.75 kg N/hm²/d，直至基肥后 6 d 二者相比才无明显差异。花椰菜追肥后 1 d 内，不同施肥处理下土壤氨挥发速率都达到最高峰，除高氮 MN1.5 和 MN2 处理的氨挥发速率随施肥后天数而不断降低外（第 7、8 d 有降雨，未测定），其他各个施肥处理在追肥后第 6 d 达第 2 个峰值，氨挥发速率为 0.73~1.22 kg N/hm²/d，至 11 d 不同施肥处理达到接近水平。在高氮 MN1.5 和 MN2 处理下，其追肥后氨挥发速率一直高于其他有机、无机配施处理，直

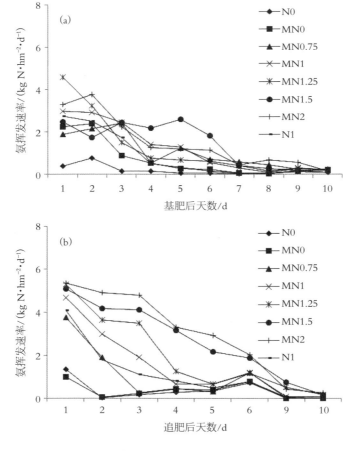

图 2-13　不同施氮量下花椰菜基（a）、追（b）肥后土壤氨挥发速率动态

至第 6 d，分别为 1.90~5.08 kg N/hm²/d、2.04~5.34 kg N/hm²/d。值得注意的是，各个施肥处理基追肥后氨挥发速率的峰值并不随施氮量增加而增加，可能还受到土壤、温度等其他因素的影响。

由图 2-14 可以看出，露地大白菜基施肥后，不同施氮量下土壤氨挥发速率高峰出现在 1 d 和 4 d（第 3 d 有降雨，未测定），之后都不断降低，但 MN2 处理的氨挥发速率都高于其他施肥处理，至施肥后 10 d，依然高达 1.13 kg N/hm²/d，其他施肥处理间达到接近水平。在中低氮处理下，土

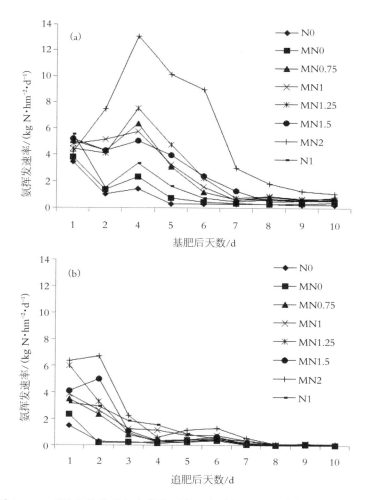

图 2-14　不同施氮量下大白菜基（a）、追（b）肥后土壤氨挥发速率动态

壤氨挥发损失主要在基施肥后 6 d 内，而在高氮 MN1.5 和 MN2 处理下，氨挥发损失持续时间较长，甚至超过 10 d。露地大白菜追肥后，各施肥处理下土壤氨挥发高峰在 1~2 d 内，之后不断降低，至 10 d 达到 0.02~0.08 kg N/hm²/d。除 MN2 处理外，追肥后 5 d 内，其他施肥处理的土壤氨挥发损失迅速降低到较低水平。以上分析结果表明，露地花椰菜或大白菜基施肥后的土壤氨挥发损失高峰主要出现在 1~3 d，而追肥后提前到 1~2 d 内。

（二）施氮量对露地花椰菜—大白菜轮作体系土壤氨挥发量的影响

1. 露地花椰菜—大白菜轮作体系基追肥对土壤氨挥发的影响

露地花椰菜—大白菜轮作体系基追肥对土壤氨挥发最大速率和阶段累积量如表 2-13 所示，结果表明，露地花椰菜基肥和追肥后，不同施肥处理下土壤氨挥发最大速率分别为 0.79~4.56 kg N/hm²/d、1.00~5.34 kg N/hm²/d，分别以 MN1.25 和 MN2 处理下最高，以 N0 和 MN0 最低。可能由于花椰菜基肥时气温和土壤温度较低，此时各施肥处理氨挥发的阶段累积量为 2.05~14.84 kg N/hm²，处理间差异均不显著；而花椰菜追肥后，只有 MN2 处理的氨挥发累积量（20.98 kg N/hm²）显著高于 N0 和 MN0 处理（分别为 3.10 kg N/hm²、3.24 kg N/hm²），其他有机、无机配合的增施氮肥处理间都无显著差异。不同有机、无机氮配施下，花椰菜基肥后土壤氨挥发累积量占整个蔬菜生长期总累积量的比例为 39.7%~68.6%，追肥后占比例为 31.4%~60.3%，除 MN0 和 MN0.75 处理外，花椰菜季大多数施肥处理的氨挥发损失比例在追肥阶段。

表 2-13 还可看出，露地大白菜基肥和追肥后，不同施肥处理下土壤氨挥发最大速率分别为 3.49~13.09 N/hm²/d、1.54~7.03 kg N/hm²/d，通常以 MN2 和 MN1.5 处理下最高，N0 处理最低。各施肥处理下大白菜基肥阶段氨挥发累积损失量达 7.82~51.25 kg N/hm²，其占整个蔬菜生长期总累积量的 57.0%~73.6%，是大白菜季氨挥发的主要损失阶段；相对于 MN0 处理，仅 MN1.25 和 MN2 处理下氨挥发量显著增加。不同施肥处理下大白

表 2-13　基追肥对露地菜田土壤氨挥发最大速率和累积量的影响

| 处理 | 花椰菜 | | | | 大白菜 | | | |
| | 基肥 | | 追肥 | | 基肥 | | 追肥 | |
	最大速率 /(kg N· hm⁻²·d⁻¹)	累积量 /(kg N· hm⁻²)	最大速率 /(kg N· hm⁻²·d⁻¹)	累积量 /(kg N· hm⁻²)	最大速率 /(kg N· hm⁻²·d⁻¹)	累积量 /(kg N· hm⁻²)	最大速率 /(kg N· hm⁻²·d⁻¹)	累积量 /(kg N· hm⁻²)
N0	0.79	2.05 a	1.36	3.10 b	3.49	7.82 d	1.54	3.29 c
MN0	2.39	7.09 a	1.00	3.24 b	3.81	10.18 cd	2.39	3.82 c
MN0.75	2.42	10.49 a	3.76	8.29 ab	6.36	22.85 bc	3.49	8.20 bc
MN1	2.98	12.52 a	4.67	12.63 ab	5.79	23.38 bc	3.86	11.04 b
MN1.25	4.56	12.53 a	5.28	16.45 ab	7.55	26.19 b	6.00	11.73 b
MN1.5	2.60	14.39 a	5.08	17.34 ab	5.20	23.93 bc	7.03	14.56 ab
MN2	3.75	14.84 a	5.34	20.98 a	13.09	51.25 a	6.72	19.35 a
N1	2.74	8.43 a	4.09	9.32 ab	5.60	15.29 bcd	3.24	11.56 b

菜追肥后阶段氨挥发累积损失量为 3.29~19.35 kg N/hm²，占整个蔬菜生长期总累积量的 26.4%~43.0%，相对于 N0 和 MN0 处理，增施氮肥处理的氨挥发累积损失量都明显提高。在 MN2 处理下，大白菜基肥或追肥的阶段氨挥发累积损失量都显著高于其他施肥处理（MN1.5 除外），说明在极其过量的高氮处理下，氨挥发损失显著增加。

2. 露地花椰菜—大白菜生育期间氨挥发损失量及比例

表 2-14 结果表明，不同有机、无机氮配施下花椰菜—大白菜全生育期内土壤氨挥发累积损失量分别为 5.15~35.82 kg N/hm²、11.11~70.60 kg N/hm²，其随施氮量的增加而增加，尽管大白菜季同一处理的施氮水平低于花椰菜季，但其土壤氨挥发累积损失量却相对较高。花椰菜季，相对于 MN0 处理，只有 MN1.5 和 MN2 处理的土壤氨挥发累积损失量增加达显著水平，而单施化肥 N1 与 N0 处理间差异不显著。在大白菜季，相对于 N0 和 MN0 处理，其他增施氮肥处理能显著地提高土壤氨挥发累积损失量，而

表 2-14　花椰菜—大白菜全生育期内土壤氨挥发累积损失量及其占肥料氮的比例

处理	花椰菜				大白菜			
	施氮量/ (kg N·hm⁻²)	氨挥发量/ (kg N·hm⁻²)	损失率	化肥贡献率	施氮量/ (kg N·hm⁻²)	氨挥发量/ (kg N·hm⁻²)	损失率	化肥贡献率
N0	0	5.15 c	—	—	0	11.11 d	—	—
MN0	114	10.33 bc	4.54%	—	114	14.00 cd	2.54%	—
MN0.75	339	18.78 abc	4.02%	62.0%	283	31.05 b	7.05%	85.5%
MN1	414	25.15 abc	4.83%	74.1%	339	34.42 b	6.88%	87.6%
MN1.25	489	28.98 ab	4.87%	78.3%	395	37.92 b	6.78%	89.2%
MN1.5	564	31.73 a	4.71%	80.5%	452	38.49 b	6.06%	89.4%
MN2	714	35.82 a	4.29%	83.1%	564	70.60 a	10.55%	95.1%
N1	300	17.75 abc	4.20%	100.0%	225	26.85 bc	6.99%	100.0%

注：表中施氮量包括有机肥输入氮。

且高氮 MN2 处理也显著高于其他有机、无机配施处理，表明在大白菜季，合理控制施氮量能显著降低土壤氨挥发累积损失量。不同有机、无机氮配施下，花椰菜季土壤氨挥发损失率为 4.02%~4.87%，对土壤氨挥发的化肥贡献率为 62.0%~100.0%；大白菜季的损失率为 2.54%~10.55%，化肥贡献率为 85.5%~100.0%。在施用有机肥的处理下，其土壤氨挥发化肥贡献率随化学氮肥用量的增加而增加，而且大白菜季的化肥贡献率明显较高。相对于 N1 处理，花椰菜或大白菜季 MN1 处理下的土壤氨挥发累积损失量反而增加，但都未达到显著水平，这说明即使单施有机肥造成的土壤氨挥发依然不可忽视（花椰菜或大白菜季分别达 10.33 kg N/hm²、14.00 kg N/hm²）。

四、施氮量对露地花椰菜—大白菜轮作体系土壤无机氮累积的影响

（一）露地花椰菜—大白菜收获后土壤硝态氮累积动态

在低肥力田块，2012—2013 年露地花椰菜和大白菜收获后，分别采集

0~100 cm 和 0~200 cm 土层土壤，监测土壤剖面硝态氮累积动态如图 2-15 所示。可以看出，施氮处理下土壤剖面都有硝态氮累积，而且随施氮量增加，0~100 cm 和 0~200 cm 土层土壤剖面硝态氮累积量呈增加趋势。2012年花椰菜种植前，基础土样 0~20 cm 和 20~40 cm 累积较高的硝态氮，分别为 59.68 kg/hm² 和 37.00 kg/hm²，而 40 cm 以下各层土壤硝态氮累积量都不高，为 6.29~19.20 kg/hm²。随着蔬菜种植季的增加，深层土壤 40~100 cm

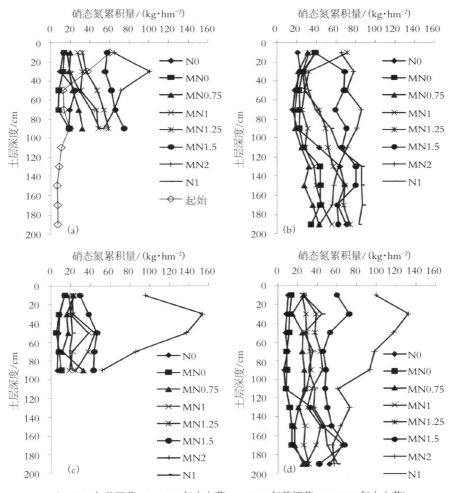

(a-2012 年花椰菜，b-2012 年大白菜，c-2013 年花椰菜，d-2013 年大白菜)

图 2-15　2012—2013 年低肥力田块露地花椰菜—大白菜收获后 0~100 cm 和 0~200 cm 土层土壤硝态氮累积动态

或 40~200 cm 各个剖面硝态氮累积量都增加。MN2 处理下，不同蔬菜季硝态氮累积高峰多出现在 20~40 cm 土层，2012 年花椰菜、2013 年花椰菜、2013 年大白菜的累积峰值分别为 100.78 kg/hm²、153.80 kg/hm² 和 132.41 kg/hm²。

在高肥力田块，2012—2014 年露地花椰菜和大白菜收获后分别测定 0~100 cm 和 0~120 cm 土层土壤硝态氮累积动态如图 2-16 所示。可以看出，试验前，0~120 cm 各层土壤残留硝态氮高达 34.67~90.17 kg/hm²，而在 2012 年花椰菜收获后，不同施氮处理下 0~100 cm 各层土壤硝态氮累积量都明显降低，残留量都在 40.0 kg/hm² 以下，一方面可能是当季蔬菜的吸收利用，另外主要可能是灌水造成土壤残留硝态氮向深层土壤淋洗。在 2012 年大白菜收获后，不同施氮处理下土壤硝态氮主要累积在 0~20 cm，深层土壤氮素向下淋洗也比较明显。2013—2014 年花椰菜和大白菜收获后，0~100 cm 和 0~120 cm 土层土壤剖面硝态氮残留都增加，且随施氮量增加，土壤剖面硝态氮累积量呈增加趋势，不同施氮处理下硝态氮累积高峰各有差异。尽管 2014 年花椰菜和大白菜的施氮水平都有所下调，但施氮造成的土壤硝态氮累积量却没有明显降低。某种程度上来说，随着蔬菜种植季的增加，增施氮肥处理各土壤剖面硝态氮累积量都增加，而且差异也越来越明显。这说明，在该土壤条件下过量增施氮肥必然会造成土壤硝态氮过度累积，加大其向深层土壤淋洗的风险。

（二）露地花椰菜—大白菜收获后土壤铵态氮累积动态

在低肥力田块，2012—2013 年露地花椰菜和大白菜收获后 0~100 cm 和 0~200 cm 土层土壤剖面铵态氮累积动态见图 2-17。结果表明，试验前 0~200 cm 土层土壤剖面铵态氮累积量较高，为 5.10~47.45 kg/hm²。经过 2012 年花椰菜后，各个施氮处理下铵态氮累积量都降低到 10.0 kg/hm² 以下；在 2012 年大白菜收获后，各个施氮处理下铵态氮累积量明显增加，且相同施氮处理下各个剖面层次累积量大小差异不大，总体而言，MN0 处理

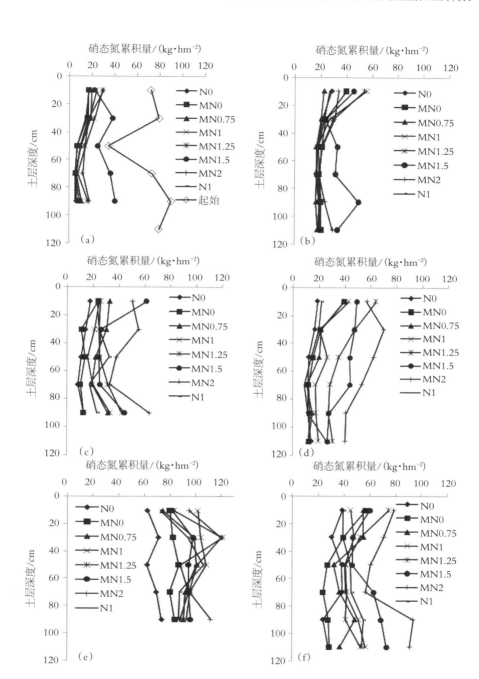

(a-2012 年花椰菜, b-2012 年大白菜, c-2013 年花椰菜, d-2013 年大白菜,
e-2014 年花椰菜, f-2014 年大白菜)

图 2-16 2012—2014 年高肥力田块露地花椰菜—大白菜收获后 0~100 cm 和 0~120 cm
土层土壤硝态氮累积动态

下铵态氮累积最低，为 14.40~22.62 kg/hm²，MN2 处理下铵态氮累积较高，达 23.67~35.20 kg/hm²。2013 年花椰菜和大白菜收获后，不同施氮处理下 0~100 cm 和 0~200 cm 土层土壤剖面铵态氮累积量分别在 15.0 kg/hm² 以下和 10.0 kg/hm² 以下。

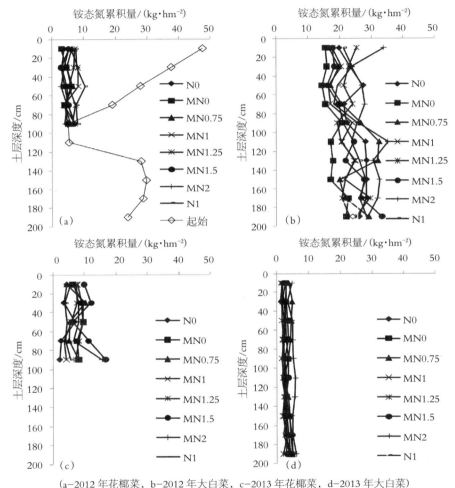

(a-2012 年花椰菜，b-2012 年大白菜，c-2013 年花椰菜，d-2013 年大白菜)

图 2-17　2012—2013 年低肥力田块露地花椰菜—大白菜收获后 0~100 cm 和 0~200 cm
土层土壤铵态氮累积动态

2012—2014 年露地花椰菜和大白菜收获后 0~100 cm 和 0~120 cm 土层土壤剖面铵态氮累积动态见图 2-18。结果表明，试验前 0~120 cm 土壤剖

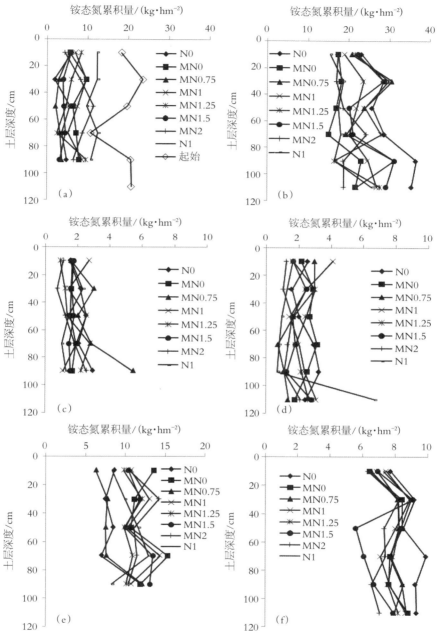

（a-2012 年花椰菜，b-2012 年大白菜，c-2013 年花椰菜，d-2013 年大白菜，
e-2014 年花椰菜，f-2014 年大白菜）

图 2-18 2012—2014 年高肥力田块露地花椰菜—大白菜收获后 0~100 cm 和 0~120 cm
土层土壤铵态氮累积动态

面铵态氮累积量较高，为 18.34~23.51 kg/hm²。经过 2012 年花椰菜后，各个施氮处理下铵态氮累积量依然较高，但都在 15.0 kg/hm² 以下。2012 年大白菜收获后，各个施氮处理下铵态氮累积量明显增加，且随着土壤剖面层次增加其累积量增加。2013 年花椰菜和大白菜收获后，不同施氮处理下 0~100 cm 和 0~120 cm 土层土壤剖面铵态氮累积量都很低，分别都在 6.0 kg/hm² 以下，且施氮处理间差异不大。2014 年下调施氮水平后，花椰菜和大白菜收获后依然有铵态氮的累积，其累积量分别为 6.29~14.20 kg/hm² 和 6.36~9.34 kg/hm²。

（三）露地花椰菜和大白菜收获后土体无机氮累积量与施氮量关系

图 2-19（a，b）分别是低肥力田块下露地花椰菜和大白菜收获后 0~

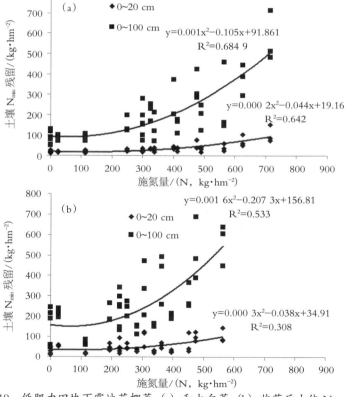

图 2-19　低肥力田块下露地花椰菜（a）和大白菜（b）收获后土体 N_{min} 残留量与施氮量关系

20 cm、0~100 cm 土体 N_{min} 累积量与施氮量的关系。可以看出，在花椰菜季或大白菜季，0~20 cm、0~100 cm 土体 N_{min} 累积量都呈二次曲线关系，花椰菜季相关系数 R^2 分别为 0.642 和 0.684 9，大白菜季分别为 0.308 和 0.533，其相关性低于花椰菜季。MN2 处理下，花椰菜和大白菜季 0~100 cm 土体 N_{min} 累积量最高分别达 483.26~714.98 kg/hm^2 和 448.79~636.66 kg/hm^2。这表明，蔬菜的施氮量越高，其 0~100 cm 土体 N_{min} 累积残留量也越高，累积残留氮素淋洗损失的风险也越高。

图 2-20（a，b）分别是中高肥力田块下露地花椰菜和大白菜收获后 0~20 cm、0~100 cm 土体 N_{min} 累积量与施氮量的关系。可以看出，在花椰

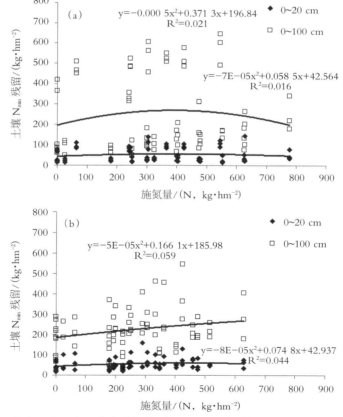

图 2-20　中高肥力田块下露地花椰菜（a）和大白菜（b）收获后土体 N_{min} 残留量与施氮量关系

菜季，0~20 cm、0~100 cm 土体 N_{min} 累积量与施氮量都呈二次曲线关系，相关系数 R^2 分别仅为 0.016 和 0.021，其相关性都不高。而在 2012—2014 年大白菜季，0~20 cm、0~100 cm 土体 N_{min} 累积量与施氮量也都呈二次曲线关系，相关系数 R^2 也分别仅为 0.044 和 0.059；施氮量与土壤无机氮残留量相关性不高。这表明，在中高肥力田块土壤基础氮素累积较高，土体 N_{min} 残留量并不完全和施氮量同步，土壤自身无机氮供应和氮素矿化等因素会干扰施氮造成的土壤矿质氮残留。

五、施磷量对露地花椰菜—大白菜收获后土壤无机磷残留量的影响

（一）露地花椰菜—大白菜收获后耕层土壤 Olsen-P 和 $CaCl_2$-P 含量

在高肥力田块下，表 2-15 表明，除 2011 年花椰菜收获后，各施磷处理间耕层土壤 Olsen-P（速效磷）含量（39.73~66.67 mg/kg）均无显著差异外，其他蔬菜收获后，增施磷肥都对耕层土壤无机磷含量产生显著影响，随着施磷水平的提高 Olsen-P 和 $CaCl_2$-P（水溶性磷）含量都呈增加趋势，而且随着种植年限增加而增加。尤其是在 2013 年花椰菜和大白菜收

表 2-15　露地蔬菜收获后不同施磷处理下耕层土壤无机磷含量（高肥力田块，P：mg/kg）

处理	2011 花椰菜	2011 紫甘蓝	2012 花椰菜		2012 大白菜		2013 花椰菜		2013 大白菜	
	Olsen-P	Olsen-P	Olsen-P	$CaCl_2$-P	Olsen-P	$CaCl_2$-P	Olsen-P	$CaCl_2$-P	Olsen-P	$CaCl_2$-P
P0	42.30 a	39.90 c	39.27 e	0.54 e	55.70 ab	1.27 ab	45.13 c	0.83 b	42.40 c	0.63 d
MP0	39.73 a	49.93 bc	67.03 cd	1.07 cd	60.17 ab	1.53 ab	61.17 bc	1.36 b	68.80 c	2.93 cd
MP1	54.80 a	70.87 ab	82.90 bc	1.50 b	55.50 ab	1.53 ab	112.8 ab	3.17 ab	90.75 bc	3.75 bc
MP2	60.43 a	72.03 ab	87.35 b	1.25 bc	72.10 a	1.95 a	132.60 a	3.77 a	130.67 ab	5.40 b
MP4	66.67 a	81.60 a	115.95 a	2.00 a	79.70 a	2.20 a	114.67 ab	3.65 a	164.30 a	8.07 a
P1	56.60 a	43.87 c	52.30 de	0.83 de	33.03 b	0.73 b	49.20 bc	1.00 b	39.27 c	1.02 d

获后，增施磷肥处理（P0 除外）下耕层土壤 Olsen-P 含量分别为 49.20~132.60 mg/kg、39.27~164.30 mg/kg，$CaCl_2$-P 含量分别为 1.00~3.77 mg/kg、1.02~8.07 mg/kg。还可以看出，MP1 相对于 P1 处理也能显著提高耕层土壤 $CaCl_2$-P 含量，说明有机肥也可能是 $CaCl_2$-P 的重要来源，大量施用有机肥也会增加溶解性磷素的淋失风险。

在中高肥力田块，施磷对露地花椰菜和大白菜收获后 0~20 cm 土层土壤 Olsen-P、$CaCl_2$-P 含量都有一定的影响（表 2-16），总体而言，二者含量都随着施磷水平提高而增加。2012—2014 年花椰菜收获后耕层土壤 $CaCl_2$-P 含量分别为 0.30~0.73 mg/kg、0.51~2.39 mg/kg 和 0.55~3.30 mg/kg，2012—2013 年大白菜季分别为 0.40~2.23 mg/kg 和 0.41~4.27 mg/kg。2013 年花椰菜和大白菜季有机肥输入磷肥高达 140.2 kg/hm²，当季蔬菜土壤 $CaCl_2$-P 含量明显高于 2012 年两季蔬菜，说明有机肥可能是 $CaCl_2$-P 的重要来源。

表 2-16　2012—2014 年露地蔬菜收获后不同施磷处理下耕层土壤无机含量
（中高肥力田块，P：mg/kg）

处理	2012 花椰菜		2013 花椰菜		2014 花椰菜		2012 大白菜		2013 大白菜	
	Olsen-P	$CaCl_2$-P	Olsen-P	$CaCl_2$-P	Olsen-P	$CaCl_2$-P	Olsen-P	$CaCl_2$-P	Olsen-P	$CaCl_2$-P
P0	51.33 bc	0.47 abc	24.13 d	0.51 d	30.10 c	0.55 b	24.10 c	0.40 b	19.67 e	0.41 d
MP0	30.37 d	0.60 abc	87.43 b	1.22 c	87.93 bc	1.17 b	64.05 b	0.93 b	74.85 c	1.45 c
MP1	38.17 cd	0.30 c	89.40 b	1.18 c	108.33 ab	1.67 b	50.40 bc	0.77 b	82.57 c	1.77 c
MP2	65.67 a	0.63 ab	116.13a	1.65 b	99.13 b	1.30 b	75.90 ab	1.10 b	111.03 b	2.53 b
MP4	48.00 bc	0.73 a	130.73a	2.39 a	163.20 a	3.30 a	106.30 a	2.23 a	150.10 a	4.27 a
P1	51.63 b	0.40 bc	43.13 c	0.63 d	63.57 bc	0.63 b	45.00 bc	0.43 b	46.83 d	0.62 d

（二）施磷量与露地花椰菜—大白菜收获后耕层土壤无机磷的关系

图 2-21 显示，高肥力田块下，2011—2013 年花椰菜收获后，0~20 cm

土层土壤 Olsen-P、CaCl₂-P 含量与施磷量关系分别呈二次曲线和指数关系，相关系数 R² 分别为 0.568 和 0.556。说明随着施磷量增加，耕层土壤中 Olsen-P 含量持续增加到某一个水平（通过二次方程计算 Olsen-P 含量为 136.78 mg/kg），有效性降低，超过这一施磷水平可能会发生磷素固定为主。但其耕层土壤中水溶性磷（CaCl₂-P）含量随着施磷水平提高而呈指数倍数增加，加大了磷素淋失的风险。

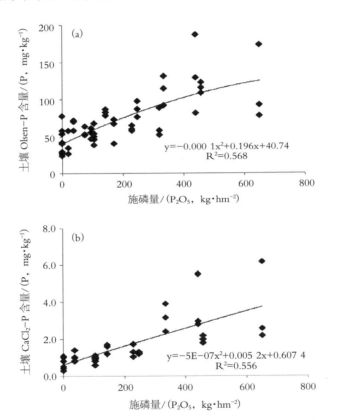

图 2-21　2011—2013 年高肥力田块花椰菜收获后耕层土壤 Olsen-P（a）、CaCl₂-P（b）含量与施磷量关系

由图 2-22 可以看出，高肥力田块下，2012—2013 年大白菜收获后，0~20 cm 土壤 Olsen-P、CaCl₂-P 含量与施磷量都呈二次曲线关系，相关系数 R² 分别为 0.686 和 0.767。随着施磷水平提高，耕层土壤 Olsen-P、

CaCl₂-P 也持续增加。由此可见，施用磷肥能提高耕层土壤中无机磷含量，同时造成土壤磷素固定，合理施用化肥可以降低土壤磷素固定，配施有机肥有利于提高土壤 Olsen-P 含量，提高土壤磷素的供应能力。

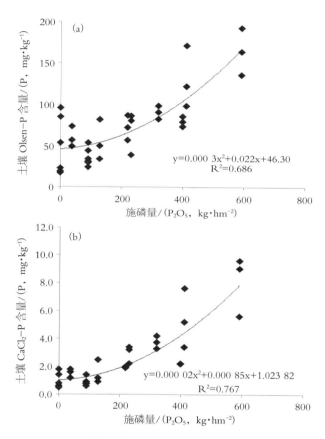

图 2-22　2012—2013 大白菜收获后耕层土壤 Olsen-P（a）、CaCl₂-P（b）含量
与施磷量关系（高肥力田块）

图 2-23（a，b）结果表明，中高肥力田块下，2012—2014 年花椰菜收获后，0~20 cm 土层土壤 Olsen-P、CaCl₂-P 含量与施磷量关系都呈二次曲线关系，相关系数 R^2 分别为 0.413 和 0.405。这说明在中低量施磷水平下，随着施磷量增加耕层土壤中 Olsen-P 累积量达最高，之后随着施磷量增加土壤有效磷含量下降，可能发生磷素固定。从图 2-23（b）还可以看出，

耕层土壤中水溶性磷（CaCl$_2$-P）含量与施磷量关系呈倒抛物线，随着施磷水平提高而持续增加。

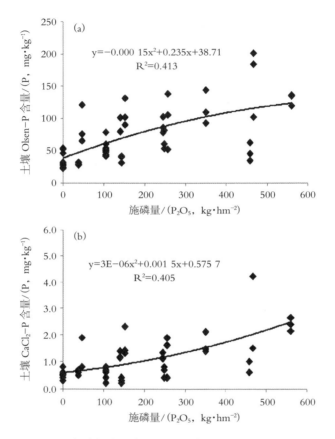

图 2-23　2012—2014 年花椰菜收获后耕层土壤 Olsen-P（a）、CaCl$_2$-P（b）含量与施磷量关系（中高肥力田块）

中高肥力田块下，如图 2-24（a，b）显示，2012—2014 年大白菜收获后，0~20 cm 土层土壤 Olsen-P、CaCl$_2$-P 含量与施磷量也都呈二次曲线关系，相关系数 R^2 分别为 0.817 和 0.788。这说明，在大白菜季，随着施磷量增加，土壤中 Olsen-P、CaCl$_2$-P 含量会持续增加，只不过在高量施用磷肥情况下，土壤中无机磷增加幅度变小。

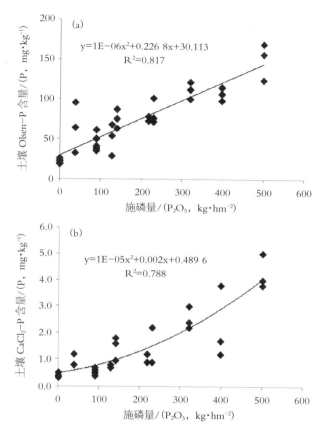

图 2-24 2012—2014 年大白菜收获后耕层土壤 Olsen-P（a）、CaCl₂-P （b）含量
与施磷量关系（中高肥力田块）

（三）露地花椰菜—大白菜收获后不同形态土壤磷素的相互关系

图 2-25 是不同土壤肥力条件下 2012—2014 年露地花椰菜—大白菜收
获后 0~20 cm 土层土壤 Olsen-P 与 CaCl₂-P 含量的拟合结果，二者都呈显
著正相关关系。高土壤肥力下，花椰菜和大白菜季相关系数 R^2 分别为
0.785 和 0.846，中高肥力条件下，分别达 0.859 和 0.791。增施磷肥（化肥
或有机肥）提高耕层土壤有效磷含量的同时，也显著增加了土壤溶解性磷
素含量，加大了土壤磷素的淋失风险。

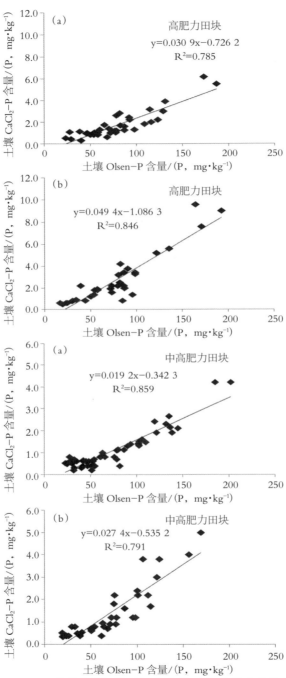

图 2-25　2012—2014 年露地花椰菜（a）大白菜（b）收获后耕层土壤 Olsen-P 和 CaCl₂-P 含量的关系

六、小结

(一) 氮、磷施用量对花椰菜—大白菜产量的影响

无论低肥力或中高肥力田块下，花椰菜和大白菜经济产量与施氮量的拟合关系都符合二次曲线关系。低肥力田块下，花椰菜最高产量时施氮量为 N 425.0 kg/hm²，最佳经济施氮量为 389.3 kg/hm²；大白菜最高产量时施氮量为 N 392.6 kg/hm²，最佳经济施氮量为 386.8 kg/hm²。中高肥力田块下，花椰菜最高产量时施氮量为 N 507.1 kg/hm²，最佳经济施氮量为 488.0 kg/hm²；大白菜最高产量时施氮量为 N 463.0 kg/hm²，最佳经济施氮量为 453.0 kg/hm²。

无论低肥力或中高肥力田块下，露地蔬菜经济产量与施磷量都符合二次曲线关系，在低施磷量和合适的施磷范围内，其产量随着施磷量增加而增加，超过最大施磷量，增施磷肥后并没有增产。过量增施磷肥对露地蔬菜的增产作用都不显著。高肥力田块下，花椰菜最大产量、最佳经济施磷量分别为 P_2O_5 350.0 kg/hm² 和 298.0 kg/hm²，大白菜最大产量、最佳经济施磷量分别为 P_2O_5 391.7 kg/hm² 和 378.7 kg/hm²。中高肥力田块下，花椰菜最大产量、最佳经济施磷量分别为 P_2O_5 308.3 kg/hm² 和 275.8 kg/hm²，大白菜最大产量、最佳经济施磷量分别为 P_2O_5 323.8 kg/hm² 和 314.0 kg/hm²。

(二) 氮、磷施用量对花椰菜—大白菜地上部氮、磷吸收利用的影响

低肥力或中高肥力田块下，增施氮肥均能显著促进露地蔬菜地上部氮素吸收累积。低肥力田块下，2012 和 2013 年花椰菜当季氮肥利用率分别为 13.3%~26.3%和 26.6%~51.8%，大白菜的利用率分别为 22.3%~51.6%和 34.2%~64.4%；中高肥力田块下，2012 年、2013 年、2014 年花椰菜当季氮肥利用率分别为 30.8%~61.0%、23.8%~41.8%和 19.4%~32.7%，大白菜的利用率分别为 26.3%~54.7%、16.2%~50.0%和 17.6%~53.0%，氮肥利用率均随

着化肥氮施用量增加而呈降低趋势。露地花椰菜和大白菜地上部吸氮量与施氮量均服从二次曲线方程（R^2分别为0.320、0.558），其氮肥利用率与施氮量都呈负线性相关（R^2分别为0.267、0.168）。

高肥力田块下，露地花椰菜和大白菜地上部吸磷量年际差异较大，2011年、2012年、2013年花椰菜当季磷肥利用率分别为10.1%~38.1%、2.5%~8.2%、7.4%~45.9%；2011年当季紫甘蓝磷肥利用率为20.0%~53.8%，2012年、2013年大白菜分别为11.7%~31.3%和3.9%~14.5%。中高肥力田块下，施磷处理间露地蔬菜地上部吸磷量都存在显著差异，但增施磷肥间差异不显著。2012年、2013年、2014年花椰菜当季磷肥利用率分别为4.2%~19.0%、2.6%~12.0%和6.1%~18.7%，大白菜当季利用率为14.1%~46.5%、5.2%~16.8%和3.0%~19.5%，随着化肥磷施用量增加其利用率降低。花椰菜、大白菜地上部吸磷量与施磷量的相关关系也都服从二次曲线方程（R^2分别为0.264、0.439）；花椰菜—大白菜磷肥利用率与施磷量都呈负线性相关（R^2分别为0.252、0.288）。

（三）施氮量对露地花椰菜—大白菜轮作下土壤氨挥发的影响

低肥力田块下，露地花椰菜和大白菜基肥后，不同有机无机氮配施处理下土壤氨挥发损失高峰通常出现在第1~3 d，而追肥后提前到1~2 d，在高量施氮处理下，氨挥发延续时间在10 d以上。花椰菜季大多数施肥处理的氨挥发损失发生在追肥阶段（占总氨挥发损失通量的50.2%~60.3%，单施有机肥和低氮处理除外），大白菜季各处理的氨挥发损失主要在基肥阶段（占总氨挥发损失通量的57.0%~73.6%）。露地花椰菜基肥和追肥后，不同施肥处理下土壤氨挥发最大速率分别为0.79~4.56 kg N/hm²/d、1.00~5.34 kg N/hm²/d，而露地大白菜季分别为3.49~13.09 kg N/hm²/d、1.54~7.03 kg N/hm²/d。不同有机、无机氮配施下，花椰菜和大白菜全生育期内土壤氨挥发损失通量分别为5.15~35.82 kg N/hm²、11.11~70.60 kg N/hm²，其随总施氮量的增加而增加。花椰菜和大白菜季不同施肥处理的土壤氨挥发损失率分别为 4.02%~4.87%和 2.54%~10.55%，其化肥贡献率分别为62.0%~100.0%和85.5%~100.0%，且化肥贡献率随化学氮肥用量的增加而增加。

（四）施氮量对露地花椰菜—大白菜轮作体系土壤无机氮累积的影响

在低肥力或中高肥力田块下，花椰菜和大白菜收获后，0~100 cm 和 0~120 cm 土层土壤剖面中 NO_3^--N 累积量随施氮量增加呈增加趋势，不同施氮处理下硝态氮累积高峰各有差异。低肥力田块下，除 2012 年大白菜收获后 0~200 cm 土体铵态氮累积峰值达 35.20 kg/hm²，其他蔬菜季土壤剖面铵态氮累积都在 15 kg/hm² 以下。中高肥力田块下各个蔬菜季施氮处理下土壤剖面铵态氮累积量都在 20 kg/hm² 以下。随着蔬菜种植季的增加，增施氮肥处理各土壤剖面硝态氮累积量都增加，过量增施氮肥必然会造成土壤硝态氮过度累积，加大其向深层土壤淋洗的风险。

在低肥力或中高肥力田块下，在花椰菜季或大白菜季，0~20 cm、0~100 cm 土体 N_{min} 累积量与施氮量都呈二次曲线关系。中高肥力田块的相关系数 R^2 为 0.016~0.059，其相关性都比较低。0~100 cm 土体 N_{min} 残留量并不完全和施氮量同步，土壤自身无机氮素供应和氮素矿化等因素会干扰施氮造成的土壤矿质氮累积。

（五）施磷量对露地花椰菜—大白菜收获后土壤无机磷残留量的影响

露地花椰菜和大白菜收获后，0~20 cm 土壤 Olsen-P、CaCl₂-P 含量与施磷量都呈二次曲线关系，土壤 Olsen-P 与 CaCl₂-P 呈显著正相关关系。随着施磷水平的提高，Olsen-P 和 CaCl₂-P 含量都呈增加趋势，且随着种植年限增加而增加。施用磷肥能提高耕层土壤中无机磷含量，同时造成土壤磷素固定。单施化肥处理的土壤 Olsen-P 含量都不高，均低于其他增施磷肥处理。而有机肥可能是 CaCl₂-P 的重要来源之一，大量施用有机肥也会增加溶解性磷的淋失风险。

第二节　水肥协同调控对露地菠菜氮、磷淋失的影响

一、不同水肥调控对露地菠菜氮、磷淋失量的影响

由表 2-17 可知，2018—2020 年 3 季菠菜氮、磷淋失量均为习惯施肥处理（CON）>主因子优化处理（KF）>综合优化处理（BMP），KF 处理和 BMP 处理与 CON 处理相比，氮、磷淋失量存在显著性差异，KF 处理和 BMP 处理相比，氮、磷淋失量无显著性差异。2018—2020 年 KF 处理与 CON 处理相比，第 1 季、第 2 季和 3 季菠菜总氮淋失量分别降低 24.4%~46.8%、15.7%~51.7%、25.5%~56.6%，BMP 处理与 CON 处理相比，第 1 季、第 2 季和 3 季菠菜总氮淋失量分别降低 16.5%~76.1%、48.2%~65.7%、

表 2-17　不同水肥调控下露地菠菜氮、磷淋失量

单位：kg/hm²

种植季	处理	N 用量	总氮淋失量			P₂O₅ 用量	总磷淋失量		
			2018 年	2019 年	2020 年		2018 年	2019 年	2020 年
第 1 季	CON	255	13.8 a	13.6 a	14.6 a	225	0.032	0.019	0.023
	KF	180	3.6 b	6.4 b	8.5 b	150	0.028	0.015	0.013
	BMP	180	3.3 b	5.9 b	6.6 b	150	0.019	0.012	0.007
第 2 季	CON	210	8.5 a	12.1 a	13.5 a	360	0.021	0.026	0.011
	KF	165	5.9 b	5.2 b	8.3 b	150	0.019	0.023	0.004
	BMP	165	4.4 b	4.9 b	4.1 b	150	0.014	0.019	0.003
第 3 季	CON	210	20.7 a	12.9 a	16.5 a	255	0.033	0.014	0.044
	KF	165	19.6 b	9.2 b	9.6 b	150	0.024	0.013	0.035
	BMP	165	9.5 b	6.2 b	5.4 b	150	0.018	0.010	0.020
累计	CON	675	43.0 a	38.6 a	44.6 a	840	0.086 a	0.054 a	0.078 a
	KF	510	27.3 b	20.8 b	17.9 b	450	0.071 b	0.051 b	0.052 b
	BMP	465	19.0 c	17.0 c	16.1 c	450	0.051 c	0.041 c	0.030 c

30.4%~77.8%，因此，施肥量较常规减少 20.0%~45.0%，灌溉量较常规减少
25%，能够有效降低土壤氮素淋失；BMP 处理与 KF 处理相比，第 1 季、
第 2 季和第 3 季菠菜总氮淋失量分别降低，9.4%~42.1%、5.0%~35.2%、
9.0%~51.5%，说明在 KF 处理的基础上灌溉量减少 25%，可以有效降低氮
素淋失。

由表 2-17 还可看出，2018—2020 年 KF 处理和 BMP 处理与 CON 处
理相比，3 季菠菜周年氮、磷淋失量分别降低 36.5%~63.9%、5.6%~61.5%，
KF 处理和 BMP 处理相比，3 季菠菜周年氮、磷淋失量分别降低 10.1%~
30.4%、19.6%~42.3%，各处理间存在显著性差异。CON 处理 3 季菜心年际
氮、磷淋失量变化不大，KF 处理和 BMP 处理 3 季菜心年间氮、磷淋失量
逐渐降低，年际氮淋失量降低比例分别为 13.4% 和 13.1%，因此，3 季菠菜
周年氮、磷施用量分别较常规处理减少 20.9%~27.9% 和 46.4% 的条件下，可
以显著降低露地菠菜土壤氮、磷淋失量。

二、不同水肥调控措施下露地菠菜氮、磷淋失动态变化规律

由图 2-26 可知，总体来看，2018—2020 年 3 季菠菜总氮淋失总量表
现为第 3 季>第 1 季>第 2 季。3 年间第 1 季菠菜均灌溉 2 次，第 1 次灌水
后总氮淋失量高于第 2 次，总氮淋失量分别占第 1 季菠菜淋失总量的
50.0%~69.6%、54.2%~60.3%、42.0%~55.4%，主要是因为每季菠菜播种结束
后灌水，播种前深翻土壤致使土壤较疏松，畦灌后会产生大量淋溶水，加
之菠菜种植前基施 80% 氮肥，此时菠菜对养分和水肥的吸收极少，导致淋
溶水中氮素浓度较高。第 2 季菠菜均灌溉 1 次，第 2 季菠菜单次淋失量高
于第 1 季菠菜，总氮淋失量最高分别为 4.4~8.5 kg/hm²、4.9~12.1 kg/hm²、
6.7~14.1 kg/hm²，主要是第 2 季菠菜种植前氮肥全部基施，深翻后土壤较
疏松，畦灌后会产生大量淋溶水，加之第 1 季菠菜种植使土壤氮素过量累
积，淋溶水中氮素浓度较高，导致第 2 季菠菜单次氮素淋失量较第 1 季

高。第 3 季氮素淋失量最高分别为 9.5~20.7 kg/hm²、6.2~12.9 kg/hm²、6.7~19.7 kg/hm²，分别占 3 季菠菜淋失总量的 48.1%~71.3%、33.4%~44.2%、25.8%~32.2%。一方面是第 3 季菠菜种植前基施 80%氮肥，深翻后土壤较疏松，而菠菜播种结束后灌水，此时菠菜对养分和水肥的吸收极少，畦灌后会产生大量淋溶水，另一方面是前 2 季菠菜种植使土壤氮素过量累积，加之第 3 季菠菜基施大量氮肥，淋溶水中氮素浓度很高，导致第 3 季菠菜单次总氮淋失量最高。

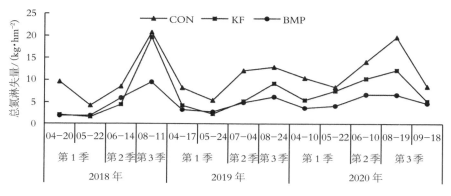

图 2-26　2018—2020 年不同水肥调控下露地菠菜总氮淋失动态

三、不同水肥调控对露地菠菜土壤无机氮累积的影响

由图 2-27 可知，2018 年 3 季菠菜收获后，CON 处理 0~100 cm 土层土壤无机氮累积量表现出先增后减的趋势，在 20~40 cm 处达到最大值 62.5 kg/hm²，说明在施氮量较高的情况下，土壤表层无机氮有向下运移的趋势；KF 处理、BMP 处理 0~100 cm 土层土壤无机氮累积量表现为逐渐降低的趋势，在 0~20 cm 达到最大值，无机氮累积量最大分别为 48.9 kg/hm² 和 43.7 kg/hm²，说明施肥量较常规减少 20.0%~45.0%，灌溉量较常规减少 25%，可降低各土层土壤无机氮累积量。各处理 0~100 cm 土层土壤无机氮累积量表现为：基础土样≈CON 处理>KF 处理>BMP 处理。这表明施氮量越高，土壤中无机氮累积量越高，减施化肥和节水灌溉处理有效降低了

各土层无机氮累积量，土壤深层中的无机氮累积量越高造成氮素淋失风险也越高。基础土样和 CON 处理 0~100 cm 土层土壤无机氮累积量变化趋势基本一致，基础土样 0~40 cm 土层土壤无机氮累积量高于 CON 处理，但 60~80 cm 土层土壤无机氮累积量 CON 处理高于基础土样，说明随着菠菜种植年限的增加，CON 处理 20~40 cm 土层土壤无机氮向土壤深层运移。

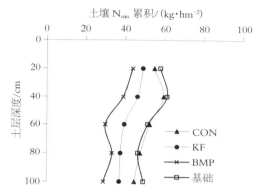

图 2-27　2018 年不同水肥条件下土壤无机氮动态变化

四、不同水肥调控对露地菠菜土壤速效磷含量的影响

由图 2-28 可知，2018—2020 年菠菜收获后 0~20 cm 土层土壤速效磷含量表现为 CON 处理>KF 处理>BMP 处理，这与施磷量密切相关。随着施磷量增加，土壤表层速效磷富集也越明显。2018—2020 年，与 CON 处理相比，KF 处理、BMP 处理耕层土壤速效磷累积含量降低了 1.6%~3.3%，但年际同一施磷处理下土壤速效磷含量略微增加。

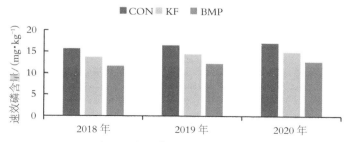

图 2-28　2018—2019 年不同水肥条件下菠菜 0~20 cm 土层土壤速效磷含量

五、不同水肥调控对露地菠菜养分吸收、产量和经济效益的影响

(一) 不同水肥调控对露地菠菜养分吸收的影响

表 2-18 结果表明，2018—2020 年 3 季菠菜各处理间氮、磷、钾养分吸收量表现为 CON 处理最高，分别为 72.7~93.0 kg/hm²、11.7~14.9 kg/hm² 和 71.3~91.2 kg/hm²，较 KF 处理分别增加 17.8%~18.0%、23.9%~25.2% 和 24.4%~24.6%，其次是 BMP 处理，但与 KF 处理间差异均不显著。说明较高施肥量造成菠菜养分奢侈吸收，而其经济产量并没有明显增加，BMP 处理能够协调菠菜对氮、磷、钾养分的吸收与转化，有利于菠菜经济产量的形成。综上所述，施肥量较常规减少 20.0%~45.0%，灌溉量较常规减少 25% 对菠菜养分吸收影响不大。菠菜地上部养分吸收总量表现为 N>K₂O> P₂O₅。

表 2-18　不同水肥条件下露地菠菜养分吸收量

单位：kg/hm²

年份	处理	养分吸收量（第 1 季）			养分吸收量（第 2 季）			养分吸收量（第 3 季）		
		N	P_2O_5	K_2O	N	P_2O_5	K_2O	N	P_2O_5	K_2O
2018	CON	92.0	14.9	90.3	78.2	12.6	76.8	87.4	14.1	85.8
	KF	78.1	11.9	72.5	66.3	10.1	61.7	74.2	11.3	68.9
	BMP	84.4	12.6	85.1	71.7	10.7	72.4	80.2	12.0	80.9
2019	CON	93.0	15.0	91.2	79.0	12.8	77.5	88.3	14.3	86.7
	KF	78.8	12.1	73.3	67	10.2	62.3	74.9	11.5	69.6
	BMP	85.2	12.7	86.0	72.5	10.8	73.1	81.0	12.1	81.7
2020	CON	85.5	13.8	83.9	72.7	11.7	71.3	81.2	13.1	79.7
	KF	72.5	11.1	67.4	61.7	9.4	57.3	68.9	10.5	64
	BMP	78.4	11.7	79.1	66.7	10.0	67.2	74.5	11.1	75.2

(二) 不同水肥调控对露地菠菜产量和经济效益的影响

表 2-19 可知，2018—2020 年 3 季菠菜各处理产量无显著性差异，说

表2-19　不同水肥条件下露地菠菜产量和经济效益

种植季	处理	2018年				2019年				2020年			
		产量/(t·hm⁻²)	产值/(万元·hm⁻²)	施肥成本/(万元·hm⁻²)	节本增效/(万元·hm⁻²)	产量/(t·hm⁻²)	产值/(万元·hm⁻²)	施肥成本/(万元·hm⁻²)	节本增效/(万元·hm⁻²)	产量/(t·hm⁻²)	产值/(万元·hm⁻²)	施肥成本/(万元·hm⁻²)	节本增效/(万元·hm⁻²)
第1季	CON	62.0	18.6	0.3	—	53.7	16.1	0.3	—	60.3	18.1	0.3	—
	KF	60.5	18.1	0.2	-0.4	55.0	16.5	0.2	0.5	61.3	18.4	0.2	0.4
	BMP	59.8	18.0	0.2	-0.5	52.7	15.8	0.2	-0.2	61.5	18.5	0.2	0.5
第2季	CON	26.5	13.3	0.4	—	27.8	13.9	0.4	—	26.3	13.2	0.4	—
	KF	22.0	11.0	0.2	-2.1	28.8	14.4	0.2	0.7	30.5	15.3	0.2	2.3
	BMP	27.7	13.8	0.2	0.7	28.2	14.1	0.2	0.4	27.3	13.7	0.2	0.7
第3季	CON	46.3	13.9	0.3	—	29.2	8.8	0.3	—	46.5	14.0	0.3	—
	KF	46.7	14.0	0.2	0.2	30.7	9.2	0.2	0.5	45.2	13.6	0.2	-0.3
	BMP	48.5	14.5	0.2	0.7	29.3	8.8	0.2	0.1	47.0	14.1	0.2	0.2

注：价格按第1季和第3季菠菜3元/kg，第2季菠菜5元/kg，普通尿素2.0元/kg，磷酸二铵3.6元/kg，艳阳天复合肥2.6元/kg计算。

明减施化肥和节水控灌对菠菜产量影响不大。2018—2020 年 KF 处理和 BMP 处理与 CON 处理相比，第 1 季、第 2 季和 3 季菠菜产量变化幅度分别为−3.3%~4.4%、−1.4%~2.3%、5.6%~4.8%，BMP 处理与 KF 处理相比，第 1 季、第 2 季和 3 季菠菜产量变化幅度分别为−2.3%~6.4%、−1.5%~2.1%、−0.8%~4.1%。2018—2020 年 3 季菠菜产量表现为第 3 季>第 1 季>第 2 季，主要是因为第 2 季菠菜生长在夏季，气温较高，对菠菜生长影响较大。因此，第 2 季菠菜产量较其他两季菠菜产量低。

2018—2020 年 3 季菠菜施肥投入成本 CON 均高于其他处理，KF 处理和 BMP 处理施肥投入成本较低。KF 与 CON 处理相比，节本增效−2.1万~2.3 万元/hm²，BMP 较 CON 处理节本增效−0.5 万~0.7 万元/hm²。

六、讨论

有研究发现（杨荣全 等，2020），在减氮 20%基础上减少灌溉量 20%，能够减少总氮淋失量 33.4%，本试验结果表明，2018—2020 年 KF 处理和 BMP 处理与 CON 处理相比，3 季菠菜周年氮、磷淋失量分别降低 36.5%~63.9%、5.6%~61.5%，KF 和 BMP 处理相比，3 季菠菜周年氮、磷淋失量分别降低 10.1%~30.4%、19.6%~42.3%，各处理间存在显著性差异，说明施肥量较常规减少 20.0%~45.0%，灌溉量较常规减少 25%，能够有效降低土壤氮素淋失。露地菜田土壤氮素淋失主要发生在累计施肥量较高及灌溉量较大的时期（王洪媛 等，2020）。本试验结果显示，菠菜全年生长季各处理总氮淋失量为 3.6~19.6 kg/hm²，呈先减后增的变化趋势，夏季菠菜生长期（第 3 季）是总氮淋失的高峰期，占菠菜各季总氮淋失总量的 26.8%~31.9%，主要是累积施氮量较高，加之这一时期灌水量较大，使土壤中累积的氮素大量淋失，因此，菠菜在种植管理的过程中应该减少基肥的施用量，增加追肥比例，其次在确保菠菜出苗率的条件下，应该降低菠菜播种后灌溉量，这样可有效降低菠菜种植过程中由于氮素过量累积，灌水后造成大量氮素淋失。本研究发现，2018—2020 年 3 季菠菜各处理产量无显著性差异，氮、磷、钾养分吸收量表现为习惯施肥处理（CON）最高，说明减施化肥和节水控灌对菠菜产量影响不大，同时可以降低菠菜对氮、磷、钾养分的奢侈吸收，与前人研究结果一致。据报道，施氮量与土壤氮素累积有很大关系（Cheng et al.，2018），露地蔬菜轮作条件下，传统灌溉管理都能造成露地蔬菜轮作不同施氮处理下土壤氮素向深层土层淋洗（汤丽玲等，2001）；本研究结果显示，随着菠菜种植年限的增加，习惯施肥处理 20~40 cm 土层土壤无机氮累积量向土壤深层运移，但主要停留在 20~40 cm 土层处，此结果与前人研究结果一致。本研究还发现，2018—2020 年 KF 处理、BMP 处理与 CON 处理相比，0~20 cm 土层土壤速效磷累积含量降低 1.6%~3.3%，说明施磷量的高低对土壤表层的速效磷含量影响较大。

七、小结

（1）减施化肥和节水灌控灌有效降低了露地菠菜氮、磷淋失量。

2018—2020 年 KF 处理与 CON 处理相比，第 1 季、第 2 季和第 3 季菠菜总氮淋失量分别降低 24.4%~46.8%、15.7%~51.7%、25.5%~56.6%，BMP 处理与 CON 处理相比，第 1 季、第 2 季和第 3 季菠菜总氮淋失量分别降低 16.5%~76.1%、48.2%~65.7%、30.4%~77.8%。

（2）明确了露地菠菜生长期间土壤氮素淋失动态变化规律。

2018—2020 年 3 季菠菜总氮淋失总量表现为：第 3 季 > 第 2 季 > 第 1 季。3 年间第 1 季菠菜均灌溉 2 次，这次淋失由灌溉和施肥造成，第 2 季菠菜单次淋失量高于第 1 季菠菜，但仅灌 1 次水，总氮素淋失量低于第 1 季；第 3 季菠菜种植前基施 80% 氮肥，深翻后土壤较疏松，而菠菜播种结束后灌水，畦灌后会产生大量淋溶水，另一方面是前 2 季菠菜种植使土壤氮素过量累积，加之第 3 季菠菜基施大量氮肥，淋溶水中氮素浓度很高，导致第 3 季菠菜总氮淋失量高于前两季。

（3）减施化肥和节水控灌可以降低土壤表层无机氮累积量和速效磷含量，控制表层无机氮向土壤深层运移。

各处理 0~20 cm 土层土壤无机氮累积量和速效磷含量表现为 CON 处理>KF 处理>BMP 处理。

（4）减施化肥和节水控灌对菠菜产量影响不大，同时可以降低菠菜对氮、磷、钾养分的奢侈吸收。

2018—2020 年 3 季菠菜各处理产量无显著性差异，氮、磷、钾养分吸收量表现为 CON 处理最高，KF 处理最低。

在控制土壤氮、磷淋失、降低土壤无机氮累积量、土壤表层速效磷含量及在不影响菠菜产量的前提下提出了露地菠菜合理的水肥管理措施。第 1 季菠菜施 N 量为 160~200 kg/hm²，施 P_2O_5 量为 120~160 kg/hm²，施 K_2O 量为 12~16 kg/hm²，单季灌溉量为 910 ~1050 m³/hm²；第 2 季菠菜施 N 量为 150~170 kg/hm²，施 P_2O_5 量为 120~140 kg/hm²，施 K_2O 量为 12~16 kg/hm²，单季灌溉量为 600~900 m³/hm²；第 3 季菠菜施 N 量为 150~170 kg/hm²，施 P_2O_5 量为 120~140 kg/hm²，施 K_2O 量为 12~16 kg/hm²，单季灌溉量为 975~1125 m³/hm²。

第三节　水肥协同调控对露地芹菜氮、磷淋失的影响

一、不同水肥调控对露地芹菜氮、磷流失量的影响

由表 2-20 可知，2018—2019 年 3 季菠菜处理间磷淋失量均表现为 CON 处理>KF 处理>BMP 处理，KF 处理和 BMP 处理与 CON 处理相比，氮、磷淋失量存在显著性差异，KF 处理和 BMP 处理相比，氮、磷淋失量无显著性差异。2018—2019 年 KF 处理与 CON 处理相比，氮、磷淋失量分别降低 38.4%~41.5%和 15.7%~23.9%，BMP 处理与 CON 处理相比，氮、磷淋失量分别降低 43.4%~54.3%和 23.1%~26.7%，因此，施肥量较常规减少

27.6%~46.1%，灌溉量较常规减少 25%，能够有效降低土壤氮素淋失；BMP 处理与 KF 处理相比，氮、磷淋失量分别降低 3.2%~25.9%和 3.6%~8.7%，说明在 KF 处理的基础上，施肥量和灌溉量分别减少 20.0%~25.4%和 25%，亩增施 200 kg 有机肥，可以有效降低氮素淋失。2019 年各处理氮、磷淋失量较 2018 年分别增加 2.3%~33.5%和 16.3%~28.9%，主要是因为 2019 年芹菜生长期间降雨量较多，导致 2019 年比 2018 年多淋失一次。

表 2-20 不同水肥调控下露地芹菜氮、磷淋失量

单位：kg/hm²

处理	N 用量	总氮淋失量		P₂O₅ 用量	总磷淋失量	
		2018 年	2019 年		2018 年	2019 年
CON	428.7	157.0 a	169.1 a	300	0.312 a	0.402 a
KF	310.2	96.7 b	98.9 b	225	0.263 b	0.306 b
BMP	231.2	71.7 b	95.7 b	180	0.240 b	0.295 b

二、不同水肥调控下露地芹菜氮、磷流失动态规律

由图 2-29 可知，2018—2019 年芹菜总氮淋失量出现两次峰值，第 1 次淋失高峰为 4 月中上旬（第 1 次灌水后），占芹菜生育期总氮淋失总量的 18.3%~25.0%，主要是因为第 1 次灌水前基施 40%氮肥，土壤氮素累积量较高，芹菜处在幼苗期，对养分吸收能力弱，加之土壤比较疏松、灌水量较大，因此，第 1 次淋失量较高。第 2 次淋失高峰为 7 月中下旬，占芹菜生育期总氮淋失量的 14.7%~20.3%，主要是因为 7 月中上旬进行了 2 次追肥，土壤氮素累积量较高，灌水后土壤氮素大量淋失。总氮淋失量最低值为 8 月上旬，占芹菜生育期总氮淋失量的 10.9%~13.4%，主要是因为芹菜生长后期天气转凉，雨水较多，灌水量较小，加之前 2 次氮素淋失严重，土壤氮素累积量下降，因此，芹菜生长后期氮素淋失量较低。

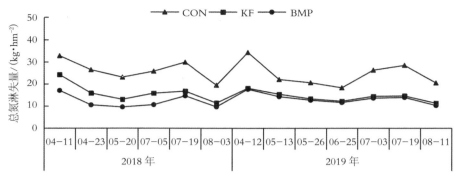

图 2-29   2018—2019 年不同水肥调控下露地芹菜总氮淋失动态变化

三、不同水肥调控对露地芹菜土壤无机氮积累运移的影响

由图 2-30 可知，2018—2019 年芹菜收获后 0~100 cm 土层土壤无机氮含量变化趋势基本一致，即随土层加深而降低。不同施肥处理在芹菜生长期间对不同层次土壤无机氮累积运移规律有影响，各处理土壤无机氮累积量表现为 CON 处理> KF 处理> BMP 处理，这与各处理施氮量的高低有关系，说明施氮量对土壤表层无机氮含量的影响较大。2018 年 0~40 cm 土层土壤无机氮累积量比 2019 年高，说明芹菜表层土壤无机氮随着施肥年限的增加有逐渐累积的现象；2019 年 CON 处理 80~100 cm 土层土壤出现累积峰值，无机氮累积量为 25.3 kg/hm²，说明在 CON 处理下，随着种植年限的增加，土壤表层无机氮有向深层运移的趋势。

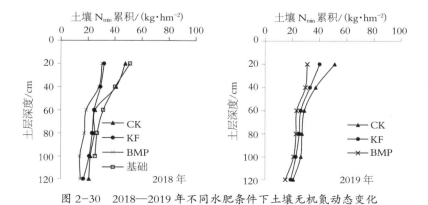

图 2-30   2018—2019 年不同水肥条件下土壤无机氮动态变化

四、不同水肥调控对露地芹菜土壤速效磷含量的影响

由图 2-31 可知，2018—2019 年芹菜收获后 0~20 cm 土层土壤速效磷含量表现为 CON 处理 > KF 处理 > BMP 处理，这与各处理施磷量的高低有关系，说明施磷量对土壤表层速效磷含量的影响较大。2018—2019 年 KF 处理、BMP 处理与 CON 处理相比，速效磷含量降低 5.2%~38.9%，年际土壤速效磷有递增趋势。

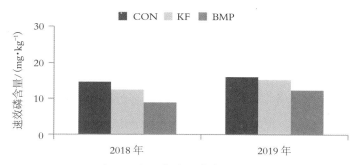

图 2-31　2018—2019 年不同水肥条件下芹菜 0~20 cm 土层土壤速效磷含量

五、不同水肥调控对露地芹菜产量及养分吸收的影响

（一）不同水肥调控对露地芹菜养分吸收的影响

由表 2-21 可知，2018—2019 年露地芹菜各处理间氮、磷、钾肥的养分吸收量表现出 CON 处理较大，分别为 99.9~123.8 kg/hm²、47.4~51.0 kg/hm² 和 180.9~217.1 kg/hm²，较 KF 处理分别增加 12.0%~25.2%、11.1%~44.9% 和 24.8%~31.2%，其次是 BMP 处理，KF 处理差异均显著。说明较高的施肥量使芹菜对养分奢侈吸收，而多余吸收的养分不一定会转化为经济产量，BMP 处理能够协调芹菜对氮、磷、钾养分的吸收与转化，有利于芹菜经济产量的形成，综上，施肥量较常规减少 25.0%~46.0%，灌溉量较常规减少 25%，亩增施 200 kg 有机肥，对芹菜养分吸收影响较小。芹菜地上部养分吸收总量表现为 $N>K_2O>P_2O_5$。

表 2-21　不同水肥调控下露地芹菜养分吸收量

单位：kg/hm²

年份	处理	N	P₂O₅	K₂O
2018	CON	99.9	51.0	180.9
	KF	79.8	45.9	137.9
	BMP	85.2	52.8	153.8
2019	CON	123.8	47.4	217.1
	KF	110.5	32.7	173.9
	BMP	119.5	43.8	185.1

（二）不同水肥调控对露地芹菜产量和经济效益的影响

由表 2-22 可看出，2018—2019 年芹菜各处理产量无显著性差异，说明减施化肥和节水控灌及增施有机肥对菠菜产量影响不大。2018—2019 年 KF 处理和 BMP 处理与 CON 处理相比，芹菜产量变幅度为-4.7%~4.8%，BMP 处理与 KF 处理相比，芹菜产量变幅度为-3.1%~7.6%。2019 年芹菜产量表产量较 2018 年高，主要与气候有关，2019 年降雨量较丰富。2018—2019 年芹菜施肥投入成本 CON 处理均高于其他施肥处理，BMP 处理施肥投入成本最低。KF 处理与 CON 处理相比，节本增效-0.8 万~2.3 万元/hm²，BMP 处理较 CON 处理节本增效 0.5 万~0.7 万元/hm²。

表 2-22　不同水肥条件下露地芹菜产量和经济效益

处理	2018 年				2019 年			
	产量/(t·hm⁻²)	产值/(万元·hm⁻²)	施肥成本/(万元·hm⁻²)	节本增效/(万元·hm⁻²)	产量/(t·hm⁻²)	产值/(万元·hm⁻²)	施肥成本/(万元·hm⁻²)	节本增效/(万元·hm⁻²)
CON	122.1	18.3	0.5	—	136.9	20.5	0.5	—
KF	116.2	17.4	0.4	-0.8	143.4	21.5	0.4	1.1
BMP	125.0	18.8	0.3	0.7	138.9	20.8	0.3	0.5

注：价格按芹菜 1.5 元/kg、普通尿素 2.0 元/kg、磷酸二铵 3.6 元/kg、复合肥 2.6 元/kg、有机肥按 0.8 元/kg 计算。

六、讨论

日光温室黄瓜—番茄轮作体系，节水控肥下有机无机配施可以降低土壤氮素淋失（李若楠 等，2013）。本试验条件下，2018—2019 年 KF 处理与 CON 处理相比，氮、磷淋失量分别降低 38.4%~41.5% 和 15.7%~23.9%，BMP 处理与 CON 处理相比，氮、磷淋失量分别降低 43.4%~54.3% 和 23.1%~26.7%。露地菜田土壤氮素淋失主要发生在累积施肥量较高及灌溉量较大的时期（王洪媛 等，2020）。本试验结果显示，第 1 次淋失高峰为 4 月中上旬（第 1 次灌水后），第 2 次淋失高峰为 7 月中下旬，主要与基施化肥和追肥有关，因此，芹菜在种植管理的过程中应该减少基肥的施用量，增加追肥次数，其次在确保芹菜出苗率的条件下，应该降低菠菜播种后灌溉量，这样可有效降低菠菜种植过程中由于氮素过量累积，灌水后造成大量氮素淋失。本研究中，2018—2019 年芹菜各处理产量无显著性差异，氮、磷、钾养分吸收量表现为 CON 处理最高，说明减施化肥和节水控灌对菠菜产量影响不大，同时可以降低菠菜对氮、磷、钾养分的奢侈吸收，与前人研究结果一致。本研究发现，2018 年 0~40 cm 土层土壤无机氮累积量比 2019 年高，说明芹菜表层土壤无机氮随着施肥年限的增加有逐渐累积的现象，此结果与前人研究结果一致。许俊香等（2016 年）研究证实，减施磷肥及施用有机肥可减少土壤速效磷的累积量；本研究 2018—2019 年芹菜收获后 0~20 cm 土层土壤速效磷含量表现为 CON 处理 > KF 处理 > BMP 处理，说明施磷量的高低对土壤表层的速效磷含量影响较大。

七、小结

（1）减施化肥和节水灌控灌及增施有机肥有效降低了露地芹菜氮、磷流失量。

2018—2019 年 KF 处理与 CON 处理相比，氮、磷淋失量分别降低 38.4%~41.5% 和 15.7%~23.9%，BMP 处理与 CON 处理相比，氮、磷淋失量分别降低 43.4%~54.3% 和 23.1%~26.7%。

（2）明确了芹菜生长期间土壤氮素淋失动态变化规律。

2018—2019 年芹菜出现两次峰值，第 1 次淋失高峰为 4 月中上旬，由于芹菜处于苗期，基施氮肥和灌水造成的淋失量较高；第 2 次淋失高峰为 7 月中下旬，由于 7 月中上旬进行了 2 次追肥后灌水造成土壤氮素大量淋失。

（3）减施化肥和节水控灌及增施有机肥可以降低土壤表层无机氮累积量和速效磷含量，控制表层无机氮向土壤深层运移。

各处理 0~20 cm 土层土壤无机氮累积量和速效磷含量表现为 CON 处理>KF 处理>BMP 处理。

（4）减施化肥和节水控灌及增施有机肥对芹菜产量影响不大，同时可以降低芹菜对氮、磷、钾养分的奢侈吸收。

2018—2019 年芹菜各处理产量无显著性差异，氮、磷、钾养分吸收量表现为 CON 处理最高，KF 处理最低。

在控制土壤氮、磷流失、降低土壤无机氮累积量、土壤表层速效磷含量及在不影响菠菜产量的前提下提出了露地芹菜合理的水肥管理措施。芹菜施 N 量为 200~240 kg/hm²，施 P_2O_5 量为 160~180 kg/hm²，施 K_2O 量为 100~120 kg/hm²，单季灌溉量为 750~892.5 m³/hm²。

第四节　减施化肥和增施有机肥对露地菜心氮、磷淋失的影响

一、减施化肥、增施有机肥对露地菜心氮、磷流失量的影响

由表 2-23 可知，2018—2020 年菜心氮、磷淋失量均表现为 CON 处理>KF 处理>BMP 处理，KF 处理和 BMP 处理与 CON 处理相比，氮、磷淋失量存在显著性差异，KF 处理和 BMP 处理相比，氮、磷淋失量无显著性差异。2018—2020 年 KF 处理与 CON 处理相比，第 1 季、第 2 季、第 3 季

和第 4 季菜心总氮淋失量分别降低 14.1%~36.8%、16.7%~42.3%、32.1%~45.6%和15.1%~32.4%，BMP 处理与 CON 处理相比，第 1 季、第 2 季、第 3 季和第 4 季菜心总氮淋失量分别降低 15.6%~42.5%、18.9%~52.4%、36.9%~52.1%和21.5%~42.2%，因此，减施化肥及增施有机肥较常规施肥很好地降低了氮素淋失。

2018—2020 年 KF 处理和 BMP 处理与 CON 处理相比，菜心周年氮、磷淋失量分别降低 13.2%~46.5%、15.2%~44.6%，KF 处理和 BMP 处理相比，菜心周年氮、磷淋失量分别降低 16.7%~24.4%、10.7%~29.0%，各处理

表 2-23　不同施肥条件下露地菜心氮、磷淋失量

单位：kg/hm²

作物季	处理	N 用量	总氮淋失量			P₂O₅ 用量	总磷淋失量		
			2018 年	2019 年	2020 年		2018 年	2019 年	2020 年
第 1 季	CON	135	48.8 a	36.43 a	21.53 a	22.5	0.056	0.073	0.043
	KF	102	38.1 b	33.23 b	12.42 b	16.5	0.052	0.063	0.022
	BMP	88.5	30.9 b	28.8 b	11.91 b	15.0	0.037	0.043	0.021
第 2 季	CON	135	28.5 a	24.7 a	16.54 a	22.5	0.064	0.052	0.022
	KF	102	18.5 b	19.3 b	8.92 b	16.5	0.056	0.043	0.018
	BMP	88.5	16.1 b	16.1 b	7.37 b	15.0	0.037	0.032	0.016
第 3 季	CON	135	36.1 a	31.3 a	17.59 a	22.5	0.048	0.085	0.006
	KF	102	25.3 b	27.7 b	11.18 b	16.5	0.023	0.072	0.005
	BMP	88.5	21.2 b	15.7 b	9.03 b	15.0	0.019	0.062	0.004
第 4 季	CON	135	—	—	32.12 a	22.5	—	—	0.013
	KF	102	—	—	25.61 b	16.5	—	—	0.011
	BMP	88.5	—	—	18.63 c	15.0	—	—	0.009
累计	CON	540	113.4 a	92.4 a	87.7 a	90	0.168 a	0.210 a	0.084 a
	KF	408	81.9 b	80.2 b	58.1 b	66	0.131 b	0.178 b	0.056 b
	BMP	354	68.2 c	60.6 c	46.9 c	60	0.093 b	0.137 b	0.050 b

间存在显著性差异。年际氮、磷淋失量逐渐降低，年际氮淋失量降低比例分别为 14.3%和 14.91%。因此，减施化肥和增施有机肥可以有效降低菜心氮、磷淋失量。

二、露地菜心氮、磷淋失动态变化规律

由图 2-32 可知，2018—2020 年菜心全年总氮淋失量都以 CON 处理为最高，主要与施肥量较高有关。3 年内各处理总氮淋失量为 2.3~33.0 kg/hm²，变幅较大。2018 年第 1 季菜心生长后期各处理总氮淋失量较生长前期淋失量平均增加 35.7%和 33.4%，主要与生长后期淋溶液量的增加有关，加之喷施 2 次化肥，导致菜心第 1 季菜心生长后期淋失量较生长前期高。2019 年第 2 季菜心 2 次追肥后各处理累积化肥施氮量为 204~270 kg/hm²，占 3 季菜心化肥总氮施用量的 66.7%，总氮淋失量为 9.53~11.2 kg/hm²，占 3 季菜心总氮淋失总量的 27.7%~32.6%，2020 年第 3 季菜心 2 次追肥后各处理累积化肥施氮 306~405 kg/hm²，占 3 季菜心化肥总氮施用量的 75.0%，总氮淋失量为 9.0~13.6 kg/hm²，占 4 季菜心总氮淋失总量的 27.1%~29.2%。2018—2020 年最后 1 季菜心土壤氮素淋失量明显下降，主要与喷灌量降低导致淋溶液量减少有关。由此可见，露地菜心周年总氮淋失量高峰期在夏季（累积施氮量较高且灌水量较大的时期）。因此，夏季是控制露地菜心氮素淋失的关键期。

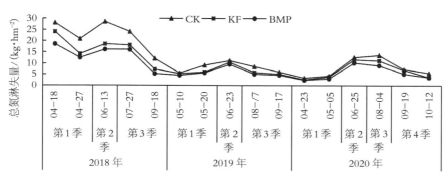

图 2-32　2018—2020 年不同施肥条件下露地菜心总氮淋失动态

三、减施化肥、增施有机肥对露地菜心土壤无机氮积累影响

由图 2-33 可知，2019—2020 年季菜心收获后，各处理 0~100 cm 土层土壤无机氮累积量表现出先增后减的趋势，在 20~40 cm 处达到最大值 105.2~108.3 kg/hm²，说明施氮量较高的情况下，土壤表层无机氮有向下运移的趋势；各处理 0~100 cm 土层土壤无机氮累积量表现为 CON 处理>KF 处理>BMP 处理。一方面表明施氮量越高，土壤中无机氮累积量越高，减施化肥和节水灌溉处理有效降低了各土层无机氮累积量，另一面，0~90 cm 土壤总氮淋失以 CON 处理为最高，BMP 处理最低，而 100 cm 土层处土壤无机氮累积量也表现为 CON 处理最高，BMP 处理最低，因此，淋失量越高，土壤深层中的无机氮累积量也会越高。基础土样和 CON 处理 0~100 cm 土层土壤无机氮累积量变化趋势基本一致，基础土样 0~40 cm 土层土壤无机氮累积量高于 CON 处理，但 60~80 cm 土层土壤无机氮累积量 CON 处理高于基础土样，说明随着菠菜种植年限的增加，习惯施肥处理 20~40 cm 土层土壤无机氮累积量向土壤深层运移，但主要停留在 20~40 cm 土层处。

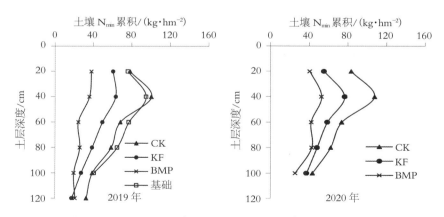

图 2-33　2019—2020 年不同施肥处理下土壤无机氮动态变化

四、减施化肥、增施有机肥对露地菜心土壤速效磷累积的影响

图 2-34 结果显示，2018—2020 年芹菜收获后，不同施肥处理下 0~

20 cm 土层土壤速效磷含量表现为 CON 处理>BMP 处理>KF 处理，这与各处理施磷量的高低及增施有机肥有关系，说明施磷量和增施有机肥对土壤表层速效磷含量的影响较大。2018—2020 年 KF 处理、BMP 处理与 CON 处理相比，速效磷累积量降低 0.6%~12.4%。

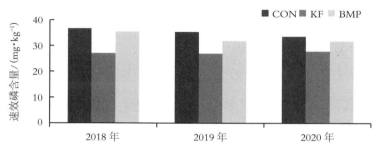

图 2-34　2018—2020 年不同施肥处理对露地菜心 0~20 cm 土层土壤速效磷含量的影响

五、减施化肥、增施有机肥对露地菜心产量及养分吸收的影响

（一）减施化肥、增施有机肥对露地菜心养分吸收的影响

由表 2-24 可知，2018—2020 年露地菜心不同处理间氮、磷、钾肥的养分吸收量均无显著差异，均以 CON 处理为最高。2018—2020 年露地菜心 N、P_2O_5、K_2O 吸收量分别为 61.7~180.2 kg/hm²、18.9~41.1 kg/hm² 和 88.5~287.4 kg/hm²，CON 处理较 KF 处理分别增加 13.0%~26.2%、12.1%~24.9%和 34.8%~41.2%，但 BMP 处理与 KF 处理差异不显著。说明较高的施肥量使菜心对养分奢侈吸收，而多余吸收的养分不一定会转化为经济产量，BMP 处理能够协调菜心对氮、磷、钾养分的吸收与转化，有利于菜心经济产量的形成。综上，施肥量较常规减少 24.4%~34.4%，亩增施 200 kg 有机肥，对菜心养分吸收影响较小。菜心地上部养分吸收总量表现为 N>K_2O>P_2O_5。

（二）减施化肥、增施有机肥对露地菜心产量及经济效益的影响

由表 2-25 可知，2018—2020 年菜心各处理产量无显著性差异，说明减施化肥和增施有机肥对菠菜产量影响不大。2018—2020 年菜心各处理产

表 2-24　不同施肥条件下露地菜心养分吸收量

单位：kg/hm²

年份	种植季	处理	N 吸收量	P₂O₅ 吸收量	K₂O 吸收量
2018	第 1 季	CON	162.2	32.9	110.1
		KF	159.8	32.4	101.1
		BMP	161.9	33.8	109.2
	第 2 季	CON	105.5	41.1	123.5
		KF	102.9	42.2	148.5
		BMP	103.1	54.6	111.9
	第 3 季	CON	180.2	29.9	278.4
		KF	138.5	20.3	161.4
		BMP	137	24	205.5
2019	第 1 季	CON	80.9	22.2	93.0
		KF	69.8	19.1	69.0
		BMP	77.7	21.3	74.0
	第 2 季	CON	128.1	39.2	144.0
		KF	112.7	23.9	106.4
		BMP	102.5	18.8	96.2
	第 3 季	CON	90.6	19.8	155.3
		KF	77.6	18.3	135.2
		BMP	71.6	19.2	152.3
2020	第 1 季	CON	61.7	21.2	88.5
		KF	62.7	18.2	65.7
		BMP	74.9	20.3	70.5
	第 2 季	CON	105.0	37.4	137.1
		KF	107.3	22.7	101.3
		BMP	97.7	17.9	91.5

续表

年份	种植季	处理	N 吸收量	P_2O_5 吸收量	K_2O 吸收量
2020	第 3 季	CON	90.3	18.9	147.9
		KF	84.2	20.1	149.1
		BMP	83.9	21.2	168.0
	第 4 季	CON	83.4	21.9	171.5
		KF	68.9	20.1	149.1
		BMP	66.9	21.2	168.0

量无显著性差异，说明减施化肥和增施有机对菜心产量影响不大。2018—2020 年 KF 处理和 BMP 处理与 CON 处理相比，第 1 季、第 2 季、第 3 季和第 4 季菜心产量变化幅度分别为−1.3%~2.4%、−1.1%~2.6%、−1.6%~4.2%和−1.8%~3.1%，BMP 处理与 KF 处理相比，第 1 季、第 2 季、第 3 季和第 4 季菜心产量变化幅度分别为−1.3%~5.4%、−1.2%~3.1%、−1.8%~3.6%和1.8%~3.7%。2018—2020 年第 1 季菜心产量最高，第 2 季菜心产量最低，主要是因为第 2 季菜系生长在夏季，气温较高，对菜心生长影响较大，因此，第 2 季菜心产量较其他各季菜心产量低。

2018—2020 年菜心施肥总成本 CON 处理均高于其他处理，KF 处理和 BMP 处理施肥投入成本最低。KF 处理较 CON 处理，节本增效−2.3 万~2.1 万元/hm²，BMP 处理较 CON 处理，节本增效−0.8 万~0.6 万元/hm²。

六、讨论

本研究条件下，2020 年菜心生长季 BMP 处理较 KF 处理氮素淋失减少 12.30%~31.37%，表明化肥减施 25%化肥及增施 1/3 有机肥，可以降低露地菜心土壤氮素淋失。2019 年 3 季菜心周年总氮淋失量为 29.20~40.32 kg/hm²，2020 年 4 季菜心周年总氮淋失量为 33.30~46.57 kg/hm²，叶菜类菜心的氮素淋失量与氮肥投入水平密切相关。2020 年 BMP 处理较

表2-25 不同施肥条件下露地菜心产量和经济效益

种植季	处理	2018年				2019年				2020年			
		产量/(t·hm⁻²)	产值/(万元·hm⁻²)	施肥成本/(万元·hm⁻²)	节本增效/(万元·hm⁻²)	产量/(t·hm⁻²)	产值/(万元·hm⁻²)	施肥成本/(万元·hm⁻²)	节本增效/(万元·hm⁻²)	产量/(t·hm⁻²)	产值/(万元·hm⁻²)	施肥成本/(万元·hm⁻²)	节本增效/(万元·hm⁻²)
第1季	CON	8.9	18.6	0.9	—	12.9	16.1	0.9	—	26.5	18.1	0.9	—
	KF	6.0	18.1	0.8	-0.5	12.9	16.5	0.8	0.4	26.9	18.4	0.8	0.3
	BMP	6.3	18.0	1.1	-0.8	12.9	15.8	1.1	-0.5	27.7	18.5	1.1	0.2
第2季	CON	6.9	13.3	0.14	—	12.9	13.9	0.14	—	10.8	13.2	0.14	—
	KF	9.0	11.0	0.11	-2.3	12.9	14.4	0.11	0.5	14.0	15.3	0.11	2.1
	BMP	7.9	13.8	0.10	0.5	12.9	14.1	0.10	0.2	12.2	13.7	0.10	0.5
第3季	CON	7.8	13.9	0.14	—	12.9	8.8	0.14	—	13.6	14.0	0.14	—
	KF	9.2	14.0	0.11	0.1	12.9	9.2	0.11	0.4	13.8	13.6	0.11	-0.4
	BMP	9.3	14.5	0.10	0.6	12.9	8.8	0.10	0.0	14.0	14.1	0.10	0.1
第4季	CON	—	—	—	—	—	—	—	—	13.6	14.0	0.14	—
	KF	—	—	—	—	—	—	—	—	11.0	13.6	0.11	-0.4
	BMP	—	—	—	—	—	—	—	—	14.0	14.1	0.10	0.1

注：价格按菜心5元/kg，大量元素水溶肥4.5元/kg，有机肥0.8元/kg计算。

CON 处理 4 季菜心分别增产 4.73%、0.15%、9.04%和 3.25%，表明化肥减施 25%及增施 1/3 有机肥可以增加蔬菜产量。有机肥替代化肥能够有效减少土壤无机氮含量。本研究发现，随着菜心种植年限的增加，各处理 20~40 cm 土层土壤无机氮累积量向土壤深层运移，但主要停留在 20~40 cm 土层处。本研究中菜心收获后 0~20 cm 土层土壤速效磷含量表现为 CON 处理> KF 处理> BMP 处理，说明施磷量的高低对土壤表层的速效磷含量影响较大，这与许俊香等（2016 年）研究结果一致。

七、小结

（1）减施化肥和节水灌控灌及增施有机肥有效降低了露地菜心氮、磷流失量。

2018—2020 年 KF 处理与 CON 处理相比，第 1 季、第 2 季、第 3 季和第 4 季菜心总氮淋失量分别降低 14.1%~36.8%、16.7%~42.3%、32.1%~45.6%和 15.1%~32.4%，BMP 处理与 CON 处理相比，第 1 季、第 2 季、第 3 季和第 4 季菜心总氮淋失量分别降低 15.6%~42.5%、18.9%~52.4%、36.9%~52.1%和 21.5%~42.2%。

（2）明确了露地菜心土壤氮素流失动态变化规律。

2018—2020 年菜心生长期间总氮淋失总量表现为第 2 季>第 1 季>第 3 季。第 1 季菜心生长后期喷施 2 次化肥，导致菜心第 1 季菜心生长后期淋失量较生长前期高，第 2 季菜心处在夏季高峰期，气温高、喷灌次数多而频繁，造成土壤累积的氮素淋失较高，3 季 1 季菜心喷灌次数较少，施肥量也较低，造成淋失量较低。

（3）减施化肥、节水控灌及增施有机肥可以降低土壤表层无机氮累积量和速效磷含量，控制表层无机氮向土壤深层运移。

各处理 0~20 cm 土层土壤无机氮累积量和速效磷含量表现为 CON 处理>KF 处理>BMP 处理。

（4）减施化肥和节水控灌及增施有机肥对菜心产量影响不大，同时可以降低芹菜对氮、磷、钾养分的奢侈吸收。2018—2020 年芹菜各处理产量无显著性差异，氮、磷、钾养分吸收量表现为 CON 处理最高，KF 处理最低。

在控制土壤氮、磷流失、降低土壤无机氮累积量、土壤表层速效磷含量及在不影响菠菜产量的前提下，提出了露地芹菜合理的水肥管理措施。第 1 季菜心施 N 量为 80~90 kg/hm²，施 P_2O_5 量为 13~15 kg/hm²，施 K_2O 量为 13~15 kg/hm²，施有机肥量 8 000~9 000 kg/hm²，单季灌溉量为 1 200~1 500 m³/hm²。

第五节　不同类型露地菜田氮、磷肥投入阈值

一、露地花椰菜—大白菜氮、磷肥投入阈值

（一）露地花椰菜和大白菜氮肥投入阈值

在同等灌水、栽培管理下，以施用氮肥为主要氮素施入项，蔬菜地上部吸收氮素为输入出项，以 0~100 cm 土体为土壤氮素表观平衡界定范围，计算出低肥力田块和中高肥力田块下露地花椰菜—大白菜轮作体系各蔬菜季的氮表观平衡。

图 2-35 是低肥力条件下 2012—2013 年花椰菜经济产量、土壤氮素平衡、0~100 cm 土体 N_{min} 残留量与施氮量的关系，可以看出，花椰菜季土壤氮素平衡与施氮量呈正相关关系，相关方程为 y=0.764x-236.1，R^2=0.896，氮素收支平衡点施氮量为 309 kg/hm²。以花椰菜最高产量施氮量（N 425 kg/hm²）确定为氮肥投入最大阈值，在此基础上将氮肥减量 25% 作为维持土壤氮素平衡和蔬菜经济产量的最低氮肥投入阈值（N 319 kg/hm²），可得露地花椰菜氮肥投入阈值范围 [319，425]。在此投入阈值范围内可以计算出 0~100 cm 土体 N_{min} 残留上下限分别为 193 kg/hm² 和 228 kg/hm²，

花椰菜种植下 0~100 cm 土体 N_{min} 残留预警区间为 [193，228]。

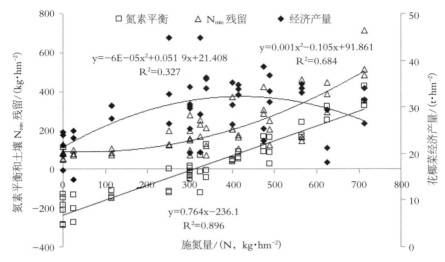

图 2-35　2012—2013 年露地花椰菜经济产量、0~100 cm 土层土壤 N_{min} 残留、氮素平衡
与施氮量的关系

　　低肥力田块下，从图 2-36 可以看出，2012—2013 年大白菜季土壤氮素平衡与施氮量也呈正相关关系，相关方程为 $y=0.732x-163.9$，$R^2=$ 0.764，氮素收支平衡点施氮量为 224 kg/hm²。大白菜最高产量施氮量为 393 kg/hm²，氮肥减量 25% 作为最低氮肥投入阈值，由此可确定大白菜氮肥投入阈值为 [295，393]。大白菜环境指标阈值 0~100 cm 土体 N_{min} 残留区间为 [183，230]。

　　中高肥力条件下，图 2-37 是 2012—2014 年花椰菜经济产量、土壤氮素平衡、0~100 cm 土体 N_{min} 残留量与施氮量的关系，可以看出，花椰菜季土壤氮素平衡与施氮量呈正相关关系，相关方程为 $y=0.788x-160.7$，$R^2=$ 0.795，氮素收支平衡点施氮量为 204 kg/hm²。图 2-37 可算出花椰菜最高产量施氮量为 507 kg/hm²，最高用量氮肥减量 25% 作为最低投入阈值，由此可确定中高肥力条件下花椰菜氮肥投入阈值为 [380，507]。花椰菜季，施氮量与土壤 N_{min} 残留量可用方程 $y=-0.001x^2+0.880x+79.89$（$R^2=0.117$）

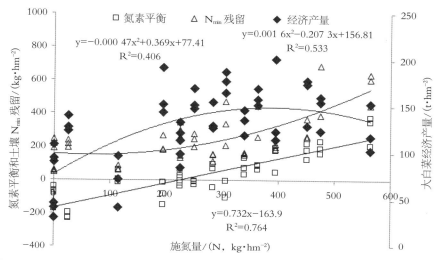

图 2-36　2012—2013 年露地大白菜经济产量、0~100 cm 土层土壤 N_{min} 残留、氮素平衡
与施氮量的关系

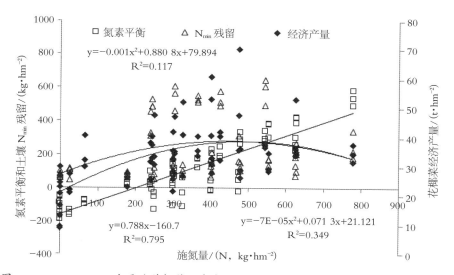

图 2-37　2012—2013 年露地花椰菜经济产量、0~100 cm 土体 N_{min} 残留、氮素平衡与施
氮量的关系（中高肥力田块）

描述，通过花椰菜的氮肥投入阈值范围，可以计算出 0~100 cm 土体 N_{min}
残留上下限分别为 270 kg/hm² 和 269 kg/hm²，花椰菜种植下中高肥力田块 0~
100 cm 土体 N_{min} 残留临界阈值为 269 kg/hm²。

从图 2-38 可以看出，中高肥力条件下 2012—2014 年大白菜季土壤氮素平衡与施氮量也呈正相关关系，相关方程为 y=0.707 9x-198.5，R^2=0.853，氮素收支平衡点施氮量为 281 kg/hm²。由图 2-38 可得大白菜最高产量时施氮量为 463 kg/hm²，最高用量氮肥减量 25% 作为最低投入阈值，由此可确定大白菜氮肥投入阈值为 [347，463]。大白菜季，施氮量与土壤 N_{min} 残留量符合方程 y=0.000 3x²+0.040 8x+174.13 （R^2=0.187）拟合，通过大白菜的氮肥投入阈值范围，可以计算出 0~100 cm 土体 N_{min} 残留上下限分别为 224 和 257 kg/hm²，花椰菜种植下 0~100 cm 土体 N_{min} 残留阈值区间为 [224，257]。

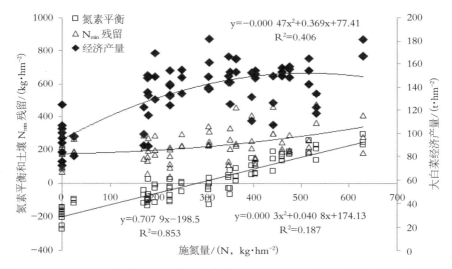

图 2-38　2012—2014 年露地大白菜经济产量、0~100 cm 土体 N_{min} 残留、氮素平衡与施氮量的关系（中高肥力田块）

以上分析结果表明，在氮肥投入阈值范围内，既能保证露地花椰菜和大白菜的经济产量，又能使环境阈值 0~100 cm 土体 N_{min} 残留控制在合理区间，实现露地蔬菜增产和环境风险降低的双赢目标。综合考虑土壤肥力和蔬菜种类等因素，宁夏灌区春茬露地花椰菜的氮肥投入阈值为 [319，507]，花椰菜环境指标阈值 0~100 cm 土体 N_{min} 残留区间，即环境

风险预警范围为 [193，269]；秋茬大白菜的氮肥投入阈值为 [224，463]，其环境风险预警范围为 [183，257]。

（二）露地花椰菜和大白菜磷肥投入阈值

土壤磷的表观平衡根据输入土壤的磷和移走的磷差值来评价，输入项包括化肥磷、有机肥磷和灌溉水输入磷，灌溉水输入磷忽略不计，磷素输出主要是露地蔬菜地上部吸收带走磷素。

土壤高肥力条件下，不同施磷处理下土壤磷素收支平衡、花椰菜经济产量与施磷量的关系如图 2-39 所示。可以看出，土壤磷素收支平衡与施磷量线性正相关（$R^2=0.898$），收支平衡点的施磷量为 141 kg/hm²，低于或高于此值，土壤磷素会出现亏缺或盈余。根据图 2-39 花椰菜保证经济产量最高施磷量为 P_2O_5 350 kg/hm²，以最高用量磷肥减量 40%（P_2O_5 350 kg/hm²）作为最低磷肥投入阈值，由此可得花椰菜磷肥（P_2O_5）投入阈值范围为 [210，350]。根据花椰菜磷肥投入阈值范围，参照图 2-39，分别可得花椰菜季土壤速效磷（Olsen-P）和溶解性磷（$CaCl_2$-P）残留区间为 [86.3，97.1] 和 [1.4，2.3]，即土壤速效磷残留下限为 86.3 mg/kg，

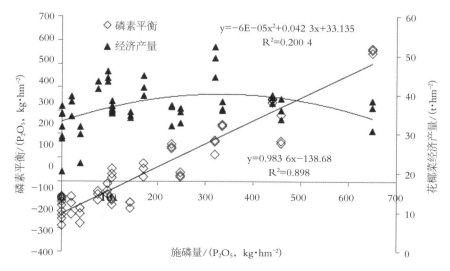

图 2-39　2011—2013 年花椰菜经济产量、土壤磷素平衡与施磷量关系

残留上限为 97.1 mg/kg；土壤溶解性磷残留下限为 1.4 mg/kg，残留上限为 2.3 mg/kg，当土壤无机磷含量超过上限值，不能被地上部蔬菜完全吸收利用，其淋失风险加大，也即是环境污染风险加大。

图 2-40 表明，高磷供应下，大白菜种植下土壤磷素收支平衡与施磷量呈正相关（$R^2=0.982$），收支平衡点的施磷量为 P_2O_5 104.9 kg/hm²，而保证大白菜经济产量的最高施磷量为 P_2O_5 392 kg/hm²（图 2-40），大白菜的磷肥（P_2O_5）投入阈值为 [235，392]。通过图 2-40，可得大白菜季土壤速效磷（Olsen-P）和溶解性磷（CaCl₂-P）残留区间为 [68.0，100.9] 和 [2.3，4.4]。

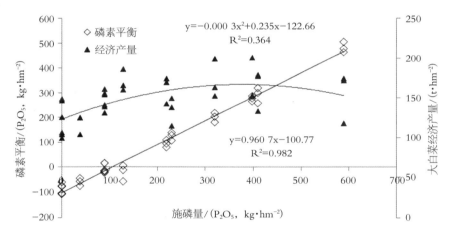

图 2-40　2012—2013 年大白菜经济产量、土壤磷素平衡与施磷量关系

在中高土壤肥力条件下，不同施磷处理下土壤磷素收支平衡、花椰菜经济产量与施磷量的关系如图 2-41 所示。可以看出，土壤磷素收支平衡与施磷量线性正相关（$R^2=0.957$），收支平衡点的施磷量为 P_2O_5 80 kg/hm²，低于或高于此值，土壤磷素会出现亏缺或盈余。根据图 2-41 花椰菜保证产量最高施磷量为 P_2O_5 308 kg/hm²，由此，花椰菜磷肥投入阈值范围为 [185，308]。由图 2-41，可得花椰菜季土壤速效磷（Olsen-P）和溶解性磷（CaCl₂-P）残留区间为 [77.1，96.9] 和 [0.9，2.2]。

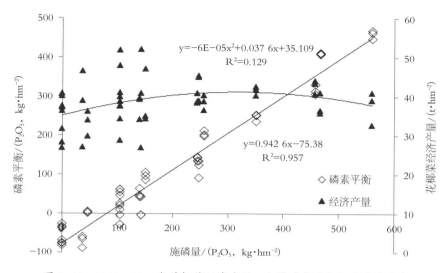

图 2-41 2012—2014 年花椰菜经济产量、土壤磷素平衡与施磷量关系

在中高土壤肥力条件下，不同施磷处理下土壤磷素收支平衡、大白菜经济产量与施磷量的关系结果表明（图 2-42），土壤磷素收支平衡与施磷量呈正相关关系（$R^2=0.901$），收支平衡点的施磷量为 P_2O_5 91 kg/hm²，而保证大白菜经济产量的最高施磷量为 P_2O_5 324 kg/hm²（图 2-42），大白菜的

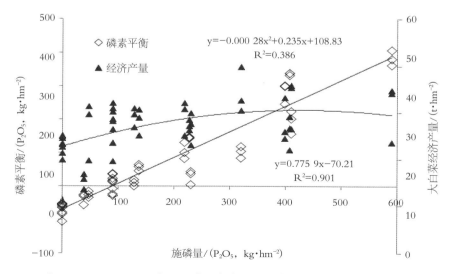

图 2-42 2012—2013 年大白菜经济产量、土壤磷素平衡与施磷量关系

磷肥投入阈值为 [194，324]。由图 2-42，可得大白菜季土壤速效磷（Olsen-P）和溶解性磷（CaCl₂-P）残留区间为 [74.0，104.4] 和 [1.3，3.2]。

综合考虑土壤肥力和蔬菜种类因素，在宁夏灌区露地蔬菜栽培中，春茬花椰菜的磷肥（P_2O_5）投入阈值范围为 [185，350]，其土壤速效磷（Olsen-P）和溶解性磷（CaCl₂-P）残留范围分别为 [77.1，97.1] 和 [0.9，2.3]；秋茬大白菜的磷肥（P_2O_5）投入阈值范围为 [194，392]，其土壤速效磷（Olsen-P）和溶解性磷（CaCl₂-P）残留范围分别为 [68.0，104.4] 和 [1.3，4.4]。土壤无机磷含量低于下限值，露地蔬菜产量不能得到保证，而其高于上限值，就存在环境污染风险。

结合试验研究得出的露地花椰菜和大白菜的氮、磷肥投入阈值范围，进行合理的化肥减氮控磷，与有机肥配合施用，有利于保证露地蔬菜的高产、稳产，提高氮、磷肥利用率，实现露地蔬菜节本增效，同时降低了土壤氮、磷残留，减少氮、磷淋失风险，实现经济高效、资源高效和环境高效的综合目标。

二、小结

花椰菜和大白菜的氮表观平衡量存在年际差异。氮肥（包括有机肥和化肥）是氮素输入的重要来源，蔬菜地上部吸收氮是重要氮素输出。各个蔬菜季随着化肥氮施用量的增加，土壤氮素相对盈余量也呈增加趋势。氮素收支平衡而言，秋茬大白菜季土壤氮素亏缺现象较多，可能与其地上部带走氮素较多密切相关。宁夏灌区露地春茬花椰菜的氮肥投入阈值为 [319，507]，其 0~100 cm 土体 N_{min} 残留预警范围为 [193，269]；秋茬大白菜的氮肥投入阈值为 [224，463]，其 0~100 cm 土体 N_{min} 残留预警范围为 [183，257]。

土壤磷素收支平衡与施磷量密切相关，随着施磷量增加，磷素盈余增加。单施化肥处理在各个蔬菜季的土壤磷素平衡都为亏缺状态，说明本试验条件下推荐化肥磷的用量偏低，单施化学磷肥不利于维持土壤磷素平衡。宁夏灌区露地春茬花椰菜的磷肥（P_2O_5）投入阈值范围为［185，350］，其土壤速效磷（Olsen-P）和溶解性磷（$CaCl_2$-P）残留预警范围分别为［77.1，97.1］和［0.9，2.3］；秋茬大白菜的磷肥（P_2O_5）投入阈值范围为［194，392］，其土壤速效磷（Olsen-P）和溶解性磷（$CaCl_2$-P）残留预警范围分别为［68.0，104.4］和［1.3，4.4］。

第三章　宁夏设施菜田氮、磷流失监测与防控技术研究

　　我国农业面源污染主要表现在过度施用化肥、农药造成的土壤与水体污染，焚烧秸秆造成的环境污染，以及大量畜禽粪便对水体的污染等（张维理 等，2004）。化肥对促进作物生长和提高作物产量发挥重要作用，在农业生产中具有不可替代的地位。但大量氮、磷肥的投入造成农田肥料养分的损失，从而导致土壤氮、磷累积、土壤质量下降及一系列环境污染问题（Ju et al., 2006）。第一次全国污染源普查公报显示（2010）：农业源（不包括典型地区农村生活源）中主要水污染物排放量为化学需氧量 1 324.09 万 t，总氮 270.46 万 t，总磷 28.47 万 t；种植业总氮流失量 159.78 万 t，占农业源的 59%以上，总磷流失量 10.87 万 t，占农业源的 38%以上。第二次全国污染源普查公报显示（2020）：农业源（不包括典型地区农村生活源）中主要水污染物排放量为化学需氧量 1 067.13 万 t，总氮 141.49 万 t，总磷 21.20 万 t；种植业总氮流失量 71.95 万 t，占农业源的 50.9%以上，总磷流失量 7.62 万 t，占农业源的 35.9%以上。由此可见，种植业总氮流失依然占据农业源污染物排放的主体地位。

　　设施蔬菜栽培种植已经在中国的许多地区获得较快的发展，并成为当地重要的经济来源之一。据农业农村部统计，2008 年设施蔬菜的种植面积已超过 335 万 hm²，成为世界上最大的温室蔬菜生产体系。施肥和灌水是

作物增产的重要管理措施。相对于谷类作物，蔬菜种植往往需要更高强度的管理和大量施肥和灌水。根据中国 21 个省、区、市的调查数据分析，2001 年菜农单季蔬菜施氮量达 569~2 000 kg N/hm²，大约是粮食作物的 10 倍（张维理 等，2004）。在华北平原，设施蔬菜生产体系中每年平均化肥、有机肥和灌溉水输入氮量分别为 1 358 kg N/hm²、1 881 kg N/hm² 和 402 kg N/hm²（Ju et al.，2006）。设施蔬菜过量施肥会造成养分累积、土壤酸化和碱化，以及地下水污染等（Min et al.，2012），同时对土壤生物多样性和酶活性也有负面影响（Shen et al.，2010）。

由氮、磷引起的水体面源污染已经得到全世界的广泛关注。设施农田过量施肥加剧了地下水污染，因此，集约化蔬菜生产体系中硝酸盐淋失已经成为地下水硝酸盐污染的重要来源（Ju et al.，2006）。然而，设施蔬菜大量的氮投入可以通过氮肥实时管理来减量，并不会造成产量损失，减量施氮和灌水可以降低菜地淋溶水产生量和硝态氮淋失量（He et al.，2007）。土壤硝态氮的累积和土体中水的运移是硝态氮淋洗到深层土壤或进入地下水的前提条件。因此，急需定量研究设施蔬菜生产体系习惯管理模式下土壤氮、磷淋失量，并决定采用优化灌水和施肥量措施，以维持设施蔬菜生产的可持续性并减少环境污染。基于此，我国农业农村部于 2015 年提出了"一控两减三基本"目标，将减少化肥、农药使用量，实现化肥、农药零增长作为治理农村环境污染的重要目标。因此，监测农田土壤氮、磷富集和流失特征对控制氮、磷流失、提高肥料利用效率及保护区域生态环境有着重要的理论和现实意义。

宁夏回族自治区位于我国西北地区东部，黄河上中游，是传统的农业省区。宁夏灌区地处宁夏北部，是宁夏主要粮、菜产区，也是全国 12 个商品粮基地和大型自流灌区之一。宁夏灌区现有耕地总面积 44.1 万 hm²，占全区耕地总面积的 40%，却提供全区 70%左右的粮、菜。在稳定粮食生产、确保粮食安全的基础上，大力发展设施农业是自治区政府提出的农业发展战略。随着产业结构的调整，全区蔬菜种植面积及比例不断增加，全区蔬菜全年种植面积由 2007 年的 6.88 万 hm² 增加到 2014 年的 13.07 万hm²，增加了近 90%，其中露地蔬菜种植面积比例高达 57.1%，设施蔬菜种植面积比例为 42.9%。宁夏灌区农业生产集约化程度高、农业要素投入大，加之粗放管理方式普遍存在，由此带来的农业面源污染较为严重。农业面源和工业、城市生活点源排污，使灌区氮类污染物含量增高。农田退水引起的农业面源污染已经得到普遍的关注，但随着宁夏灌区农田灌溉配额的不断减少，由农田灌溉引起的氮、磷养分地下淋溶损失和对地下水体污染尚未引起广泛的重视。因此，通过宁夏引黄灌区设施菜田氮、磷流失定位监测，提出基于蔬菜高产稳产和环境污染双赢的氮、磷肥投入阈值和环境污染风险预警值，并研究集成相应的氮、磷流失防控技术，对宁夏引黄灌区设施蔬菜产业绿色可持续发展和黄河宁夏段生态环境保护具有重要意义和积极的指导作用。

第一节　设施菜田氮、磷流失量及其发生规律

一、设施番茄—黄瓜轮作体系氮、磷流失量及其发生规律

（一）设施番茄—黄瓜轮作体系氮、磷流失发生规律分析

根据各次灌水产生淋溶水量，计算出不同监测时期淋溶水产生总量如图 3-1（a，b，c）所示，可以看出，在蔬菜生育期的畦灌或夏季休闲期漫灌都可产生淋溶水。统计结果表明，同一蔬菜季不同施肥处理间淋溶水产生量差异不显著，但相同施肥处理下不同蔬菜季监测时期的淋溶水产生量差异较大，这与灌水量大小、灌水时期和灌水频率等密切相关。2008 年番茄，由于第 1 季蔬菜种植前安装淋溶盘对土壤扰动较大，加上当季蔬菜高强度和高频率的灌溉，造成其淋溶水量较高，各处理淋溶水量达 685.9×10³~895.4×10³ L/hm²。2009 年番茄，由于当季灌水量较低，各处理淋溶水量仅

为 185.0×10^3~360.0×10^3 L/hm²。其他番茄季，各处理淋溶水量通常为 315.5×10^3~659.7×10^3 L/hm²。黄瓜生长季，由于移栽后第 1 次大量畦灌，而此时地上部水分需求量很小，加上其生育后期空气和土壤低温，黄瓜的根系活力降低，蔬菜对水分的需求量减少且地上蒸腾量少，灌水量不高时也容易产生淋溶水，造成黄瓜季淋溶水产生量都相对较高，2011 年和 2012 年黄瓜季灌水总量分别达 348.1 mm 和 278.3 mm，各处理淋溶水产生量分别高达 823.0×10^3~930.2×10^3 L/hm² 和 905.7×10^3~$1\ 163.9 \times 10^3$ L/hm²。2014 年，由于蔬菜生长期间主要采用滴灌施肥方式，期间并没有产生淋溶水，因此没有监测到土壤氮、磷淋失发生。

2009—2014 年休闲期的 1~2 次的大水漫灌也会产生大量的淋溶水。2009 年连续两次休闲漫灌，总灌水量达 196 mm，其不同处理产生淋溶水量为 464.4×10^3~602.7×10^3 L/hm²。单次的大水漫灌产生淋溶水量更可观，2012—2013 年单次大水漫灌量分别达 142.0 mm 和 136.2 mm，其不同处理产生淋溶水量也分别高达 763.6×10^3~787.1×10^3 L/hm² 和 695.0×10^3~777.0×10^3 L/hm²，而 2014 年休闲期大水漫灌量仅 97.5 mm，各施肥处理下的淋溶水量也仅为 204.3×10^3~251.2×10^3 L/hm²。因此，合理控制灌溉量和灌水时期，可有效地降低淋溶水量。蔬菜生育期间膜下畦灌和夏季休闲期大水漫灌都是淋溶水产生的最直接因素，而施肥处理对其无显著影响，灌水量和灌水频率越高，处理产生的淋溶水总量也越高，淋溶水产生量还与蔬菜季、蔬菜生育时期和夏季休闲漫灌等关系密切。

表 3-1 结果表明，2008—2013 年，番茄季各施肥处理淋溶水占灌溉水的比例分别为 18.7%~24.3%、6.9%~13.4%、13.3%~16.6%、8.6%~16.6%、10.3%~17.9%和 3.5%~13.0%，2013 年灌水总量仅为 213.0 mm，淋溶水占灌溉水的比例也较低，为 3.5%~13.0%。2008—2013 年，黄瓜季淋溶水占灌溉水的比例分别为 21.1%~30.5%、17.4%~22.5%、27.3%~31.4%、23.5%~26.7%、32.5%~41.8%和 30.2%~37.0%；2009—2014 年休闲期分别为 25.3%~30.8%、

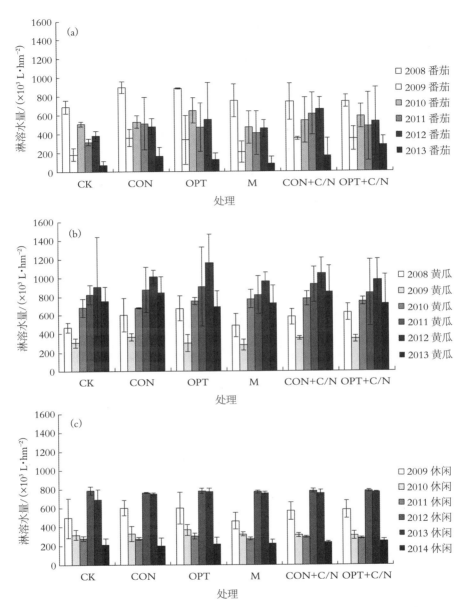

图 3-1　不同施肥处理下番茄（a）、黄瓜（b）和休闲期（c）淋溶水量

27.3%~32.5%、20.9%~22.9%、53.8%~55.4%、52.4%~58.6%和16.6%~20.4%。由此可见，在夏休闲期和黄瓜季进行大量灌水更容易产生淋溶水，尤其是休闲期大水漫灌加剧淋溶水产生，淋溶水量占灌溉水量的比例在20%~

30%，2012—2013 年都超过50%。

表 3-1 设施番茄—黄瓜轮作体系不同施肥处理下淋溶水量占灌溉水量的比例

处理	2008 番茄	2009 番茄	2010 番茄	2011 番茄	2012 番茄	2013 番茄
CK	18.7%	6.9%	14.4%	8.6%	10.3%	3.5%
CON	24.3%	13.4%	15.1%	14.0%	13.0%	7.8%
OPT	24.0%	12.6%	18.5%	12.9%	15.1%	6.1%
M	20.4%	7.8%	13.3%	11.1%	12.3%	3.9%
CON+C/N	20.1%	13.1%	15.4%	16.6%	17.9%	7.9%
OPT+C/N	20.1%	12.8%	16.6%	13.0%	14.3%	13.0%
	2008 黄瓜	2009 黄瓜	2010 黄瓜	2011 黄瓜	2012 黄瓜	2013 黄瓜
CK	21.1%	18.7%	27.5%	23.6%	32.5%	32.9%
CON	27.2%	22.5%	27.3%	25.2%	36.4%	36.8%
OPT	30.5%	18.5%	30.3%	26.0%	41.8%	30.2%
M	22.1%	17.4%	31.3%	23.5%	34.5%	31.7%
CON+C/N	26.2%	21.5%	31.4%	26.7%	37.7%	37.0%
OPT+C/N	28.3%	21.1%	30.2%	24.0%	35.2%	31.5%
	2009 休闲	2010 休闲	2011 休闲	2012 休闲	2013 休闲	2014 休闲
CK	25.3%	28.1%	21.0%	55.4%	52.4%	22.2%
CON	30.8%	29.0%	20.9%	53.8%	56.7%	21.0%
OPT	30.6%	32.5%	22.9%	55.2%	58.6%	23.2%
M	23.7%	28.5%	20.9%	54.5%	57.6%	23.5%
CON+C/N	29.0%	27.8%	22.2%	55.2%	57.4%	24.6%
OPT+C/N	29.8%	27.3%	21.3%	55.1%	58.1%	25.8%

（二）设施番茄—黄瓜轮作菜田氮、磷流失量及流失系数

1. 设施番茄—黄瓜轮作菜田氮、磷流失量

图 3-2 是 2008—2014 年不同施肥处理下番茄、黄瓜季和休闲期的总

N淋失量。可以看出，相对于CK处理，施肥通常都能显著增加总N淋失量（M处理除外），CON、OPT、CON+C/N、OPT+C/N处理间的各形态氮素淋失量差异却很难达到显著水平。2011年番茄季，施肥处理的总N淋失量较高，达43.0~112.2 kg/hm²，高于其他番茄季，可能与2011年当季的高施肥量和高强度灌水有关，再加上当季番茄的产量较往年低，地上部氮素累积也不高。氮素淋失量与淋溶水量大小密切相关，黄瓜季淋溶水量较高（尤其是2011年黄瓜季），同一施肥处理下氮素淋失量都高于番茄季，黄瓜季总氮淋失量最高可达194.4 kg/hm²。夏季休闲期，由于地表无种植并采用大水漫灌方式，2009—2013年总N淋失量十分可观，增施肥处理总N淋失量分别达31.6~75.7 kg/hm²、43.1~53.1 kg/hm²、29.2~68.3 kg/hm²、55.0~74.9 kg/hm²和105.7~192.5 kg/hm²。2013年氮素淋失量最高，主要是2013年番茄季的产量较低，施肥可能会造成大量氮素累积，在较高的大水漫灌下引起高量的氮素淋失。由此可见，氮素淋失主要发生在黄瓜季和夏季休闲期，而通过减量优化化肥或调节土壤C、N比均可降低氮素淋失。

尽管施入土壤中磷肥主要发生累积，但在强灌水作用下也会发生少量的磷素淋失，并呈现叠加淋失效应。不同施肥处理下磷素淋失量如图3-3所示。结果表明，番茄、黄瓜季或休闲期总磷淋失量一般都不到1.0 kg/hm²，最高也只有1.51 kg/hm²（2013年休闲期OPT+C/N处理）。不同施肥处理下，总磷淋失量仅在2012年番茄季、2008年、2009年、2012年、2013年黄瓜季和2009年、2013年休闲期存在显著性差异。但由于蔬菜生长季和休闲时期的影响，同等施肥处理下黄瓜季和休闲期总磷淋失量要高于番茄季，在夏休闲期的高强度大水漫灌更易造成土壤磷素淋失。

无论番茄还是黄瓜季、休闲期，CON处理、OPT处理及在此基础上调节土壤C/N处理之间的总氮、总磷淋失量无显著差异，但通过优化化肥用量及通过调节土壤C/N后，氮、磷养分淋失量有所降低，可能是土壤理化性质改善和土壤生物固定养分增加的结果。而对调节土壤C/N与

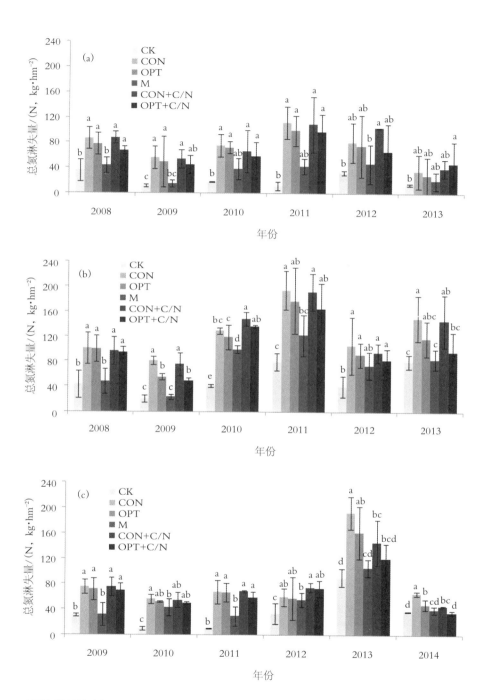

（图中误差棒为标准差，同一年份不同处理间不同小写字母表示显著差异达 5%显著水平）

图 3-2　不同施肥处理下番茄（a）、黄瓜（b）和休闲期（c）总氮淋失量

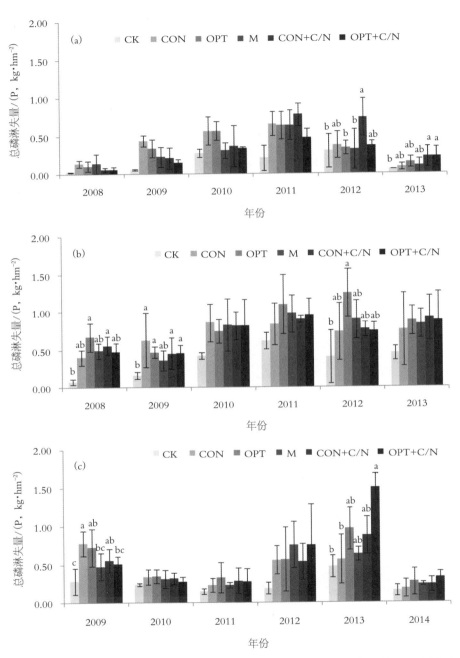

(图中误差棒为标准差，同一年份不同处理间不同小写字母表示显著差异达 5%显著水平，无字母标注表示处理间差异均不显著)

图 3-3　不同施肥处理下番茄（a）、黄瓜（b）和休闲期（c）总磷淋失量

控制土壤氮、磷转化的关系，降低氮、磷淋失的可能机理还有待进一步研究。

2. 设施番茄—黄瓜轮作菜田氮、磷流失系数

休闲期间的氮、磷淋失量十分可观，按轮作周期计算总氮（TN）、总磷（TP）的淋失系数可以更直观表明每年肥料在番茄—黄瓜轮作体系内的养分淋失比例。番茄—黄瓜轮作周期不同施肥处理的氮、磷淋失系数见表3-2。2008—2013年，6个番茄—黄瓜轮作周期内，不同施肥处理的氮、磷淋失系数年际差异较大，2011年轮作体系TN淋失系数相对较高，达13.26%~24.33%。不同年际轮作体系下各施肥处理的TP淋失系数都在1%以下。轮作体系下，不同施肥处理的TN、TP平均淋失系数分别为8.23%~12.26%、0.079%~0.236%，都是M处理最高。

表3-2　番茄—黄瓜轮作不同施肥处理的总氮、总磷素淋失系数

处理	轮作体系						
	2008	2009	2010	2011	2012	2013	平均
总氮-TN							
CON	5.15%	8.28%	8.06%	14.50%	8.07%	9.36%	8.90%±3.07%
OPT	5.68%	8.78%	7.94%	17.85%	9.76%	9.74%	9.96%±4.15%
M	3.92%	2.26%	8.61%	24.33%	30.03%	4.39%	12.26%±11.8%
CON+C/N	4.76%	7.36%	8.91%	13.26%	9.09%	6.00%	8.23%±2.97%
OPT+C/N	4.51%	7.21%	8.62%	14.70%	8.74%	9.15%	8.82%±3.34%
总磷-TP							
CON	0.041%	0.073%	0.075%	0.109%	0.122%	0.051%	0.079%±0.031%
OPT	0.084%	0.051%	0.064%	0.208%	0.261%	0.254%	0.154%±0.097%
M	0.070%	0.038%	0.083%	0.377%	0.564%	0.283%	0.236%±0.209%
CON+C/N	0.060%	0.043%	0.065%	0.138%	0.171%	0.118%	0.099%±0.050%
OPT+C/N	0.056%	0.047%	0.063%	0.131%	0.191%	0.377%	0.144%±0.126%

注：表中数据为平均值±标准差。

累积流失系数是指同一施肥处理的累积淋失总量减去空白处理流失总量，再除以施肥总量。由表 3-3 可以看出，随着种植季的增加，总 N 淋失系数呈增加的趋势，尤其是 M 处理的叠加效应明显。一方面是主要由于作为对照的 CK 处理氮素淋失量不断减少，其次是施肥处理氮素累积淋失量不断增加。值得注意的是，从第 6 季蔬菜开始，之后各个施肥处理的 TN 累积淋失系数都趋于稳定，CON 处理和 CON+C/N 处理都为 7%~10%，M 处理为 13%~19%，OPT 处理和 OPT+C/N 处理为 8%~11%。CON+C/N 处理和 OPT+C/N 处理相对于 CON 处理和 OPT 处理，都能降低氮素淋

表 3-3　番茄—黄瓜轮作周期不同施肥处理的总氮、总磷累积淋失系数

处理	累积淋失系数											
	2008		2009		2010		2011		2012		2013	
	1季	2季	3季	4季	5季	6季	7季	8季	9季	10季	11季	12季
总氮-TN												
CON	4.75%	5.14%	4.94%	6.59%	6.55%	8.06%	8.30%	9.69%	9.05%	9.38%	8.61%	9.38%
OPT	4.56%	5.68%	5.79%	7.00%	7.32%	9.10%	9.63%	11.22%	10.68	10.96	10.32	10.77
M	4.32%	3.91%	3.72%	3.10%	4.76%	13.12%	14.12%	16.23%	15.50%	18.19%	16.88%	14.71%
CON+C/N	4.54%	4.68%	4.50%	5.92%	5.72%	7.50%	7.68%	8.96%	8.63%	8.98%	8.31%	8.54%
OPT+C/N	3.20%	4.41%	4.58%	5.61%	5.62%	7.73%	8.25%	9.43%	8.88%	9.31%	9.03%	8.71%
总磷-TP												
CON	0.025%	0.024%	0.048%	0.077%	0.074%	0.110%	0.107%	0.109%	0.096%	0.112%	0.102%	0.100%
OPT	0.021%	0.019%	0.043%	0.130%	0.120%	0.149%	0.145%	0.163%	0.143%	0.181%	0.178%	0.190%
M	0.093%	0.052%	0.090%	0.240%	0.190%	0.212%	0.227%	0.253%	0.221%	0.306%	0.303%	0.303%
CON+C/N	0.006%	0.056%	0.050%	0.091%	0.074%	0.090%	0.095%	0.101%	0.100%	0.114%	0.107%	0.115%
OPT+C/N	0.007%	0.014%	0.019%	0.076%	0.063%	0.084%	0.082%	0.095%	0.085%	0.112%	0.114%	0.147%

注：表中累积淋失系数计算包括休闲期的养分淋失量。

失系数。各个蔬菜季，TP 累积淋失系数均低于 0.4%。

OPT 处理的氮、磷淋失系数要高于 CON 处理，但由于其氮、磷施用量低，氮、磷淋失量并不一定高于 CON 处理。值得注意的是，单施有机肥处理 TN 和 TP 的淋失系数依然很高。有机肥可明显提高土壤有机磷的含量，促进土壤磷素的淋失，有机磷所占比例越大，淋溶液中 TP 浓度和淋失量也越高。

第二节　设施菜田面源氮、磷排放特征及其主要影响因素

一、减量施氮与秸秆添加对设施菜田土壤 N_2O 的减排效应

（一）春茬黄瓜—夏休闲期土壤 N_2O 排放通量动态变化

由图 3-4 可看出，从春茬黄瓜季到夏休闲期，随着气温的不断升高，除 CK 处理外，不同施肥处理下土壤 N_2O 排放通量呈增加的趋势，其排放高峰一般在施肥或灌水后第 1 d 或第 3 d。春茬黄瓜的同一监测时期内，CON 处理的土壤 N_2O 排放通量都最高，基肥、追肥后排放通量峰值分别达 936.8 $\mu g/(m^2 \cdot h)$、1 162.4~1 763.0 $\mu g/(m^2 \cdot h)$。OPT 处理在基肥、追肥后排放通量峰值分别为 837.4 $\mu g/(m^2 \cdot h)$、866.8~1 102.0 $\mu g/(m^2 \cdot h)$，OPT+C/N 处理峰值分别为 765.2 $\mu g/(m^2 \cdot h)$、863.1~986.1 $\mu g/(m^2 \cdot h)$。在夏休闲期大水漫灌和裸地晒田条件下，尽管没有施入任何氮肥，但休闲期不同施肥处理下土壤 N_2O 排放通量较春茬黄瓜季各时期明显提高，尤其是 CON 处理，休闲期土壤 N_2O 排放通量高达 857.9~2 947.5 $\mu g/(m^2 \cdot h)$，大水漫灌后第 1 d 就达排放峰值；OPT 和 OPT+C/N 处理的排放通量分别为 716.3~1 573.1 $\mu g/(m^2 \cdot h)$ 和 680.2~1 635.2 $\mu g/(m^2 \cdot h)$。即使夏休闲期 CK 处理下，土壤 N_2O 排放通量也达到 680.7~1 135.4 $\mu g/(m^2 \cdot h)$。各个时期，M 处理下土壤 N_2O 排放通量主要在第 1 次追肥和夏休闲期，其他时期通量差异不大。春茬黄瓜基肥、追肥和夏休闲期，OPT 处理 N_2O 排放

通量较 CON 处理分别降低了 3.6%~33.1%、5.9%~45.2%和 14.7%~46.6%；OPT+C/N 处理分别降低了 11.5%~47.2%、15.1%~49.9%、19.3%~44.5%。由此可见，CON 处理，减量施氮和秸秆添加调节土壤碳氮比处理（OPT 处理和 OPT+C/N 处理）都能降低不同时期土壤 N_2O 排放通量，在夏休闲期和春茬黄瓜追肥时减排效果更明显。

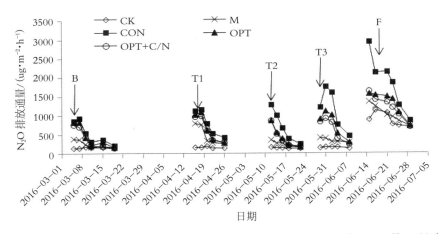

图中箭头 B、T1、T2、T3、F 分别表示 3 月 4 日基肥、4 月 15 日追肥、5 月 11 日追肥、5 月 28 日追肥和 6 月14 日夏休闲期大水漫灌

图 3-4 2016 年春茬黄瓜—夏休闲期土壤 N_2O 排放通量动态变化

（二）减量施氮和秸秆添加条件下土壤 N_2O 排放量

表 3-4 为春茬黄瓜基追肥后减量施氮和秸秆添加条件下土壤 N_2O 排放量及生育期内排放系数。可以看出，黄瓜基肥后 20 d，不同施肥处理下土壤 N_2O 排放量为 0.74~2.24 kg/hm²，占黄瓜季总排放量的 22.5%~36.3%。3 次追肥后 11 d 不同施肥处理下 N_2O 排放量分别为 0.46~2.35、0.41~2.14、0.43~3.25 kg/hm²，分别占当季总排放量的 22.5%~33.4%、16.9%~21.4%、21.1%~32.6%。第 2 次追肥量是第 1、第 3 次追肥量的 2 倍，但由于黄瓜处于盛果期，对水分、养分需求较高，该时期 N_2O 排放量反而不高，而且 OPT、OPT+C/N 处理与 CON 处理，都能显著降低 N_2O 的排放量，其他黄瓜生育时期也能达减排作用，但都没达到显著水平。整个春茬黄瓜生育

期内，不同施肥处理下土壤 N_2O 排放量累积达 2.05~9.98 kg/hm²，CON 处理最高。与 CON 处理相比，OPT 处理、OPT+C/N 处理下 N_2O 排放量分别降低了 26.2%和 34.3%，其中 OPT + C/N 处理达到显著水平。增施肥处理的肥料 N_2O 排放系数为 0.43%~0.71%，处理间差异不显著，但 OPT、OPT+C/N 处理较 CON 处理的排放系数可分别降低 0.06%和 0.23%。

表 3-4　春茬黄瓜减量施氮和秸秆添加条件下土壤N_2O排放量及排放系数

处理	黄瓜季施肥后 N_2O 排放量（N）/(kg·hm⁻²)				黄瓜季 N_2O 排放量 （N）/ (kg·hm⁻²)	黄瓜季 N_2O 排放系数
	基肥后 20 d 排放量	追肥后 11 d 排放量				
		第 1 次	第 2 次	第 3 次		
CK	0.74±0.15 b	0.46±0.02 c	0.41±0.04 c	0.43±0.14 b	2.05±0.26 d	—
M	1.14±0.23 ab	1.42±0.27 b	0.72±0.37 bc	0.97±0.26 b	4.25±0.52 cd	0.43%±0.14%a
CON	2.24±0.28 a	2.35±0.52 a	2.14±0.47 a	3.25±2.09 a	9.98±3.00 a	0.71%±0.26%a
OPT	1.90±1.26 a	1.96±0.41 ab	1.32±0.71 b	2.18±0.59 ab	7.37±0.74 ab	0.65%±0.11%a
OPT+C/N	1.62±0.18 ab	1.84±0.23 ab	1.27±0.45 b	1.82±0.67 ab	6.56±1.17 bc	0.48%±0.13%a

由表 3-5 可知，在夏休闲期设施菜田裸地一次大水漫灌 20 d 后，不同施肥处理的土壤 N_2O 排放量高达 3.55~7.23 kg/hm²，OPT、OPT+C/N 处理较 CON 处理分别显著地降低了 29.6%和 33.7%的 N_2O 排放量。春茬黄瓜和夏休闲期各施肥处理的 N_2O 总排放量为 5.61~17.21 kg/hm²，总排放系数为 0.54%~1.04%，均是 CON 处理最高，单施有机肥 M 处理的 N_2O 排放也不容忽视；与 CON 处理相比，OPT、OPT+C/N 处理的 N_2O 总排放量分别显著地降低了 27.6%和 34.1%，总排放系数减少了 0.20%和 0.43%。因此，减量施氮和秸秆添加调节土壤碳氮比都能达到设施菜田减排 N_2O 的目的，二者的综合措施效果更佳。

表 3-5　春茬黄瓜—夏休闲期减量施氮和秸秆添加条件下土壤 N_2O 总排放量及排放系数

处理	夏休闲漫灌后 20 d N_2O 排放量（N）/ $(kg \cdot hm^{-2})$	黄瓜季+夏休闲 N_2O 总排放量（N）/ $(kg \cdot hm^{-2})$	黄瓜季+夏休闲 N_2O 总排放系数
CK	3.55±0.56 c	5.61±0.77 c	—
M	4.13±0.07 bc	8.38±0.57 c	0.54%±0.26%b
CON	7.23±1.04 a	17.21±2.50 a	1.04%±0.18%a
OPT	5.09±0.70 b	12.46±1.44 b	0.84%±0.26%ab
OPT + C/N	4.79±0.55 bc	11.35±1.30 b	0.61%±0.09%b

（三）设施菜田土壤N_2O排放的影响因子

1. 施氮量

图 3-5 为春茬黄瓜季施氮量与春茬黄瓜—夏休闲期 N_2O 总排放量的相互关系，可以看出，二者呈显著线性正相关关系（$R^2=0.778$）。这表明，随着设施蔬菜施氮量的增加，土壤 N_2O 排放的风险也显著提高，合理地减量施氮是实现 N_2O 减排的直接手段，在减施氮肥的基础上再配合外源碳的添加（如秸秆添加等），以增加土壤残留氮素的生物固定，其减排效应更明显。

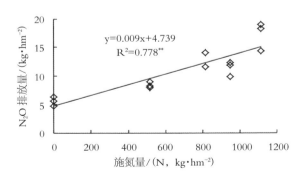

图 3-5　2016 年春茬黄瓜—夏休闲期土壤 N_2O 排放量与施氮量的相关关系

2. 土壤水分和温度

通过分别拟合春茬黄瓜—夏休闲期设施菜田表层（5 cm）地温、土壤（0~20 cm）水分与不同施肥处理下土壤 N_2O 排放通量的关系（表 3-6），发现表层地温与各施肥处理下 N_2O 排放通量呈显著或极显著相关关系，相关系数 R^2 在 0.47~0.68；土壤水分与 N_2O 排放通量都呈极显著相关关系，相关系数 R^2 在 0.63~0.88。这说明，土壤水分和地温也是影响土壤 N_2O 排放的关键因子，而灌溉和气温是影响土壤水分和地温的直接因素，这也进一步解释了夏休闲期一次大水漫灌造成较高 N_2O 排放的原因。因此，合理地控制灌溉量、灌溉频次和温室气温也能调控土壤 N_2O 的排放。

表 3-6　设施菜田表层地温、土壤水分与土壤N_2O排放通量的相关性

处理	5 cm 表层地温/℃	0~20 cm 土壤水分
CK	0.68**	0.88%**
M	0.56**	0.79%**
CON	0.52**	0.65%**
OPT	0.50**	0.63%**
OPT + C/N	0.47*	0.67%**

注：＊和＊＊分别表示在 $P<0.05$ 和 $P<0.01$ 水平显著相关。

（四）讨论

1. 施氮对 N_2O 排放的影响

氮肥用量、种类、施肥方式及施肥时间都会影响土壤 N_2O 排放（蔡延江 等，2012），肥料氮转化为 N_2O 的平均排放系数为 0.9%（Yamulki et al.，1997）。本研究通过减量施氮（OPT）能降低春茬黄瓜季和夏休闲期各时期的土壤 N_2O 排放通量，与 CON 处理相比，OPT 处理下 N_2O 排放量也分别降低了 26.2%和 29.6%；施氮量与春茬黄瓜—夏休闲期 N_2O 总排放量呈显著线性正相关关系（$R^2=0.778$），这与山东寿光设施菜田土壤 N_2O 排放

与氮肥施用量显著正相关关系的研究结果一致（He et al.，2007）。在山东寿光秋冬茬设施番茄上，减少近 60%化肥氮的优化施氮处理相对于农民习惯施肥处理可降低 34.1%的 N_2O 排放总量，同时增产 2.2%（Xu et al.，2017）。在南方设施菜田，相对于当地农民习惯施氮，减施 40%的化肥氮，可降低 33%的 N_2O 累积排放量，而不会影响蔬菜产量（Min et al.，2012）。本试验中 OPT 处理相对于 CON 处理减施 50%的化肥氮，N_2O 排放总量降低了26.2%~29.6%，设施蔬菜产量可提高 1.5%~7.2%。在集约化菜地，减氮或常规施氮的基础上添加硝化抑制剂也能降低菜地 N_2O 排放总量和排放系数(陈浩 等，2017)。因此，合理减量优化氮肥是降低农田 N_2O 排放的必要措施。

2. 有机物料添加对 N_2O 排放的影响

有机肥等外源物料和氮肥对土壤 N_2O 排放影响的差异主要归因于有机物料添加对土壤反硝化程度影响的不同（蔡延江 等，2012）。设施菜田长期传统施肥措施改变了土壤反硝化菌的结构和功能，增加土壤自身的 NO 产生能力并减弱了 N_2O 还原 N_2 的能力，减氮和添加秸秆措施调节了土壤氮素转化过程，从而降低 N_2O 排放量（宋贺 等，2014）。在温室菜田长期添加秸秆处理显著提高 0~20 cm 土层土壤反硝化量，显著降低追肥灌溉后表层土壤 N_2O 的排放峰值和土壤底层 50 cm 处 N_2O 浓度峰值（宋贺 等，2014）；设施菜田中添加小麦秸秆并深施有利于降低 N_2O 排放。添加外源有机碳的种类也对 N_2O 排放影响不同，以玉米秸秆作为碳源时，水、碳、氮三因子对黄绵土 N_2O 累积排放量的影响大小均表现为有机碳>水分>氮素；以黑炭作为碳源时，水、碳、氮三因子对黄绵土 N_2O 累积排放量的影响为有机碳>氮素>水分（刘娇 等，2014）。罗天相等（2013 年）通过田间试验研究了秸秆在不同施用方式下接种蚯蚓对水稻旱作土壤 N_2O 排放通量的影响，发现在秸秆表施的情况下，接种蚯蚓处理显著提高了 N_2O 排放量，在秸秆混施的情况下，接种蚯蚓处理对 N_2O 排放量影响不大，接种蚯

蚓对 N_2O 排放的贡献主要是促进秸秆混入土壤，从而加快了秸秆分解和 N_2O 排放。有研究表明（郝小雨 等，2012；毕智超 等，2017），菜田种植中有机、无机肥料配合有利于降低土壤 N_2O 排放和肥料损失，在等氮量投入时，施用秸秆较施用猪粪等有机肥可有效降低土壤 N_2O 排放，且有机、无机肥料以 1：1 配施是合适的稳产减排措施。本试验条件下，春茬黄瓜季和夏休闲期，与 CON 处理相比，OPT+C/N 处理下 N_2O 排放量分别显著降低了 34.3%、33.7%，这也进一步证实了减量优化施氮基础上秸秆添加更有利于土壤 N_2O 减排。

3. 环境因子对 N_2O 排放的影响

土壤水热状况、土壤质地、pH 等环境因子对 N_2O 排放也有显著影响。土壤温度直接影响微生物代谢活动和 N_2O 产生过程。在一定温度范围内，土壤微生物的活性及 N_2O 的排放速率通常随土壤温度升高而提高。土壤 N_2O 排放通量的季节变化除受施氮水平影响外，还受土壤温度的影响，排放高峰多出现在高温季节（蔡延江 等，2012），这也解释了本试验条件下夏休闲期各施肥处理 N_2O 排放量高达 3.55~7.23 kg/hm² 的原因。土壤水分含量高低影响着土壤通气性、氧化还原电位、土壤有效氮分布及其对微生物的有效性等，从而影响土壤反硝化等微生物过程及 N_2O 排放。有研究认为（毕智超 等，2017），不同配比有机、无机肥料处理下菜地 N_2O 排放通量与 10 cm 土层土壤温度呈显著正相关关系，而土壤水分含量的变化对 N_2O 排放通量无显著影响。郝小雨等（2012 年）在华北平原设施菜地上的研究认为各有机无机施肥处理土壤 N_2O 排放通量与 5 cm 土层温度之间总体呈显著相关关系（$R^2=0.40~0.58$），与土壤含水量之间呈显著相关关系（$R^2=0.43~0.72$）；这与本研究各施肥处理下 N_2O 排放通量与表层地温（0~5 cm）呈显著或极显著相关关系（$R^2=0.47~0.68$），与土壤水分（0~20 cm）呈极显著相关关系（$R^2=0.63~0.88$）的结果一致。

二、设施番茄—黄瓜菜田硝态氮淋失的季节性特征

(一) 设施番茄—黄瓜菜田硝态氮淋洗季节性变化特征

图 3-6 可看出，各个时期 CK、CF、OF 和 OC 处理下硝态氮淋失量总是高于 CK 处理（1.2~22.0 kg/hm²），硝态氮的淋失量 CF 处理>OF 处理>OC 处理>CK 处理的趋势，而且存在显著性差异，CK 的淋失量在冬春季较少，在秋冬季与 CF、OC 相当。优化施肥降低氮肥用量 25%~40%，因此减少了硝态氮的淋失。硝态氮素淋失高峰也主要出现在黄瓜移栽后第 1 次灌水和休闲期漫灌，2009—2011 年休闲期（6 月末至 7 月底）进行了伏泡田，产生大量淋溶水，各处理硝态氮分别为 19.4~49.9 kg/hm²、9.1~43.8 kg/hm²、7.3~46.1 kg/hm²；在黄瓜季氮素平均淋失量比较高，2009—2011 年黄瓜移栽后，单次灌水造成各个施肥处理硝态氮分别为 10.5~39.4 kg/hm²、12.4~46.6 kg/hm²、22.0~42.7 kg/hm²，这是由于基肥施用全部有机肥和 30% 的化学氮肥，而此时黄瓜对养分和水分的需求比较少，畦灌会引起大量的淋溶水；番茄季关键生育时期大量灌水，也不会造

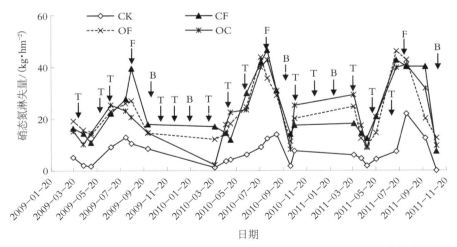

B-基肥，T-追肥，F-休闲；CK-不施肥，CF-农民常规施肥，OF-优化化肥，

OC-优化化肥+调节土壤 C/N

图 3-6　不同施肥处理下各个时期 NO_3^--N 淋失动态

成很多的氮素淋失；以上数据分析说明硝态氮淋洗季节性明显，在秋、冬季淋失较多，在冬、春季淋失较少，从种植季节来看，夏季休闲期>黄瓜季>番茄季；另外，以上数据说明灌溉量也是影响淋溶水产生的重要因素，但淋溶水量的产生与蔬菜生育时期关系更为密切，番茄盛果期（4—5月）需水量大，其淋溶水产生体积并不高，黄瓜季在8月和9月两次灌水产生大量淋溶水，是由于周边作物种植期灌水引起的地下水位上升，造成浅层地下水侧渗进入淋溶盘，增加了各处理的淋溶水量。

（二）设施番茄—黄瓜菜田不同施肥处理下硝态氮淋失量

由表3-7可看出，CK处理和CF处理、OF处理、OC处理相比，都能显著增加硝态氮淋失量，但这3个处理间差异不明显。通常都是CF处理氮素淋失量最高，CK处理最低。在3个轮作体系中，OF较CF处理，硝态氮淋失量可以减少6.3%~17.0%；OC和OF处理硝态氮淋失量差异不大，总体来说，通过OF和OC处理都可达到降低番茄—黄瓜轮作体系氮素淋失的目的。设施菜田有机肥与化肥配施容易造成硝态氮淋溶，而减量施氮和调节C/N，均可控制氮素流失尤其是硝态氮的流失（沈灵凤 等，2012；刘晓彤 等，2019）。

表3-7 2009—2011年番茄—黄瓜轮作体系不同施肥处理下硝态氮淋失量

单位：kg/hm²

处理	施氮量	2009	2010	2011	平均
CK	0	45.8±4.6 b	59.3±5.3 c	52.9±9.0 b	52.6±2.2 b
CF	1 663~1 885	149.1±22.0 a	214.3±17.1 a	193.7±33.4 a	185.7±13.6 a
OF	1 226~1 360	123.8±45.2 a	200.8±16.4 a	173.5±46.7 a	166.0±35.3 a
OC	1 362~ 1504	119.3±15.3 a	212.8±16.3 a	178.9±70.5 a	170.3±32.2 a

注：CK-不施肥，CF-农民常规施肥，OF-优化化肥，OC-优化化肥+调节土壤C/N。

(三) 设施番茄—黄瓜菜田硝态氮淋洗季节性变化的环境因素

1. 浅层地下水埋深

番茄—黄瓜生育期浅层地下水埋深变化可以看出（见图 3-7），该试验地浅层地下水埋深也呈明显的动态变化，变幅 64.5~301 cm。2010 年和 2011 年度间变化趋势基本一致，在 1—2 月，地下水埋深呈不断降低趋势，从 150 cm 左右降低到 280 cm 左右，而后趋于平稳，在 280~301 cm；5 月上中旬，随着灌区春灌和水稻种植开始，地下水埋深快速提升，至 9 月上旬，达到 100 cm 左右；11 月上旬随着冬灌进行，埋深迅速从 250 cm 左右抬升到 150 cm 左右。黄瓜生育期内，浅层地下水水位变化更为剧烈，当地下水埋深小于 90 cm 时会引起浅层地下水进入淋溶装置。因此，在黄瓜生育期的 8 月上中旬、9 月上旬，应尽可能避免施肥和灌水，减少浅层地下水对淋溶水产生更大的干扰。

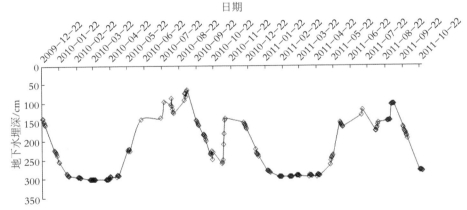

图 3-7　2009—2011 年设施菜田地下水埋深变化

不同施肥处理硝态氮淋失量与浅层地下水位变化关系的分析见图 3-8，可以看出 CK 处理、CF 处理、OF 处理、OC 处理的硝态氮淋失量均与浅层地下水位呈负相关关系，相关系数分别为 R^2=0.770 5、R^2=0.817 6、R^2=0.776、R^2=0.809 3，均达极显著水平（P<0.01）。说明浅层地下水位越浅，硝态氮淋失量越大，反之亦然。因此，浅层地下水位是硝态氮淋失的重要

影响因子。

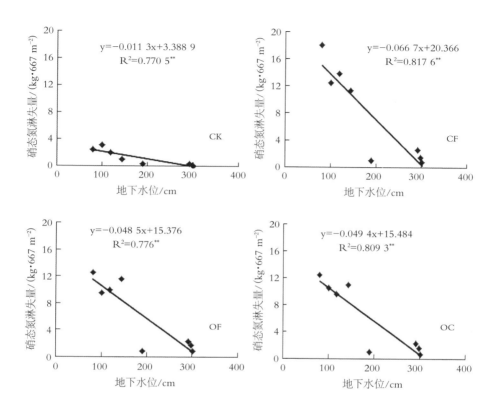

图 3-8　不同施肥处理的硝态氮淋失量与浅层地下水位的相关性

2. 土壤温度

番茄—黄瓜轮作生育期设施内土壤温度的变化见图 3-9。可以看出，土壤温度与温室气温变化规律一致，冬春季较低，秋冬季稍高。两个处理的土壤温度稍有差异，气温较低时，OC 处理的土壤温度较 CF 处理略低，气温较高时，OC 处理的土壤温度较 CF 处理略高，由于 OC 处理添加了秸秆和牛粪，提高了土壤通透性，与空气流通较顺畅，因此 OC 处理的温度总是与气温较接近。

图 3-10 可以看出，CF 处理、OC 处理硝态氮淋失量均与土壤温度呈正相关关系，相关系数分别为 $R^2=0.855\ 6$ 和 $R^2=0.867\ 5$，分别达显著水平

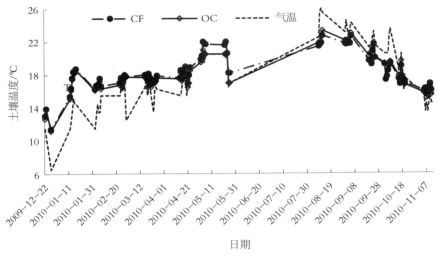

图 3-9 番茄—黄瓜生育期内土壤温度观测

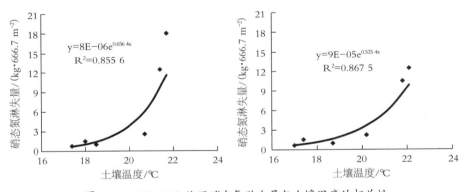

图 3-10 CF、OC 处理硝态氮淋失量与土壤温度的相关性

（$P<0.05$）和极显著水平（$P<0.01$），说明土壤温度越高，硝态氮淋失越多，反之亦然。土壤温度是影响氮转化及利用的主要因素（Agehara et al.，2005），非干旱条件下的土壤温度升高，土壤溶液浓度上升，因温度升高促进了矿物质分解和有机质矿质化作用及 NH_4^+-N 的硝化作用，增加了速效养分，有效氮与 15 cm 土层土壤温度相关，因此土壤温度高，氮的有效性高，则淋失多。因此，土壤温度也是影响硝态氮淋失的一个环境因子。

3. 土壤水分

番茄—黄瓜轮作生育期日光温室内土壤水分的变化见图 3-11。可以看出，灌水后第 2 d 开始不管是 30 cm 还是 60 cm 埋深的张力计读数都会逐渐升高，即土壤水分含量逐渐降低，并且 30 cm 处张力计的读数均大于 60 cm 处张力计的读数，这是因为沙壤质土壤透水性较高，水分下渗较快。其中 8 月 31 日至 9 月 4 日张力计读数很小，是由于这时期浅层地下水位较高，几乎达到了 60 cm 埋深，所以 60 cm 埋深处的张力计读数很小，浅层地下水位高则上层水分下渗也较慢，30 cm 处的张力计读数也较其他观测时期的读数小。由于秸秆本身具有保水作用，因此 OC 处理 30 cm 埋深张力计读数较其他处理有减小的趋势。

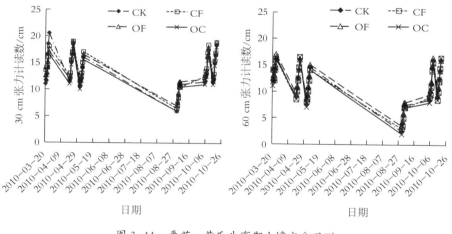

图 3-11　番茄—黄瓜生育期土壤水分观测

图 3-12 分别分析了 30 cm 埋深、60 cm 埋深张力计读数与硝态氮淋失量的关系，可以看出各处理硝态氮淋失量均与 30 cm 埋深张力计读数存在负相关关系，相关系数分别为 $R^2=0.862\,9$、$R^2=0.957\,8$、$R^2=0.923\,5$、$R^2=0.917\,2$，均达到了极显著水平（$P<0.01$）；各处理硝态氮淋失量均与 60 cm 埋深张力计读数存在负相关关系，相关系数分别为 $R^2=0.891\,3$、$R^2=0.831\,8$、$R^2=0.869\,2$、$R^2=0.885\,6$，均达到了极显著水平（$P<0.01$）。说明土壤水分

含量越高，硝态氮淋失越多，反之亦然。土壤水分渗漏、硝态氮的分布及其淋溶损失存在着明显的时空变异性，土壤水分的深层渗漏和硝态氮的淋溶损失发生在施肥灌水之后（张玉铭 等，2006），硝态氮运移与水分迁移具有很好的一致性，随着硝态氮运移距离增加，硝态氮浓度最高，并在湿润峰处累积；硝态氮浓度随含水量的增加而减少，并呈幂函数关系（易军 等，2011）。

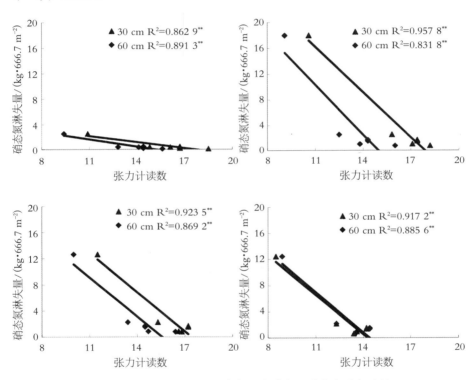

图 3-12　不同施肥处理硝态氮淋失量与土壤水分的相关性

三、设施蔬菜休闲期种植作物对土壤氮素累积影响

（一）填闲作物地上部生物量及其氮、磷生物固定

由图 3-13 可以看出，在设施菜田夏休闲期，饲料玉米和甜玉米经过38 d 的填闲种植，分别可获得 205.2 kg/hm² 和 223.2 kg/hm² 的地上部生物量，统计结果表明，这两种填闲作物干物质累积量并没有显著差异，都有

很好的生物固碳效果。

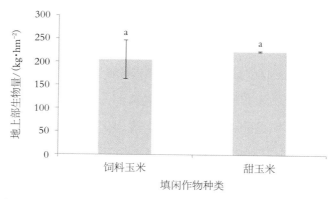

图 3-13　设施菜田夏休闲期填闲饲料玉米和甜玉米地上部生物量

随着填闲作物的生物量累积，对土壤富集的氮、磷养分也进行生物固定。图 3-14 结果显示，填闲饲料玉米和甜玉米地上部吸收累积的 N 分别为 3.51 kg/hm² 和 4.32 kg/hm²，P_2O_5 分别为 2.21 kg/hm² 和 2.17 kg/hm²，甜玉米对氮的生物固定能力强于饲料玉米，但二者对磷的固定能力差异不大。由此可见，饲料玉米和甜玉米都可以作为设施菜田的填闲作物，其他如高粱草、叶菜等填闲作物种植对土壤养分生物固定效应还需进一步探讨。

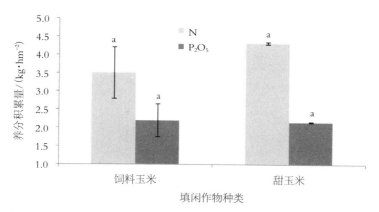

图 3-14　设施菜田夏休闲期填闲饲料玉米和甜玉米地上部氮、磷累积量

（二）不同填闲处理下 0~120 cm 土层土壤硝态氮和铵态氮累积动态

在设施菜田夏休闲期间，不同填闲处理下 0~120 cm 土层土壤剖面硝态氮累积动态变化如图 3-15 所示。可以看出，在填闲之前（6 月 9 日），0~120 cm 各层土壤硝态氮累积量为 3.39~50.36 kg/hm²。第 1 次大水漫灌后，尽管填闲饲料玉米和甜玉米还处于幼苗期，但填闲作物对 0~20 cm 土层土壤硝态氮已有明显的生物固定作用，裸地休闲处理耕层硝态氮累积达 16.07 kg/hm²，而由于填闲作物对土壤氮素的吸收，其耕层硝态氮累积仅 7.91 kg/hm² 和 9.81 kg/hm²；同时，相对于裸地休闲处理，填闲作物的种

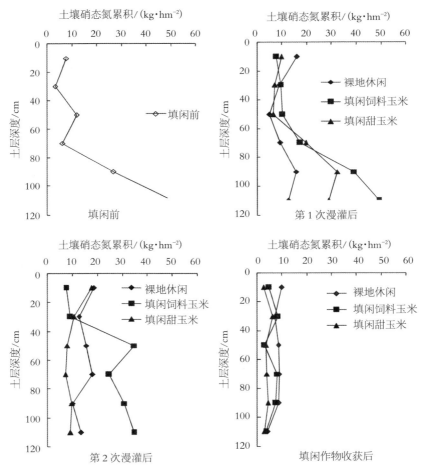

图 3-15　设施菜田夏休闲期不同填闲处理下 0~120 cm 土层土壤硝态氮累积动态

植减缓了灌溉水的快速下渗，对 40~120 cm 土层土壤硝态氮淋洗也有较强的阻控效应，填闲饲料玉米和甜玉米种植下，40~120 cm 土层土壤硝态氮累积分别为 10.21~49.03 kg/hm² 和 6.66~32.33 kg/hm²，其平均值都高于裸地休闲的 5.18~15.78 kg/hm² 的平均值。在第 2 次（7 月 12 日）大水漫灌后，填闲饲料玉米种植下 40~120 cm 土层土壤各剖面土壤硝态氮累积量都明显高于裸地休闲和填闲甜玉米处理，累积量达 24.82~34.77 kg/hm²。而在填闲作物收获后，其与裸地休闲处理间 0~120 cm 各层土壤硝态氮累积量差异不大。因此，填闲作物的种植不仅能够部分固定土壤残留的硝态氮，而且可以降低土壤水分向深层土壤运移，从而降低硝态氮的淋洗损失。

图 3-16 显示，填闲前（6 月 9 日），0~120 cm 各层土壤铵态氮累积量仅为 1.00~5.23 kg/hm²。第 1、第 2 次大水漫灌和填闲作物收获后，不同填闲处理下 0~120 cm 各层土壤铵态氮累积量动态变化并没有明显的规律性。土壤剖面铵态氮可能主要来源于黄河水灌溉，因此，第 1、第 2 次大水漫灌后，不同填闲处理下 0~120 cm 土层土壤剖面铵态氮累积分别为 1.38~12.58 kg/hm² 和 0.61~8.05 kg/hm²，填闲作物收获后，各层土壤剖面铵态氮累积量又降低到 0.11~5.04 kg/hm²。总体来说，相对于土壤硝态氮累积量，设施菜田 0~120 cm 土层土壤剖面的铵态氮累积量较低，其主要来源于灌溉的黄河水。

（三）不同填闲处理对下一茬番茄产量和经济效益的影响

在填闲作物还田后，跟踪统计了下一茬番茄产量（表 3-8），可以看出，裸地休闲、填闲饲料玉米还田和填闲甜玉米还田处理下，番茄产量分别达 81.5 t/hm²、91.7 t/hm² 和 96.6 t/hm²，相对于裸地休闲，填闲饲料玉米还田和填闲甜玉米还田都能起到一定的增产效果，分别可增产 12.4% 和 18.5%，这可能是填闲作物还田能够达到一定的土壤培肥作用。与裸地休闲相比，饲料玉米和甜玉米秸秆还田处理可使下一茬设施番茄分别直接新

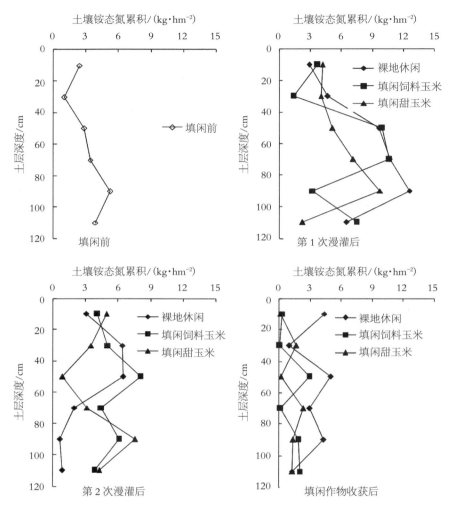

图3-16 设施菜田夏休闲期不同填闲处理下0~120 cm土层土壤铵态氮累积动态

表3-8 不同填闲处理后下一茬番茄产量和经济效益分析结果

处理	番茄产量/ (t·hm⁻²)	增产率	产值/ (万元·hm⁻²)	直接效益/ (万元·hm⁻²)	直接效益/ (元·666.7 m⁻²)
裸地休闲	81.5	—	16.3	—	—
填闲饲料玉米还田	91.7	12.4%	18.3	2.0	1360
填闲甜玉米还田	96.6	18.5%	19.3	3.0	2013

注：番茄平均单价2.0元/kg，施肥成本一致。

增效益 2.0 万元/hm² 和 3.0 万元/hm²，分别折合 1 360 元/亩和 2 013 元/亩，经济效益可观。

（四）不同填闲处理对 0~20 cm 耕层土壤理化性状的影响

表 3-9 结果表明，经过不同填闲处理和下一茬蔬菜（番茄）种植后，相对于休闲前，裸地休闲、填闲饲料玉米还田和填闲甜玉米还田处理下，0~20 cm 土壤 pH 分别降低了 0.15、0.28 和 0.32，而耕层土壤盐分表聚明显增加，达 1.20~1.48 g/kg。值得注意的是，填闲作物还田较裸地休闲处理和休闲期，其土壤有机质、全氮和速效磷、钾养分都有所提高，而裸地休闲较休闲前，土壤有机质、全氮和速效钾都降低，尤其是速效钾降低了58 mg/kg。因此，由于填闲作物还田输入了大量的秸秆碳、氮、磷和钾等养分，对设施菜田土壤有很好的改良和培肥效果。

表 3-9　不同填闲处理对 0~20 cm 耕层土壤理化性状的影响

处理	pH	全盐/ $(g \cdot kg^{-1})$	有机质/ $(g \cdot kg^{-1})$	全氮/ $(g \cdot kg^{-1})$	速效磷/ $(mg \cdot kg^{-1})$	速效钾/ $(mg \cdot kg^{-1})$
休闲前	7.88	0.93	20.7	1.40	136.7	250
裸地休闲	7.73	1.20	19.8	1.26	144.4	192
填闲饲料玉米还田	7.60	1.48	22.6	1.57	187.2	285
填闲甜玉米还田	7.56	1.17	22.2	1.54	188.8	265

四、设施菜田氮、磷流失主要影响因素

（一）施肥量与氮、磷淋失

图 3-17（a，b）分别是番茄、黄瓜当季 TN、NO_3^--N 淋失量与施氮量的拟合关系，可以看出，番茄和黄瓜当季的 TN、NO_3^--N 淋失量与施氮肥都呈指数关系，施氮量越高，TN、NO_3^--N 淋失量也明显增加。在番茄季，其相关系数 R^2 分别为 0.586 和 0.472，而黄瓜季，二者相关系数 R^2 分别为0.401 和 0.322。氮素淋失大小还可能与灌水量多少、地下水埋深有关。总的

来说，在蔬菜生育期内施氮量越高，TN、NO_3^--N 的淋失也越高。

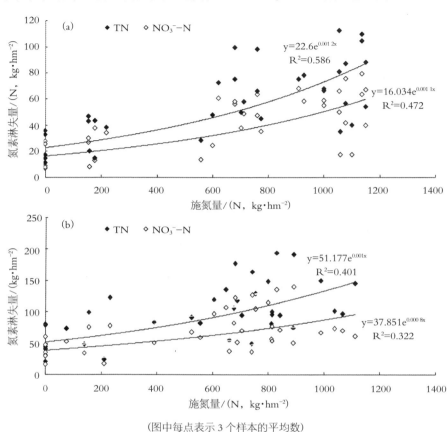

（图中每点表示 3 个样本的平均数）

图 3-17　设施番茄（a）和黄瓜（b）季氮素淋失量与施氮量的关系

由图 3-18（a, b）看出，2008—2013 年整个监测周期内，TN、NO_3^--N 累积淋失量与累积施氮量呈明显的二次曲线关系，相关系数 R^2 分别达到 0.830 和 0.825。表明随着监测期内累积施氮量的增加，TN、NO_3^--N 累积淋失量也显著增加。不考虑 M 处理氮素淋失系数，不同施肥处理下 TN、NO_3^--N 累积淋失系数与累积施氮量也呈二次曲线关系，其累积淋失系数也都随累积施氮量的增加呈先增后减的趋势，TN、NO_3^--N 累积淋失系数与累积施氮量的相关系数 R^2 分别为 0.725 和 0.667。总体来说，累积施氮量随着蔬菜种植季增加而增加，降低各个蔬菜季的氮肥用量是减少氮素淋失量，降低氮素淋失风险的关键措施。

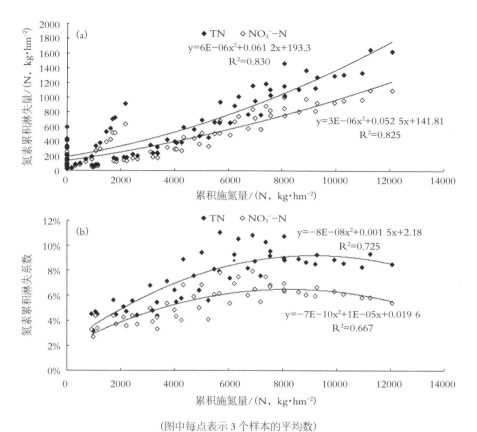

（图中每点表示 3 个样本的平均数）

图 3-18　2008—2013 年监测周期内氮素累积淋失量（a）、累积淋失系数（b）
与累积施氮量的关系

　　图 3-19（a，b）分别是番茄、黄瓜当季 TP、TSP 淋失量与施磷量的拟合关系，可以看出，番茄和黄瓜当季的 TP、TSP 淋失量与施磷肥都呈二次曲线关系，但相关性都不高。在番茄季，其相关系数 R^2 分别仅为0.186 和 0.193，而黄瓜季，二者相关系数 R^2 分别为 0.188 和 0.268。这表明，在蔬菜当季 TP、TSP 淋失很有限，施入肥料磷主要可能发生土壤累积和固定。

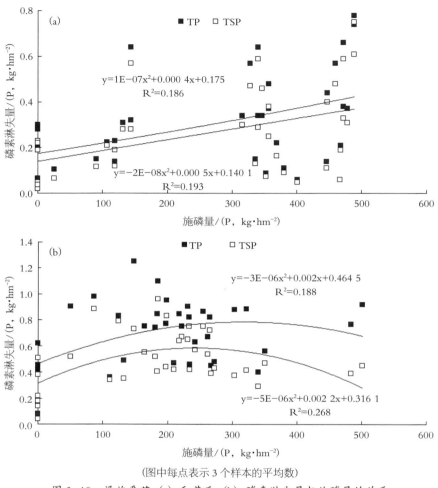

图 3-19　设施番茄（a）和黄瓜（b）磷素淋失量与施磷量的关系

（图中每点表示 3 个样本的平均数）

2008—2013 年监测周期内 TP、TSP 累积淋失量与累积施磷量呈二次曲线拟合关系（图 3-20a，b），其相关系数 R^2 分别为 0.652 和 0.661。可能是随着累积施磷量增加，土壤累积磷素也不断增加，TP、TSP 的累积淋失量也呈叠加效应。类似拟合关系表明，TP、TSP 的累积淋失系数与累积施磷量也呈二次曲线拟合关系，其相关系数 R^2 分别为 0.484 和 0.523，磷素累积淋失系数随着施磷量增加也呈先增后减趋势。这进一步说明累积施入磷肥主要在土壤中发生累积，施磷量很大程度上发生磷素的固定和累积，但随着施磷水平累积提高，磷素淋失的叠加效应也越来越明显。

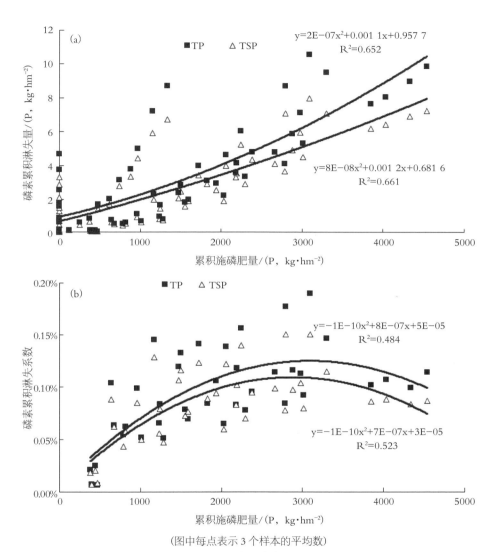

（图中每点表示 3 个样本的平均数）

图 3-20　2008—2013 年监测周期内设施菜田磷素累积淋失量（a）、累积淋失系数（b）
与累积施磷量的关系

（二）灌水量与氮、磷淋失

蔬菜生育期的畦灌或休闲期大水漫灌都可产生淋溶水，氮、磷淋失量的大小又与淋溶水量多少和淋溶水中氮、磷浓度含量有关，因此，氮、磷淋失除了受施肥量的影响，还与监测期灌水量大小密切相关。以 CON 处理和 OPT 处理为例，探讨番茄、黄瓜季和休闲期其 TN、TP 淋失量与灌水量的关系，分别如图 3-21（a，b，c）和图 3-22（a，b，c）所示。图

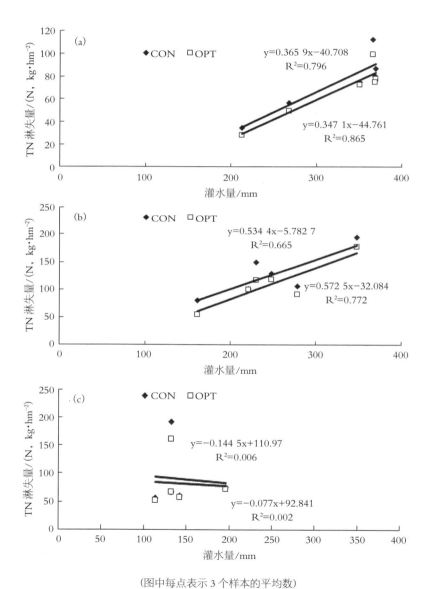

(图中每点表示 3 个样本的平均数)

图 3-21　2008—2013 年设施番茄（a）、黄瓜（b）和休闲期（c）总氮（TN）淋失量与灌水量的关系

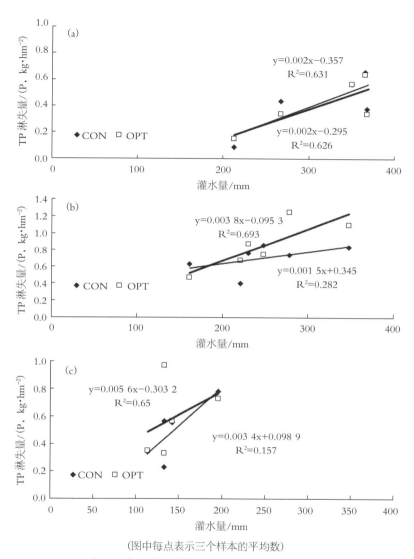

（图中每点表示三个样本的平均数）

图 3-22　2008—2013 年设施番茄（a）、黄瓜（b）和休闲期（c）TP 淋失量与灌水量的关系

3-21 表明，在 CON 处理和 OPT 处理下，2008—2013 年番茄和黄瓜季 TN 淋失量与灌水量都呈正相关关系，也就是说，灌水量越高不同时期 TN 淋失量也越高。就二者相关性而言，黄瓜季，CON 处理和 OPT 处理总氮淋失与总灌水量的相关系数 R^2 分别高达 0.796 和 0.865。番茄季，二者相关系数 R^2 分别为 0.665 和 0.772。但休闲期的相关性并不明显，在休

闲期大水漫灌下，CON 处理和 OPT 处理 TN 淋失与总灌水量的相关系数 R^2 分别仅为 0.006 和 0.002，表明休闲期氮素淋失除了与灌水有关外，土壤残留氮素大小也对其淋失量起关键作用。总的来说，各个时期灌水量都影响总氮淋失量，应控制蔬菜生育期的总灌水量，同时注意合理的灌水时期。

由图 3-22（a，b，c）可知，2008—2013 年监测期内 TP 淋失量与灌水量在番茄、黄瓜季和休闲期都呈正相关关系。在 CON 处理下，由于大量输入磷素，灌水对黄瓜季、休闲期和黄瓜季的磷素淋失影响较大，二者相关系数 R^2 可达 0.626~0.693。而在 OPT 处理下，由于磷肥输入量控制在合理的水平，一方面可以满足地上部蔬菜对磷素的需求，另一方面也会造成土壤磷素累积处于较低水平，因此，休闲期大水漫灌和黄瓜基肥移栽后的大量畦灌造成减量优化施肥（OPT）处理下磷素淋失量较低。

（三）浅层地下水埋深与氮、磷淋失

图 3-23 是 2009—2013 年监测期内浅层地下水埋深与各时期不同施肥处理的 TN 淋失量的关系。可以看出，地下水埋深与 TN 淋失量呈负相关关系，也就是说，浅层地下水埋深越浅，各处理 TN 淋失量越高，反之亦然。淋溶水中硝态氮为主要氮素形态，因此，地下水埋深与硝态氮淋失量也呈负相关关系。当地下水埋深达到 90 cm 以上，将会对氮素淋失产生显著影响。不同施肥处理下，地下水埋深与 TN 淋失量的相关系数 R^2 为 0.270~0.396，M 处理、CON 处理和 CON+C/N 处理、OPT+C/N 处理的相关性较高，而 CK 处理和 OPT 处理较低。因此，氮素淋失除了受施肥、灌水等因素影响外，浅层地下水埋深的影响也不容忽视。在浅层地下水埋深上升到 100 cm 左右的时候，尽可能减少施肥、灌水等管理措施，以降低氮素淋失风险。

图 3-24 是监测期内浅层地下水埋深与各时期不同施肥处理的 TP 淋失量相关关系，可以看出，地下水埋深与 TP 淋失量也呈负相关关系，与 TN

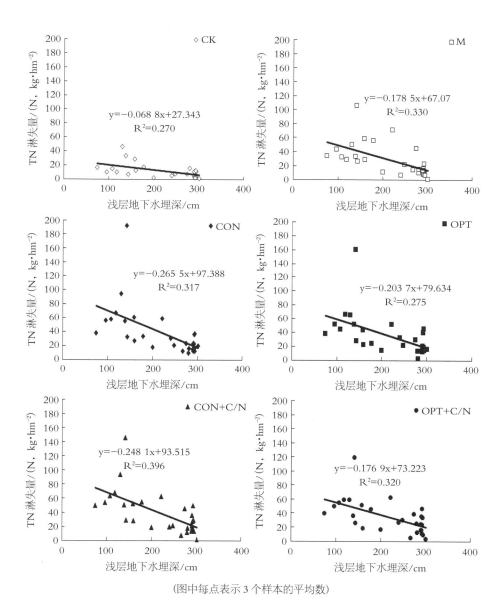

(图中每点表示 3 个样本的平均数)

图 3-23　2009—2013 年监测期内浅层地下水埋深与设施菜田总氮（TN）淋失关系

淋失一致。也就是说，浅层地下水埋深越浅，各处理 TP 淋失量越高，反之亦然。不同施肥处理下，地下水埋深与 TP 淋失量的相关系数 R^2 为 0.267~0.529，M 处理、CON 处理、OPT 处理、OPT+C/N 处理的相关性较高，而 CON+C/N 处理较低。尽管磷素淋失量有限，但其同样受施肥、

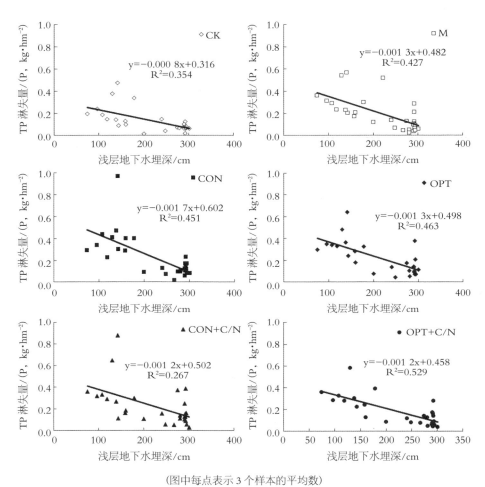

(图中每点表示 3 个样本的平均数)

图 3-24 2009—2013 年监测期内浅层地下水埋深与设施菜田总磷（TP）淋失关系

灌水和浅层地下水埋深等因素影响。浅层地下水埋深很浅时，土壤中累积的磷素发生淋洗损失的风险也加大。

五、小结

（一）设施番茄—黄瓜轮作体系氮、磷淋失及影响因素

番茄和黄瓜生育时期，畦灌及休闲期大水漫灌都能产生淋溶水，但淋溶水量的大小与灌溉水量并不呈线性正相关关系，且施肥对淋溶水产生量

影响不显著，淋溶水产生量还与蔬菜季、蔬菜生育时期和夏季休闲漫灌等关系密切。在夏休闲期和黄瓜季淋溶水产生量较多，休闲期淋溶水占灌溉水比例达 30% 左右，2012—2013 年都超过 50%。

番茄和黄瓜季，施肥处理下总氮当季淋失量分别为 11.1~112.2 kg/hm²、20.7~194.4 kg/hm²；休闲期，施肥处理总氮淋失量为 10.2~192.5 kg/hm²。总磷淋失量通常都不到 1 kg/hm²。优化化肥和调节土壤 C/N 都可降低氮、磷淋失量，但相对于常规施肥，仅 2013 年休闲期和个别蔬菜季达到显著水平。

2008—2013 年番茄—黄瓜 6 个轮作体系下，不同施肥处理的总氮淋失系数平均为 8.23%~12.26%，单施有机肥处理最高。各处理总磷淋失系数平均为 0.079%~0.236%，也是单施有机肥处理最高。

2008—2013 年，随着种植季的增加，施肥处理的总氮累积淋失系数呈增加趋势。从第 6 季蔬菜（2010 年黄瓜）开始，之后各个施肥处理的总氮累积淋失系数都趋于稳定，常规施肥和常规施肥+调节土壤 C/N 处理都为 7%~10%，单施有机肥处理为 13%~19%，减量优化化肥和调节土壤 C/N 处理为 8%~11%。总磷累积淋失系数也都低于 0.3%。总氮、总磷累积淋失系数都随累积施氮（磷）量呈先增后减趋势（二次曲线关系）。

氮、磷淋失与施肥、灌水和浅层地下水埋深等因素密切相关。番茄和黄瓜季的总氮、硝态氮淋失量与施氮量都呈指数关系。番茄或黄瓜季总磷淋失量与施磷量，以及总磷、可溶性总磷的累积淋失量与累积施磷量都服从二次曲线关系。不同时期，总氮、总磷淋失量与总灌水量呈正相关关系。地下水埋深与总氮、总磷淋失量呈负相关关系。

（二）设施菜田土壤 N_2O 气体减排措施

相对于农民常规施氮处理，减量施氮或减氮基础上添加秸秆能分别降低春茬黄瓜—夏休闲期设施菜田的 N_2O 排放通量、累积排放量和排放系数，尤其是在夏休闲期大水漫灌时，其 N_2O 减排量都达显著水平。施氮量、土壤水分和表层地温是影响土壤 N_2O 排放的重要因子，分别与 N_2O 总排放量、排放通量呈显著或极显著正相关关系。因此，在宁夏灌区设施菜田，相对于农民常规施氮，减施 50% 化肥氮量或在此基础上通过添加 7.5 t/hm² 的小麦秸秆来调节土壤碳氮比都能达到土壤 N_2O 的减排效果，且二者的综合措施更佳。

（三）设施番茄—黄瓜产量与养分吸收利用

2008—2014 年，不同年际设施蔬菜产量的变异较大。不同施肥处理下，番茄果实产量为 31.6~139.8 t/hm²，黄瓜为 26.4~79.3 t/hm²。除 2013 年番茄外，常规施肥、减量优化化肥及调节土壤 C/N 处理间的果实和茎秆产量均无显著差异，氮肥减量 20%~50% 都不会显著降低蔬菜产量和地上部养分吸收累积。蔬菜地上部养分累积大小是 $K_2O>N>P_2O_5$。除单施有机肥（M）处理外，氮、磷、钾肥的累积利用率分别在 10% 以下、5% 以下和 15% 以下。化肥减量 20%~50% 和调节土壤 C/N，可促进蔬菜地上部养分吸收，可以提高肥料利用率，达到设施蔬菜增产、稳产的目的。

（四）设施蔬菜收获后土壤无机氮累积与迁移规律

各个蔬菜季收获后，不同施肥处理 0~20 cm 耕层土壤硝态氮、铵态氮含量差异较大，这与施氮量、灌水量和耕层土壤氮素矿化等因素关系密切。施肥都能提高耕层土壤硝态氮含量，在 2009 年黄瓜和 2012 年番茄收获后，出现硝态氮的累积高峰，其含量分别为 13.27~117.12 mg/kg 和 76.24~119.55 mg/kg。不同施肥处理土壤铵态氮含量变幅为 0.37~12.80 mg/kg，同一时期施肥处理间很难达到显著水平。

2009—2014 年不同蔬菜收获后，0~100 cm 各层土壤硝态氮累积动态各有差异。相对于 CK 处理，施肥提高了 0~100 cm 土壤剖面硝态氮累积量。上层土壤硝态氮不断向深层淋洗，累积的高峰出现在不同剖面，最高累积峰值达到 327.6 kg/hm²（2012 年番茄 CON 处理）。累积施氮量与 0~100 cm 土体硝态氮总累积量呈显著线性正相关关系（$R^2=0.721\ 9$），其随着累积施氮量的增加而明显增加。0~100 cm 土层土壤剖面不同施肥处理下的 NH_4^+-N 累积规律不明显，而且其各个时期不同层次累积量也不高，最高峰为 38.08 kg/hm²（2012 黄瓜收获后）。

（五）设施蔬菜休闲期种植作物对土壤氮素累积影响

同等栽培条件下，饲料玉米和甜玉米经过 38 天的填闲种植，其地上部生物量分别为 205.2 kg/hm² 和 223.2 kg/hm²，地上部累积的 N 分别为 3.51 kg/hm² 和 4.32 kg/hm²，P_2O_5 分别为 2.21 kg/hm² 和 2.17 kg/hm²，两种填闲作物干物质累积量和氮、磷养分固定都没有显著差异。

通过种植填闲作物，能够对 0~20 cm 耕层土壤残留硝态氮进行生物固定，同时阻控了 40~120 cm 土壤硝态氮向深层土壤淋洗，从而降低了土壤氮素的淋洗损失风险。填闲作物还田还能提高下一茬蔬菜产量，对设施菜田土壤起到很好的改良和培肥效果。因此，在宁夏引黄灌区设施菜田夏休闲期，饲料玉米和甜玉米都可作为填闲作物种植。

第三节　设施梅豆氮、磷流失量及其动态变化规律

一、设施梅豆土壤氮、磷流失量及其动态变化规律

（一）不同施肥处理对设施梅豆氮、磷淋失量的影响

由表 3-10 可知，2016—2018 年总氮淋失量均表现为 BMP 处理<KF 处理<CON 处理。不同施肥处理下，TN 淋失量为 90.5~174.4 kg/hm²，与 CON 处理相比，KF 处理降低了 12.7%的 TN 淋失量，BMP 处理降低了 12.8%~27%的 TN 淋失量。其中，2016 年、2017 年梅豆季，不同施肥处理下 TN 淋失量较高，达 103.8~174.4 kg/hm²，2017 年比 2016 年高出 2.8%~8.5%，这与 2016 年前茬作物是芹菜，而 2017 年前茬作物是番茄、施肥量高有关，在土体里有较高氮素残留，因此淋失量高于 2016 年。2018 年 TN 淋失量显著降低，与 2016 年和 2017 年相比降低了约 70.7%~74%，这与

2018 年因滴灌有较多小区无产流有关，因此淋失量下降明显。由此可见，与常规施肥习惯相比，通过氮肥减量 30%，以及在此基础上增施秸秆或牛粪调节土壤 C/N，可有效降低设施梅豆土壤氮、磷淋失量，对土壤氮素淋失的阻控效应明显，改善了土壤理化性质，增加土壤生物固定养分，降低了氮素残留的可能。

表 3-10 2016—2018 年不同施肥处理下设施梅豆氮、磷淋失量

处理	N/ (kg·hm⁻²)	TN 淋失量 N/ (kg·hm⁻²)			P₂O₅/ (kg·hm⁻²)	TP 淋失量 P/ (kg·hm⁻²)		
		2016 年	2017 年	2018 年		2016 年	2017 年	2018 年
CON	773~989	160.7a	174.4a	45.3a	163~255	1.12a	1.02a	1.23a
KF	525	165.6b	144.5b	38.3b	225	1.05a	1.10a	1.14a
BMP	375	103.8c	106.7c	30.4c	150	0.91a	0.85a	1.02a

由表 3-10 还可看出，不同施肥处理下设施梅豆 TP 淋失量无明显差异，为 0.85~1.12 kg/hm²，2016—2018 年也表现为 2018 年 >2017 年 >2016 年，各处理间表现为 BMP 处理 <KF 处理 <CON 处理，与 CON 处理相比，KF 处理降低了 6.3%~15.4% 的 TP 淋失量，BMP 处理降低了 16.7%~18.8% 的 TP 淋失量。同时，在测定的 TP 浓度结果中也发现，不同年际淋溶水中 TP 浓度含量都不高。由此可见，磷肥在土壤中主要发生累积，移动性相对氮素要小得多，发生淋失的风险也较小。但土壤磷素不断累积造成叠加效应，造成淋溶水中 TP 浓度含量在梅豆季呈现逐年增加的趋势，随着浓度增加，也有向下淋失的风险存在。从结果中也可发现，2018 年虽然磷肥施用量较上一年降低了 12%，但 TP 淋失量较 2016 年和 2017 年增加了 12.08%~20.0%，说明 TP 累积到一定程度，已经在向下移动，产生了少量的淋失。

（二）设施梅豆氮素淋失动态变化规律

由图 3-25 可以看出，3 年间总氮淋失量表现为 2016 年 >2017 年 >2018

年。不同施肥处理下土壤总氮的淋失均表现为基施肥、灌水后显著增加，以 2016 年 9 月 2 日和 2017 年 10 月 29 日最为明显，单次淋失量均为当年最高，分别为 53.62 kg/hm² 和 53.25 kg/hm²，比其他时期的淋失量高出约 63.5%~97.2%，这与第 1 次漫灌，梅豆地上部需水量低，产生了大量淋溶水，造成淋失量过高有关。随着基施肥氮素淋失后，接下来的氮素淋失量随施肥量减少逐步下降，同时也与梅豆生长吸收养分有关，造成土壤中的氮素累积量降低，淋失量从而减少。

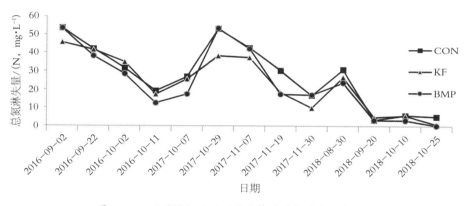

图 3-25　不同施肥处理下设施梅豆总氮淋失动态变化

各处理间，总氮淋失量为 CON 处理>KF 处理>BMP 处理，CON 处理下总氮的淋失量为 5.11~53.62 kg/hm²，平均淋失量为 28.2 kg/hm²，KF 处理的总氮淋失量为 0.92~45.8 kg/hm²，平均淋失量为 23.9 kg/hm²，BMP 处理的淋失量为 0.25~53.5 kg/hm²，平均淋失量为 23.7 kg/hm²，与 CON 处理相比，不同时期 KF 处理和 BMP 处理降低了 20.5%~45.1%的总氮淋失量；所以可以说明，通过减施氮肥，同时添加秸秆调节土壤 C/N 可以达到降低氮素淋失的目的。

各年之间，淋失动态变化与上述累积淋失量变化表现一致，2018 年滴灌有较多小区无产流，氮素淋失量也随之降低，但在 8 月份大水漫灌后，CON 处理产生了全年最高的淋失量，达到 30.97 kg/hm²，为当年其他各次产流的 6~10 倍，KF 处理和 BMP 处理降低了 13.1%~22.9%的总氮淋失量，虽然优化施肥及调节土壤 C/N 能有效降低氮素淋失量，但设施蔬菜休闲期大水漫灌造成氮素淋失量过高的问题需要引起足够重视，一次灌溉施肥产生的淋失量甚至超过全年累积淋失量。为降低设施蔬菜氮素淋失，在优化施肥措施的基础上，还应从调整合理灌溉方式、灌溉量上着手。

（三）不同施肥处理对设施梅豆土壤无机氮累积运移的影响

图 3-26 表明，2016—2018 年间，设施梅豆收获后 0~120 cm 土层土壤剖面无机氮累积量表现为 2018 年>2017 年>2016 年，不同施肥处理间无机氮累积量表现为 BMP 处理<KF 处理<CON 处理。各处理设施梅豆收获后土壤 N_{min} 在 60 cm 处含量较高，80 cm 以下土层开始下降，这是由于土壤 N_{min} 在施肥和灌溉的共同作用下有逐渐下移的趋势，淋洗到蔬菜根系主体范围 90 cm 土层以下将不能被吸收利用而发生淋失。2016 年梅豆收获后 0~120 cm 土层土壤剖面 N_{min} 含量为 30.2~39.3 kg/hm²，各处理 N_{min} 累积较基础土样都有所增加，增加幅度为 7%~0.1%。相对于 CON 处理，KF 处理和BMP 处理能降低 0~120 cm 各层土壤 N_{min} 累积量，可以减少 0.12~11.3 kg/hm² 的 N_{min} 累积，BMP 处理较 KF 处理，通过继续降低氮肥施用量并添加玉米秸秆，进一步降低了 0~120 cm 各层土壤 0.8~2.2 kg/hm² 的 N_{min}

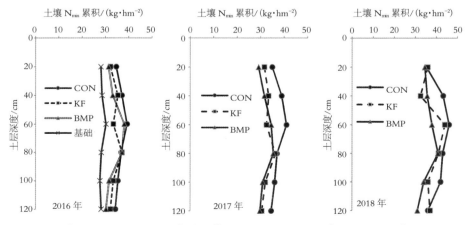

图 3-26　2016—2018 年设施梅豆 0~120 cm 土层土壤 N_{min} 累积动态

累积量。因此，减量施肥 46%~51%可降低设施梅豆收获土壤无机氮累积量。

2017 年梅豆和 2018 年梅豆收获后 0~120 cm 土层土壤 N_{min} 累积量分别为 30.2~39.3 kg/hm² 和 30.0~46.1 kg/hm²，与 CON 处理相比，KF 处理和 BMP 处理分别降低了不同层次土壤的 N_{min} 累积量；BMP 处理与 KF 处理相比，又减少了 0.8~2.2 kg/hm² 和 0.23~6.23 kg/hm² 的 N_{min} 累积量。同时，2017 年和 2018 年梅豆季 CON 处理 N_{min} 累积高于 2016 年梅豆季，以 60~80 cm 处尤为明显，分别较梅豆季高出 4%~7%的 N_{min} 累积，但 KF 处理和 BMP 处理差别不大，这与 2017 年和 2018 年梅豆前茬作物为番茄有关，施肥量高于 2016 年前茬作物芹菜，因而造成土体中氮素积累较高。表明通过减施氮肥或添加玉米秸秆都能有效降低土壤剖面 N_{min} 累积与残留，减施氮肥配合添加玉米秸秆调节土壤 C/N 对降低土壤 N_{min} 残留的作用效果最佳，可能是通调节过土壤 C/N 很好地将残留 N_{min} 进行生物固定。

图 3-27 为 2016—2018 年间梅豆季收获后 0~60 cm 和 60~120 cm 土层土壤 N_{min} 累积量，可以看出，各处理间 N_{min} 累积量为 BMP 处理<KF 处理<CON 处理，2016—2018 年间，0~60 cm 土体 N_{min} 累积量为 111.7~

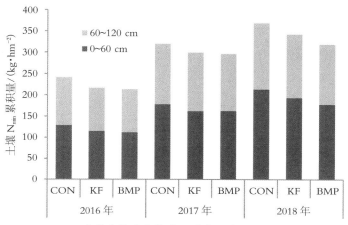

图 3-27　2016—2018 年设施梅豆收获后不同施肥处理下 0~120 cm 土层土壤 N_{min} 累积量比较

213.1 kg/hm²，60~120 cm 土体 N_{min} 累积量为 101.7~156.0 kg/hm²，0~60 cm 土体 N_{min} 累积量均高于 60~120 cm 土体，因为滴灌条件下，设施梅豆土体中氮素运移在 0~60 cm 较为活跃，淋失量较大，超过 60 cm，到 80 cm 之下，淋失量逐渐降低，各处理间差异减小。

随着年份增加，0~120 cm 土体 N_{min} 累积量是逐年递增的。2018 年 N_{min} 累积量为 3 年最高，达到 318.9~369.1 kg/hm²。减施氮肥与调节土壤 C/N 能显著降低土体 N_{min} 累积残留量。2016 年 KF 处理与 BMP 处理 N_{min} 累积残留量分别为 230.8 kg/hm² 和 213.6 kg/hm²，与 CON 处理相比，降低幅度为 2.2%~9.4%；2017 年和 2018 年 N_{min} 累积残留量分别为 296~319 kg/hm² 和 318~369 kg/hm²，与 CON 处理相比，KF 处理和 BMP 处理分别降低了 3.9%、6.1% 和 5.2%、12.8% 的土体 N_{min} 累积残留量。由此可见，氮肥施用量是影响土壤 N_{min} 累积残留的重要因素，通过降低氮肥施用量可以有效降低 N_{min} 累积残留，从而降低 N_{min} 向更深层土壤淋洗的风险。在降低施氮量的同时调节土壤 C/N，增加土壤中的碳，有利于氮素的生物固定，也是降低土壤 N_{min} 累积残留的有效手段。同时，为了控制土壤氮素累积与迁移，要特别注意控制梅豆的灌水量、水源及灌水时间等，同时结合追肥进行水肥一体化管理。

（四）不同水肥调控对设施梅豆产量及养分吸收的影响

1. 不同施肥处理对设施梅豆养分吸收的影响

由表 3-11 对比发现，2016—2018 年，设施梅豆氮、磷、钾养分吸收量表现为 BMP 处理>KF 处理>CON 处理。设施梅豆氮吸收量分别为 58.3~63.8 kg/hm²、105.7~120.4 kg/hm² 和 39.7~43.7 kg/hm²，磷吸收量为 8.2~9.1 kg/hm²、15.5~16.0 kg/hm² 和 5.9~6.3 kg/hm²，钾吸收量为 46.7~52.5 kg/hm²、69.7~70.3 kg/hm² 和 38.4~39.8 kg/hm²。各优化施肥处理均提高了氮、磷、钾养分吸收量，与 CON 处理相比，2016—2018 年氮素吸收 KF 处理提高了约 0.7%~8.1%，磷素吸收提高了 1.7%~3.2%，钾素提

高了 0.1%~0.8%，BMP 处理提高效果更明显，2016—2018 年氮素吸收提高 9.4%~13.9%，磷素吸收提高 3.2%~7.1%，钾素吸收提高 3.6%~9.1%。氮、磷、钾养分吸收主要由产量和当季施肥量决定，因此可以充分证明，减施化肥，同时调节土壤 C/N 可以有效提高设施梅豆养分吸收量，提高作物品质。

表 3-11 不同施肥处理下设施梅豆养分吸收量

单位：kg/hm²

年份	处理	N	P₂O₅	K₂O
2016	CON	58.3	8.5	48.1
	KF	58.7	8.2	46.7
	BMP	63.8	9.1	52.5
2017	CON	105.7	15.5	70.2
	KF	111.6	16.0	70.3
	BMP	120.4	16.0	69.7
2018	CON	39.7	5.9	38.4
	KF	42.9	6.0	38.7
	BMP	43.7	6.3	39.8

2. 不同施肥处理对设施梅豆产量的影响

由表 3-12 可以看出，优化施肥处理产量与常规处理无明显差异，通过比较，2016—2018 年间，KF 处理、BMP 处理较 CON 处理，达到了稳产的效果， 2016 年 BMP 处理较 KF 处理还提高了产量，说明减量施肥处理在降低设施梅豆氮、磷流失的同时，对产量影响不大。结合减少的肥料投入成本，BMP 处理和 KF 处理较 CON 处理能降低设施梅豆的肥料投入成本，KF 处理较 CON 处理降低成本约 0.1 万元/hm²，BMP 处理较 CON 处理降低成本约 0.18 万元/hm²。

表 3-12　不同施肥处理下设施梅豆产量及效益分析

处理	2016 年				2017 年				2018 年			
------	产量/(t·hm⁻²)	产值/(万元·hm⁻²)	施肥成本/(万元·hm⁻²)	节本/(万元·hm⁻²)	产量/(t·hm⁻²)	产值/(万元·hm⁻²)	施肥成本/(万元·hm⁻²)	节本/(万元·hm⁻²)	产量/(t·hm⁻²)	产值/(万元·hm⁻²)	施肥成本/(万元·hm⁻²)	节本/(万元·hm⁻²)
	产量/($t \cdot hm^{-2}$)	产值/(万元·hm^{-2})	施肥成本/(万元·hm^{-2})	节本/(万元·hm^{-2})	产量/($t \cdot hm^{-2}$)	产值/(万元·hm^{-2})	施肥成本/(万元·hm^{-2})	节本/(万元·hm^{-2})	产量/($t \cdot hm^{-2}$)	产值/(万元·hm^{-2})	施肥成本/(万元·hm^{-2})	节本/(万元·hm^{-2})
CON	24.3	34.02	0.84	—	30.8	43.12	0.76	—	18.9	26.46	0.69	—
KF	24.4	32.76	0.76	0.08	30.6	42.84	0.64	0.12	18.8	26.32	0.58	0.11
BMP	24.2	33.88	0.77	0.07	30.7	41.86	0.52	0.24	18.8	26.32	0.46	0.23

注：价格按梅豆1.4 万元/t、商品有机肥 0.8 元/kg、普通尿素 2.0 元/kg、硫酸钾4 元/kg、重过磷酸钙 3.5 元/kg 计算。

（五）讨论

设施蔬菜栽培是高投入、高产出的集约化种植模式。与大田作物相比，设施蔬菜施肥及灌溉强度更大，造成土壤养分淋失也更加严重（Ju et al.，2006）。大量投入肥料，增加了土壤氮素累积与淋洗风险。施入的铵态氮肥和酰胺态氮肥在土壤中 1~2 周会转化为迁移能力很强的硝态氮，蔬菜在生育前期对土壤养分的需求量较少，加之灌溉水下渗过程中对土层的淋洗，造成硝态氮的垂向迁移运动（Ju et al.，2006）。秸秆还田能够提高耕作层的蓄水量，减少土壤减少氮素的淋失量、水分的损失量、增加对水分和养分的吸附能力，有效控制土壤氮素流失（易军 等，2011；杨世琦等，2015）。本研究中，年际设施梅豆 CON 处理的 N_{min} 累积量与 TN 淋失量均高于 KF 处理和 BMP 处理，说明施氮量对设施梅豆土壤氮素积残留与淋失的重要作用。同时，2016—2018 年设施梅豆各处理土壤 N_{min} 累积量在 60~80 cm 处较高，随着深度的增加，N_{min} 残留量逐渐降低，但由于在梅豆根层残留的氮素含量较高，不能被吸收，因此发生氮素淋失。但秸秆还田能够降低淋溶水中总氮浓度，可能原因是秸秆与作物争氮，降低无机氮浓度，同时秸秆还田能增加有机碳，固定土壤无机氮（江永红 等，2001）。本研究中 2016—2018 年设施梅豆 BMP 处理因减少氮肥的施用量，同时添加秸秆调节土壤 C/N，显著降低了土体中氮素的累积残留量与淋失量。另外，本研究发现，TN 淋失量随土壤 N_{min} 累积残留量增加而增加，因此可以通过合理地减量施氮降低土体 N_{min} 累积残留量，在减施氮肥的基础上再配合外源碳的添加（如秸秆添加等），以增加土壤残留氮素的生物固定，直接降低了土体 N_{min} 累积量，从而降低了氮素淋失风险，调控效果最为明显。

另外，在本研究中也发现了磷素在土壤中的淋失现象，这与长期大量施用磷肥，加上土壤对磷素有限的吸附能力，会降低土壤对磷的吸附量，从而增加土壤中磷的渗漏率。设施梅豆种植过程中化肥的大量投入使设施蔬菜土壤磷素不断累积，同时不同的灌水措施会加剧土壤中磷素的淋失风险。本研究中设施梅豆各年磷素淋失量表现为 2018 年>2017 年>2016 年，各处理间表现为 BMP 处理<KF 处理<CON 处理，表明随着种植时间的增加，土体中的磷素不断累积，通过优化施肥处理同时调节土壤 C/N 能有效降低设施梅豆种植过程中磷素的淋失。

（六）小结

综合优化处理通过氮肥减量 30%，以及在此基础上增施秸秆或牛粪调节土壤 C/N 对土壤氮素淋失的阻控效应明显，改善了土壤理化性质，增加土壤生物固定养分，有效降低设施梅豆总氮、总磷淋失量。

综合优化处理有效降低了 0~120 cm 土层土壤剖面无机氮累积，通过调节土壤 C/N，增加土壤中的碳，有利于氮素的生物固定，降低氮素向根区以下更深层土壤淋失的风险。同时提高了氮、磷和钾的养分吸收量，提高了作物品质。

通过降低肥料投入，同时调节土壤 C/N，对设施梅豆产量未造成影响，因减少了肥料投入，与常规水肥管理相比，还能提高一定的收益。

第四节　不同设施蔬菜氮、磷肥投入阈值

一、设施番茄产量、氮素吸收和氮淋失的氮肥投入阈值

（一）土壤—蔬菜种植体系中氮、磷养分平衡分析

1. 番茄和黄瓜各蔬菜季氮素平衡

土壤—蔬菜体系的氮素平衡是评价氮肥合理施用与否的关键。现以 0~100 cm 土体来评价土壤—蔬菜体系氮素表观平衡状况，各施肥处理在土体内氮素淋失量按 0~90 cm 土层土壤淋失量计。从表 3-13、表 3-14、表 3-15、表 3-16 可看出，2010—2013 年番茄和黄瓜季，施氮量和移栽前土壤残留N_{min}是氮素主要输入项，氮素输入量随着施氮量增加而增加。个别蔬菜季，如 2010 年黄瓜季、2011 年黄瓜季、2012 年番茄季、2013 年番茄季，土壤氮素表观矿化量也十分可观，达 258.3~603.9 kg/hm²。而灌水输入氮素较少，2010—2013 年番茄季为 13.2~34.9 kg/hm²，2010—2013 年黄瓜季为 6.7~29.4 kg/hm²。由于各茬蔬菜地上部对氮素吸收累积都远低于施肥输入的氮素（2010—2013 年番茄为 96.8~256.3 kg/hm²，2010—2013 年黄瓜为 107.0~205.3 kg/hm²），大部分氮素发生残留和表观损失。不同施肥处理下，2010—2013 年各个番茄和黄瓜季 N_{min} 残留分别为 92.8~1 482.2 kg/hm² 和 198.6~639.3 kg/hm²，氮素淋失量分别为 11.1~112.2 kg/hm² 和 73.3~342.0 kg/hm²，根据表 1-16 和表 1-17 的氮素淋失系数，淋失的氮占施入肥料氮的比例都很低，因此，可以推测氨挥发或反硝化等其他损失可能是该土壤—蔬菜体系氮素表观损失主要途径。

通过各季蔬菜—土壤体系氮平衡还发现，与 CON 处理相比，OPT 处理和 OPT+C/N 处理都能降低其种植体系氮素表观损失。番茄季，OPT 处理和 OPT+C/N 处理的表观损失量比 CON 处理分别降低了 42.8%~43.8%和 26.8%；黄瓜季，OPT 处理和 OPT+C/N 处理的表观损失量比

表 3-13　2010 年番茄—黄瓜各季蔬菜—土壤体系氮平衡

单位：kg/hm²

处理	CK	M	OPT	OPT+C/N	CON	OPT+C/N
2010 年番茄						
N 输入						
a. 施 N 量	0	219.2	621.7	712.6	909.2	1 000.1
b. 移栽前 N_{min}	209.4 c	263.3 c	725.9 b	777.1 ab	810.9 ab	1 023.8 a
c. 矿化 N	5.2	5.2	5.2	5.2	5.2	5.2
d. 灌溉水 N	13.2	13.2	13.2	13.2	13.2	13.2
总投入：a+b+c+d	227.8	500.9	1 366.0	1 508.1	1 738.5	2 042.3
N 输出						
e. 地上部吸收 N	117.7 c	172.1 b	196.5 ab	206.1 ab	196.8 ab	222.8 a
f. 残留 N_{min}	92.8 c	336.1 bc	805.1 a	614.5 ab	886.6 a	643.4 ab
g. 淋失 N	17.3 b	38.2 ab	72.4 a	57.9 a	75.1 a	66.3 a
h. 其他损失 N	—	−45.5	292.0	629.6	580.1	1 109.7
表观损失 N：g+h	17.3	−7.3	364.4	687.5	655.1	1 176.0
2010 年黄瓜						
N 输入						
a. 施 N 量	0	154.1	604.1	648.9	754.1	798.9
b. 移栽前 N_{min}	92.8 c	336.1 bc	805.1 a	614.5 ab	886.6 a	643.4 ab
c. 矿化 N	258.3	258.3	258.3	258.3	258.3	258.3
d. 灌溉水 N	6.7	6.7	6.7	6.7	6.7	6.7
总投入：a+b+c+d	357.8	755.2	1 674.2	1 528.4	1 905.7	1 707.3
N 输出						
e. 地上部吸收 N	118.5 c	156.7 b	188.0 a	183.3 a	199.1 a	189.6 a
f. 残留 N_{min}	198.6 c	314.6 bc	382.4 ab	453.3 a	428.4 ab	395.1 ab
g. 淋失 N	40.7	99.3	118.7	135.6	128.9	148.3
h. 其他损失 N	—	184.6	985.1	756.2	1 149.2	974.3
表观损失 N：g+h	40.7	283.9	1 103.8	891.8	1 278.1	1 122.6

　　注：氮素淋失量以 90 cm 土体为标准近似计算，黄瓜季包括休闲期氮素淋失；下同。

表 3-14　2011 年番茄—黄瓜各季蔬菜—土壤体系氮平衡

单位：kg/hm²

处理	CK	M	OPT	OPT+C/N	CON	OPT+C/N
2011 年番茄						
N 输入						
a. 施 N 量	0	155.2	680.2	761.2	1 055.2	1 136.2
b. 移栽前 N_{min}	198.6 c	314.6 bc	382.4 ab	453.3 a	428.4 ab	395.1 ab
c. 矿化 N	54.2	54.2	54.2	54.2	54.2	54.2
d.灌溉水 N	34.9	34.9	34.9	34.9	34.9	34.9
总投入：a+b+c+d	287.7	558.9	1 151.7	1 303.6	1 572.7	1 620.4
N 输出						
e. 地上部吸收 N	96.8 c	126.5 b	171.8 a	171.7 a	189.6 a	168.7 a
f. 残留 N_{min}	179.8	281.6	513.8	392.4	455.1	346.6
g. 淋失 N	11.1	43.0	99.3	98.0	112.2	109.4
h. 其他损失 N	—	107.8	366.7	641.5	815.8	995.8
表观损失 N：g+h	11.1	150.8	466.0	739.5	928.0	1 105.2
2011 年黄瓜						
N 输入						
a. 施 N 量	0	230.4	680.4	742.9	830.4	892.9
b. 移栽前 N_{min}	179.8 c	281.6 bc	513.8 a	392.4 ab	455.1 ab	346.6 abc
c. 矿化 N	273.1	273.1	273.1	273.1	273.1	273.1
d. 灌溉水 N	29.4	29.4	29.4	29.4	29.4	29.4
总投入：a+b+c+d	482.4	814.5	1 496.7	1 437.8	1 588.0	1 542.0
N 输出						
e. 地上部吸收 N	107.0 b	113.2 b	180.1 a	194.7 a	190.7 a	193.3 a
f. 残留 N_{min}	296.3 b	311.7 b	409.3 ab	447.1 a	399.6 ab	472.6 a
g. 淋失 N	79.1 c	122.1 bc	177.6 ab	164.5 ab	194.4 a	191.8 a
h. 其他损失 N	—	267.5	729.7	631.6	803.3	684.2
表观损失 N：g+h	79.1	389.6	907.3	796.1	997.7	876.0

表 3-15　2012 年番茄—黄瓜各季蔬菜—土壤体系氮平衡

单位：kg/hm²

处理	CK	M	OPT	OPT+C/N	CON	OPT+C/N
2012 年番茄						
N 输入						
a. 施 N 量	0	155.2	680.2	761.2	1 055.2	1 136.2
b. 移栽前 N_{min}	296.3 b	311.7 b	409.3 ab	447.1 a	399.6 ab	472.6 a
c. 矿化 N	603.9	603.9	603.9	603.9	603.9	603.9
d. 灌溉水 N	22.1	34.9	34.9	34.9	34.9	34.9
总投入：a+b+c+d	922.3	1 105.7	1 728.3	1 847.1	2 093.6	2 247.6
N 输出						
e. 地上部吸收 N	131.3 b	139.9 b	219.9 a	222.6 a	256.3 a	244.6 a
f. 残留 N_{min}	758.2 b	1 293.0 a	1 276.0 a	1 482.2 a	1 463.4 a	1 335.5 a
g. 淋失 N	32.8 b	46.7 b	75.1 ab	66.0 ab	80.6 ab	104.3 a
h. 其他损失 N	—	−373.8	157.3	76.3	293.3	563.3
表观损失 N：g+h	32.8	−327.1	232.4	142.2	373.9	667.5
2012 年黄瓜						
N 输入						
a. 施 N 量	0	75.6	525.6	555.6	675.6	705.6
b. 移栽前 N_{min}	758.2 b	1 293.0 a	1 276.0 a	1 482.2 a	1 463.4 a	1 335.5 a
c. 矿化 N	−158.8	−158.8	−158.8	−158.8	−158.8	−158.8
d. 灌溉水 N	22.3	22.3	22.3	22.3	22.3	22.3
总投入：a+b+c+d	621.7	2 002.5	665.1	1 232.1	1 904.6	1 901.4
N 输出						
e. 地上部吸收 N	130.4 c	149.6 bc	179.8 ab	205.3 a	192.6 a	196.2 a
f. 残留 N_{min}	418.0 b	555.8 ab	639.3 a	631.6 a	573.1 ab	579.1 ab
g. 淋失 N	73.3	165.1	148.6	128.6	169.2	155.2
h. 其他损失 N	—	1 048.0	674.8	368.7	960.1	909.4
表观损失 N：g+h	73.3	1 213.2	823.3	497.3	1 129.3	1 064.5

表 3-16　2013 年番茄—黄瓜各季蔬菜—土壤体系氮平衡

单位：kg/hm²

处理	CK	M	OPT	OPT+C/N	CON	OPT+C/N
2013 年番茄						
N 输入						
a. 施 N 量	0	159.1	559.1	600.5	1 059.1	1 100.5
b. 移栽前 N_{min}	418.0 b	555.8 ab	639.3 a	631.6 a	573.1 ab	579.1 ab
c. 矿化 N	343.6	343.6	343.6	343.6	343.6	343.6
d. 灌溉水 N	17.5	17.5	17.5	17.5	17.5	17.5
总投入：a+b+c+d	779.2	1 076.0	1 559.5	1 593.2	1 993.3	2 040.7
N 输出						
e. 地上部吸收 N	102.1 c	112.2 bc	143.4 a	137.4 ab	142.4 a	142.3 a
f. 残留 N_{min}	662.5 b	723.7 ab	729.5 ab	871.6 ab	806.6 ab	982.2 a
g. 淋失 N	14.5 b	20.1 ab	28.4 ab	47.8 a	34.9 ab	39.9 ab
h. 其他损失 N	—	213.6	658.2	536.3	1009.4	876.3
表观损失 N：g+h	14.5	233.8	686.5	584.1	1044.3	916.1
2013 年黄瓜						
N 输入						
a. 施 N 量	0	388.8	688.8	812.6	988.8	1 112.6
b. 移栽前 N_{min}	662.5 b	871.6 ab	729.5 ab	982.2 a	723.7 ab	806.6 ab
c. 矿化 N	−67	−67	−67	−67	−67	−67
d. 灌溉水 N	10.1	10.1	10.1	10.1	10.1	10.1
总投入：a+b+c+d	605.6	1 203.5	1 361.4	1 737.9	1 655.6	1 862.3
N 输出						
e. 地上部吸收 N	98.8 b	109.9 b	150.1 a	163.0 a	163.9 a	156.2 a
f. 残留 N_{min}	336.1 b	494.4 ab	432.4 ab	474.5 ab	592.2 ab	655.7 a
g. 淋失 N	170.8	189.2	278.4	215.5	342	291
h. 其他损失 N	—	268.5	500.5	774.5	640.4	935
表观损失 N：g+h	170.8	457.7	779	989.9	982.5	1226

CON 处理的降低了 9.6%~18.1% 和 21.3%~26.2%。

2. 设施番茄—黄瓜轮作体系氮素平衡

表 3-17 表明，2010—2013 年番茄—黄瓜轮作下，施入的氮肥、轮作前上茬残留 N_{min} 和土壤表观矿化氮素都是主要氮素输入项，4 年轮作体系氮素表观矿化量分别为 270.8 kg/hm²、296.2 kg/hm²、438.5 kg/hm² 和 273.3 kg/hm²，灌溉水也能带入小部分氮素（2010 年、2011 年、2012 年、2013 年轮作体系下灌溉水分别带入 N 22.8 kg/hm²、72.9 kg/hm²、51.0 kg/hm² 和 31.0 kg/hm²）。氮素的输出主要包括地上部吸 N、土壤残留 N_{min} 和表观损失氮素。施肥极易造成 0~100 cm 土层土壤 N 发生表观损失。2010 年轮作体系，OPT 处理、OPT+C/N 处理、CON 处理和 CON+C/N 处理的氮素表观损失量分别达 1 478.4 kg/hm²、1 589.5 kg/hm²、1 943.5 kg/hm² 和 2 308.9 kg/hm²，2011 年轮作体系分别为 1 350.9 kg/hm²、1 513.0 kg/hm²、1 903.2 kg/hm² 和 1 958.7 kg/hm²，2012 年分别为 1 042.9 kg/hm²、1 193.9 kg/hm²、1 574.3 kg/hm² 和 1 784.0 kg/hm²，2013 年分别达 1 465.5 kg/hm²、1 574.0 kg/hm²、2 026.8 kg/hm² 和 2 142.1 kg/hm²，总体而言，氮素表观损失量随着施氮量的增加而增加。即使是在单施有机肥（M）处理下，2010—2013 年轮作体系下氮素表观损失依然可达 157.4~691.5 kg/hm²。与 CON 处理相比，OPT 处理和 OPT+C/N 处理也都能降低氮素表观损失，其表观损失分别能降低 23.9%~33.8% 和 18.2%~24.2%。因此，通过减量优化化肥和调节土壤 C/N 都能起到降低氮素损失的作用。

2010—2013 年 4 年的轮作体系下，OPT 处理、OPT+C/N 处理、CON 处理、CON+C/N 处理的氮素淋失占表观损失的比例分别仅为 16.5%~21.4%、15.3%~18.5%、13.4%~15.8% 和 11.7%~15.3%，氮素通过其他损失比例都在 80% 以上，可能成为该设施蔬菜种植体系氮素的主要损失途径。这表明设施番茄—黄瓜轮作体系中，氮素的淋失占据一定的地位，但不是主要的损失途径，而氨挥发或硝化—反硝化等其他损失路径可能才是

表 3—17   2010—2013 年番茄—黄瓜轮作体系氮平衡

单位：kg/hm²

处理	CK	M	OPT	OPT+C/N	CON	CON+C/N
2010 年番茄—黄瓜轮作体系						
N 输入						
a. 施 N 量	0	373.3	1 225.8	1 361.5	1 663.3	1 799.0
b. 移栽前 N_{min}	209.4 c	263.3 c	725.9 b	777.1 ab	810.9 ab	1 023.8 a
c. 矿化 N	270.8	270.8	270.8	270.8	270.8	270.8
d. 灌溉水 N	22.8	22.8	22.8	22.8	22.8	22.8
总投入：a+b+c+d	503.0	930.2	2 245.3	2 432.2	2 767.8	3 116.4
N 输出						
e. 地上部吸收 N	236.2 b	328.8 ab	384.5 a	389.4 a	395.9 a	412.4 a
f. 残留 N_{min}	198.6 c	314.6 bc	382.4 ab	453.3 a	428.4 ab	395.1 ab
g. 淋失 N	68.2 c	180.6 b	243.4 a	243.0 a	260.0 a	269.3 a
h. 其他损失 N	—	106.2	1 235.0	1 346.5	1 683.5	2 039.5
表观损失 N：g+h	68.2	286.8	1 478.4	1 589.5	1 943.5	2 308.9
2011 年番茄—黄瓜轮作体系						
N 输入						
a. 施 N 量	0	385.6	1 360.6	1 504.1	1 885.6	2 029.1
b. 移栽前 N_{min}	198.6 c	314.6 bc	382.4 ab	453.3 a	428.4 ab	395.1 ab
c. 矿化 N	296.2	296.2	296.2	296.2	296.2	296.2
d. 灌溉水 N	72.9	72.9	72.9	72.9	72.9	72.9
总投入：a+b+c+d	567.7	1 069.3	2 112.1	2 326.5	2 683.1	2 793.3
N 输出						
e. 地上部吸收 N	203.8 b	239.7 b	351.9 a	366.4 a	380.3 a	362.0 a
f. 残留 N_{min}	296.3 b	311.7 b	409.3 ab	447.1 a	399.6 ab	472.6 a
g. 淋失 N	67.6 b	141.0 b	271.3 a	258.0 a	301.0 a	297.1 a
h. 其他损失 N	—	376.9	1 079.6	1 255.0	1 602.2	1 661.7
表观损失 N：g+h	67.6	517.9	1 350.9	1 513.0	1 903.2	1 958.7

续表

处理	CK	M	OPT	OPT+C/N	CON	CON+C/N
2012 年番茄—黄瓜轮作体系						
N 输入						
a. 施 N 量	0	230.8	1 205.8	1 316.8	1 730.8	1 841.8
b. 移栽前 N_{min}	296.3 b	311.7 b	409.3 ab	447.1 a	399.6 ab	472.6 a
c. 矿化 N	438.5	438.5	438.5	438.5	438.5	438.5
d. 灌溉水 N	51.0	51.0	51.0	51.0	51.0	51.0
总投入：a+b+c+d	785.8	1 032.0	2 104.6	2 253.4	2 619.9	2 803.9
N 输出						
e. 地上部吸收 N	261.7 b	318.9 ab	422.4 a	427.9 a	472.6 a	440.8 a
f. 残留 N_{min}	418.0 b	555.8 ab	639.3 a	631.6 a	573.1 ab	579.1 ab
g. 淋失 N	106.0 b	175.3 b	223.7 ab	221.1 ab	245.7 ab	273.4 a
h. 其他损失 N	—	−18.0	819.3	972.8	1 328.5	1 510.6
表观损失 N：g+h	106.0	157.4	1 042.9	1 193.9	1 574.3	1 784.0
2013 年番茄—黄瓜轮作体系						
N 输入						
a. 施 N 量	0	547.9	1 247.9	1 413.1	2 047.9	2 213.1
b. 移栽前 N_{min}	418.0 b	631.6 a	639.3 a	579.1 ab	555.8 ab	573.1 ab
c. 矿化 N	273.3	273.3	273.3	273.3	273.3	273.3
d. 灌溉水 N	31.0	31.0	31.0	31.0	31.0	31.0
总投入：a+b+c+d	722.3	1 407.9	2 191.5	2 348.9	2 925.3	3 096.5
N 输出						
e. 地上部吸收 N	200.9 b	222.1 b	293.5 a	300.4 a	306.3 a	298.6 a
f. 残留 N_{min}	336.1 b	494.4 ab	432.4 ab	474.5 ab	592.2 a	655.7 a
g. 淋失 N	185.3 b	209.3 ab	306.8 a	263.2 a	376.9 a	330.8 a
h. 其他损失 N	—	482.1	1 158.8	1 310.8	1 649.8	1 811.3
表观损失 N：g+h	185.3	691.5	1 465.5	1 574	2 026.8	2 142.1

　　注：氮素淋失量以 90 cm 土体为标准近似计算，轮作体系淋失的氮素包括休闲期氮素淋失，2014 年蔬菜生育期间采用滴灌，没有计算轮作体系氮素平衡。

关键。由于大量施用有机肥，而未考虑其残留，会过高地估计了氮素的表观损失量，但相对于常规施肥，减量优化化肥或调解土壤 C/N 可减少土壤氮素的盈余，降低氮素发生损失的风险。

3. 番茄和黄瓜各蔬菜季磷素平衡

在设施番茄和黄瓜种植期间，施用磷肥（包括有机肥和化肥）为主要的磷素输入来源，蔬菜地上部吸收磷为主要磷素输出，磷素淋失占很小比例。2008—2013 年番茄和黄瓜各蔬菜季磷素平衡分别见表 3-18、表 3-19。可以看出，无论是番茄季还是黄瓜季，除 CK 处理外，其他施肥处理的磷素都处于盈余状态，而且施用的磷肥总量远超过蔬菜地上部对磷素的吸收累积量，随着磷肥施用量的增加，磷素盈余量也明显增加。

表 3-18　2010—2013 年番茄各季蔬菜磷平衡（P_2O_5）

单位：kg/hm^2

处理	施磷量	地上部磷	淋失磷	磷平衡	施磷量	地上部磷	淋失磷	磷平衡
	2008 年番茄				2009 年番茄			
CK	0	137.0	0.1	−137.1	0	100.8	0.1	−100.9
CON	1 022.2	143.4	0.3	878.4	941.8	131.8	1.0	809.0
OPT	872.2	150.4	0.3	721.5	641.7	125.7	0.8	515.3
M	272.1	156.3	0.3	115.5	191.7	112.0	0.5	79.2
CON+C/N	1 068.4	152.0	0.1	916.3	955.3	131.9	0.5	822.9
OPT+C/N	918.4	151.7	0.1	766.6	655.3	135.1	0.3	519.8
	2010 年番茄				2011 年番茄			
CK	0	52.0	0.6	−52.6	0	47.0	0.5	−47.5
CON	1 051.7	92.3	1.3	958.1	1 079.9	88.9	1.5	989.5
OPT	751.7	87.9	1.3	662.5	779.9	87.6	1.5	690.8
M	301.9	80.8	0.7	220.4	329.8	67.2	1.5	261.1
CON+C/N	1 094.1	101.6	0.8	991.6	1 117.9	95.8	1.8	1 020.3
OPT+C/N	794.1	96.2	0.8	697.1	817.9	93.9	1.1	722.9

续表

处理	施磷量	地上部磷	淋失磷	磷平衡	施磷量	地上部磷	淋失磷	磷平衡
	2012 年番茄				2013 年番茄			
CK	0	34.8	0.7	−35.5	0	44.7	0.1	−44.8
CON	1 079.9	90.7	0.9	988.3	807.8	72.2	0.2	735.4
OPT	779.9	92.5	0.8	686.6	207.7	60.8	0.3	146.6
M	329.8	54.6	0.7	274.5	57.7	46.1	0.2	11.4
CON+C/N	1 117.9	103.8	1.7	1 012.4	845.1	75.7	0.5	768.9
OPT+C/N	817.9	97.5	0.8	719.5	245.1	61.7	0.5	182.9

表 3-19　2008—2013 年黄瓜各季蔬菜磷平衡（P_2O_5）

单位：kg/hm^2

处理	施磷量	地上部磷	淋失磷	磷平衡	施磷量	地上部磷	淋失磷	磷平衡
	2008 年黄瓜				2009 年黄瓜			
CK	0	68.3	0.2	−68.5	0	84.4	0.4	−84.8
CON	780.1	82.4	0.9	696.8	554.7	105.9	1.4	447.4
OPT	601.4	93.4	1.5	506.5	479.8	100.8	1.1	377.9
M	302.6	82.7	1.1	218.7	254.7	94.1	0.8	159.8
CON+C/N	843.1	86.5	1.3	755.3	611.3	103.0	1.0	507.3
OPT+C/N	664.4	84.2	1.1	579.1	536.4	105.7	1.1	429.6
	2010 年黄瓜				2011 年黄瓜			
CK	0	53.8	1.0	−54.8	0	46.2	1.4	−47.6
CON	794.1	82.7	2.0	709.4	498.4	80.7	1.9	415.8
OPT	583.6	79.0	1.7	502.9	423.3	73.3	2.5	347.4
M	508.7	72.8	1.9	434.0	198.3	51.1	2.2	145.0
CON+C/N	283.5	75.5	1.9	206.2	529.3	81.3	2.1	445.9
OPT+C/N	608.8	78.7	1.9	528.2	454.4	88.2	2.2	364.0

处理	施磷量	地上部磷	淋失磷	磷平衡	施磷量	地上部磷	淋失磷	磷平衡
	2012 年黄瓜				2013 年黄瓜			
CK	0	53.6	0.9	−54.5	0	33.0	1.0	−34.0
CON	414.5	82.3	1.7	330.6	1 107.6	54.3	1.8	1051.5
OPT	339.7	82.9	2.9	253.9	695.3	54.2	2.0	639.1
M	114.5	64.3	2.1	48.2	420.5	37.2	1.9	381.4
CON+C/N	452.6	86.1	1.8	364.7	1 148.8	57.9	2.1	1 088.8
OPT+C/N	377.7	92.3	1.7	283.7	736.6	60.1	2.0	674.5

4. 设施番茄—黄瓜轮作体系磷素平衡

由表 3-20 可知，在 2008—2013 年番茄—黄瓜轮作体系，不同施肥处理下磷素淋失量（包括休闲期）分别为 0.3~1.8 kg/hm²、1.2~4.2 kg/hm²、2.3~5.1 kg/hm²、2.2~4.7 kg/hm²、2.0~4.9 和 2.3~6.0 kg/hm²，单施有机肥（M）处理下磷（P_2O_5）输入量达 444.3~810.5 kg/hm²，其输入量已远大于蔬菜地上部吸收累积量（最高为 243.8 kg/hm²），因此造成磷素在土壤富集、累积，尤其是在农民习惯的施肥（CON 、OPT+C/N）处理下，磷素

表 3-20　2008—2013 年番茄—黄瓜轮作体系磷平衡（P_2O_5）

单位：kg/hm²

处理	施磷量	地上部磷	淋失磷	磷平衡	施磷量	地上部磷	淋失磷	磷平衡
	2008 年轮作				2009 年轮作			
CK	0	205.3	0.3	−205.6	0	185.2	1.2	−186.4
CON	1 802.3	225.8	1.2	1 575.2	1 496.5	237.7	4.2	1 254.6
OPT	1 473.6	243.8	1.8	1 228.0	1 121.6	226.5	3.5	891.5
M	574.6	239.0	1.4	334.2	446.4	206.1	2.5	237.8
CON+C/N	1 911.5	238.5	1.4	1 671.6	1 566.6	234.9	2.8	1 328.9
OPT+C/N	1 582.8	235.9	1.2	1 345.7	1 191.7	240.8	2.6	948.3

续表

处理	施磷量	地上部磷	淋失磷	磷平衡	施磷量	地上部磷	淋失磷	磷平衡
	2010 年轮作				2011 年轮作			
CK	0	105.8	2.3	−108.1	0	93.2	2.2	−95.4
CON	1 845.8	175.0	5.1	1 665.7	1 578.3	169.6	4.0	1 404.7
OPT	1 335.3	166.9	4.7	1 163.7	1 203.1	160.9	4.7	1 037.5
M	810.5	153.6	3.7	653.2	528.1	118.3	4.2	405.6
CON+C/N	1 377.6	177.1	4.0	1 196.5	1 647.2	177.1	4.5	1 465.6
OPT+C/N	1 402.8	174.9	3.8	1 224.1	1 272.3	182.1	3.9	1 086.3
	2012 年轮作				2013 年轮作			
CK	0	88.4	2.0	−90.4	0	77.7	2.3	−80.0
CON	1 494.4	173.0	3.8	1 317.6	1 915.4	126.5	3.3	1 785.6
OPT	1 119.5	175.4	4.9	939.2	903.1	115.0	4.6	783.5
M	444.3	118.9	4.5	320.9	478.2	83.3	3.6	391.3
CON+C/N	1 570.5	189.9	4.7	1 375.9	1 994.0	133.6	4.6	1 855.7
OPT+C/N	1 195.5	189.8	4.3	1 001.4	981.6	121.8	6.0	853.9

注：磷素淋失量以 90 cm 土体为标准近似计算，轮作体系淋失的磷素包括休闲期磷素淋失，2014 年蔬菜生育期间采用滴灌，没有计算轮作体系磷平衡。

的盈余量更是高得惊人，平均盈余量更是在 1 200 kg/hm² 以上。番茄—黄瓜轮作体系的磷素盈余量也是随着施磷水平的增加而大幅度增加。

（二）设施番茄—黄瓜轮作体系蔬菜氮、磷投入阈值及环境污染预警

由图 3-28 可知，2008—2013 年设施番茄经济产量与施氮量呈二次曲线关系，相关方程为 $y=-0.000\ 08x^2+0.127\ 1x+37.514$（$R^2=0.507$），根据方程可计算番茄最高产量施氮量为 794 kg/hm²。氮平衡与施氮量呈正相关关系，方程为 $y=0.867x-145.64$（$R^2=0.983$），可得氮素收支平衡点为 168 kg/hm²。在保证设施番茄经济产量的同时，又要维持氮素平衡在合理空间，以最佳经济产量施氮量（N，779 kg/hm²）为最高氮肥投入阈值，根据试验研究

结果，以氮肥减量 25%（N，584 kg/hm²）为最低氮肥投入阈值，可得设施番茄的氮肥投入（有机肥和化肥之和）阈值范围为 [584，779]。0~100 cm 土层土壤 N_{min} 残留与施氮量也呈二次曲线关系，相关方程为 $y=0.000\ 6x^2+1.132x+225.7$（$R^2=0.178$），根据设施番茄的氮肥投入阈值，可得 0~100 cm 土壤 N_{min} 残留的预警范围为 [682，743]，当 0~100 cm 土层土壤 N_{min} 残留量高于 743 kg/hm²，土壤氮素发生损失的风险加大，对地下水环境污染风险也加大。

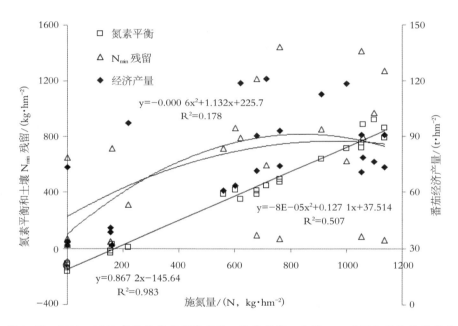

图 3-28　2008—2013 年设施番茄经济产量、氮素平衡、土壤 N_{min} 残留与施氮量的关系

图 3-29 可看出，2008—2013 年设施黄瓜经济产量与施氮量拟合关系服从方程 $y=-0.000\ 04x^2+0.077x+29.72$ （$R^2=0.899$），根据方程可计算黄瓜最高产量施氮量为 963 kg/hm²。其氮平衡与施氮量也呈正相关，方程为 $y=0.788x-216.4$ （$R^2=0.980$），可得氮素收支平衡点为 275 kg/hm²。在保证设施黄瓜经济产量的同时，又要维持氮素平衡在合理空间，以最佳经济产量施氮量（N，926 kg/hm²）为最高氮肥投入阈值，以氮肥减量

25%（N，695 kg/hm²）为最低氮肥投入阈值，可得设施黄瓜的氮肥投入阈值为［695，926］。2008—2013 年设施黄瓜收获后 0~100 cm 土层土壤 N_{min} 残留与施氮量也呈二次曲线关系，相关方程为 y=0.000 2x²+0.032x+283.3（R²=0.366），可得其 0~100 cm 土层土壤 N_{min} 残留的环境污染预警范围为［402，485］，当 0~100 cm 土层土壤 N_{min} 残留量高于 485 kg/hm² 时，环境污染达到预警值上限。

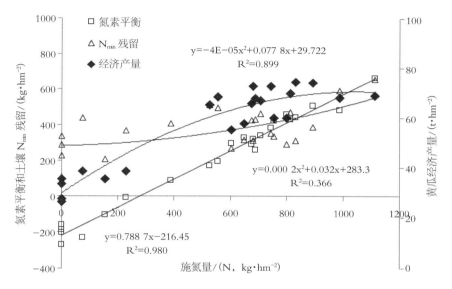

图 3-29　2008—2013 年设施黄瓜经济产量、氮素平衡、土壤 N_{min} 残留与施氮量的关系

磷肥施入土壤后，如果超过地上部蔬菜的需求，就会在土壤中发生累积，而且累积出现叠加效应。设施菜田土壤基础磷素供应水平已处在较高的水平，过量增施磷肥造成土壤磷素累积的可能增加。图 3-30 表明，2008—2013 年设施番茄经济产量与施磷量呈二次曲线关系，相关方程为 y=−0.000 11x²+0.175x+35.2 （R²=0.436），根据方程可得番茄最佳经济产量施磷量（P₂O₅）为 781 kg/hm²。番茄收获后土壤磷平衡与施磷量呈正相关，方程为 y=0.943x−74.46 （R²=0.982 7），可得磷素收支平衡点为 79 kg/hm²。以最佳经济产量施磷量（P₂O₅ 781 kg/hm²）为最高磷肥投入阈值，由于土

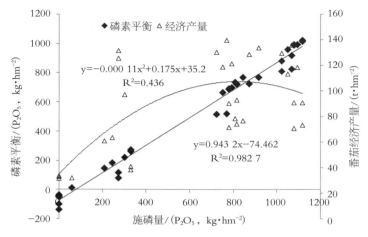

图 3-30 2008—2013 年设施番茄经济产量、磷素平衡与施磷量的关系

壤磷素的大量富集，以磷肥减量 40%（P_2O_5 547 kg/hm²）为最低磷肥投入阈值，可得设施番茄的磷肥投入阈值为 [547，781]。

图 3-31 显示，2008—2013 年设施黄瓜经济产量与施磷量的拟合关系可用二次方程 $y=-0.000\ 3x^2+0.235x+122.66$（$R^2=0.364$）来描述，根据方程可计算黄瓜最高产量施磷量（$P_2O_5$）为 392 kg/hm²。黄瓜收获后土壤磷平衡与施磷量呈正相关关系，方程为 $y=0.975x-56.549$（$R^2=0.928$），可得

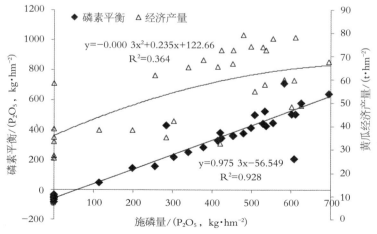

图 3-31 2008—2013 年设施黄瓜经济产量、磷素平衡与施磷量的关系

磷素收支平衡点为 58 kg/hm²。以最佳经济产量施磷量（P_2O_5，385 kg/hm²）为最高磷肥投入阈值，以磷肥减量 40%（P_2O_5，231 kg/hm²）为最低磷肥投入阈值，可得设施黄瓜的磷肥投入阈值为［231，385］。当施用磷肥（P_2O_5，化肥和有机肥之和）低于 58 kg/hm² 时，土壤会出现磷素缺乏，影响设施蔬菜产量，当施磷 P_2O_5 量高于 385 kg/hm² 时，土壤磷流失造成的环境污染风险加大。

二、小结

（一）设施蔬菜—土壤体系氮、磷平衡

氮素表观平衡结果表明，番茄和黄瓜季，施入氮肥和移栽前土壤残留 N_{min} 是氮素主要输入项，氮素输入量随着施氮量增加而增加。2010—2013 年番茄当季氮素表观矿化量变幅为 5.2~603.9 kg/hm²，2009—2013 年黄瓜季为－1 158.3~273.1 kg/hm²，年际变化较大。2010—2013 年番茄季灌水输入氮素为 13.2~34.9 kg/hm²，2010—2013 年黄瓜季为 6.7~29.4 kg/hm²。由于蔬菜地上部对氮素吸收累积非常低，大部分氮素发生土壤残留和各种途径的表观损失。

番茄—黄瓜轮作下，施入的氮肥、轮作前上茬残留 N_{min} 和土壤表观矿化氮素都是主要氮素输入项，不同轮作体系下氮素表观矿化量变幅为 270.8~438.5 kg/hm²，灌溉水带入氮素变幅为 22.8~72.9 kg/hm²。轮作体系下，氮素表观损失量随着施氮量的增加而增加。与常规施肥处理相比，减量优化化肥并在此基础上调节土壤 C/N 处理分别能降低 23.9%~33.8%和 18.2%~24.2%的氮素表观损失。因此，设施番茄—黄瓜轮作体系下，与常规施肥处理相比，减量优化化肥并在此基础上调节土壤 C/N 处理可减少土壤氮素的盈余，降低氮素发生表观损失的风险。

无论是番茄季还是黄瓜季，以及番茄—黄瓜轮作体系，除不施肥（CK）处理外，其他施肥处理的磷素都处于盈余状态，而且施用的磷肥总量远超

过蔬菜地上部对磷素的吸收累积量，随着磷肥施用量的增加，磷素盈余量也明显增加。

(二) 设施番茄—黄瓜轮作体系蔬菜氮、磷投入阈值与污染预警

设施番茄或黄瓜经济产量与施氮量、施磷量都呈二次曲线关系，氮、磷平衡与施氮量、施磷量都呈线性相关。0~100 cm 土层土壤 N_{min} 残留与施氮量也呈二次曲线关系。设施番茄的氮肥投入（有机肥和化肥之和）阈值为 [584，779]，其土壤氮素残留预警范围值为 [682，743]；设施黄瓜的氮肥投入阈值为 [695，926]，其土壤氮素残留预警范围为 [402，485]。综合考虑设施蔬菜经济产量和土壤磷素残留量，设施番茄和黄瓜的磷肥投入阈值分别为 [547，781] 和 [231，385]。

第四章　宁夏菜田面源污染
绿色防控技术及其应用

　　绿色农业是指将农业生产和环境保护协调起来，在促进农业发展、增加农户收入的同时保护环境、保证农产品的绿色无污染的农业发展类型。我国绿色食品产业发展已有二十几年，取得了丰硕的成果，事实证明，绿色食品的思想理念、管理方式和标准体系是符合我国国情、适合现代农业发展新形势的。

　　菜田面源污染绿色防控技术是基于宁夏主要优势特色蔬菜作物生长特点，结合宁夏蔬菜生产实际，在菜田面源污染氮、磷流失监测基础上，提出不同类型菜田面源污染绿色防控技术体系，实现控制菜田面源污染氮、磷流失，稳定蔬菜产量，改善蔬菜品质。本章节主要介绍不同类型菜田面源污染绿色防控技术集成研究、技术要点和应用效果。

第一节　露地菜田面源污染绿色防控技术集成研究

一、露地花椰菜—大白菜轮作体系氮、磷污染防控技术集成研究

（一）露地菜田有机无机配施技术

　　由表 4-1 可知，相对于 N0（不施任何氮肥）和 MN0（单施有机肥），有机、无机配施（MN1）和单施化肥（N1）处理都能提高露地花椰菜和

大白菜经济产量。不同肥力水平田块，MN1 处理下的花椰菜和大白菜经济产量分别在 30.4~39.9 t/hm² 和 133.6~156.4 t/hm²，平均产量分别为 34.8 t/hm² 和 145.5 t/hm²。相对于 MN0 处理和 N1 处理，MN1 处理分别可使花椰菜经济产量提高 30.2%和 14.6%，使大白菜增产 34.5%和 22.3%。相对于 N1 处理，MN1 处理也可促进露地蔬菜对氮素的吸收利用，花椰菜和大白菜的平均氮肥利用率分别提高了 1.6%和 4.4%。与 MN0 和 N1 处理相比，MN1 处理也可提高 0~100 cm 土体 N_{min} 的残留量，花椰菜和大白菜季平均残留量分别达 N 228.0 kg/hm² 和 209.0 kg/hm²，降低了氮素淋洗损失量，为下茬露地蔬菜提供了土壤残留氮素供应。但由于其较高的氮素投入量，造成花椰菜和大白菜季平均氨挥发量也分别高达 25.2 kg/hm² 和

表 4-1　不同肥力水平下露地花椰菜和大白菜产量、氮肥利用率、N_{min} 残留和氨挥发损失

处理	经济产量/(t·hm⁻²)				氮肥利用率			
	花椰菜	平均值	大白菜	平均值	花椰菜	平均值	大白菜	平均值
N0	10.5~25.9	19.9	39.7~101.2	84.5	—	—	—	—
MN0	20.9~34.2	26.7	70.3~144.8	108.2	—	—	—	—
MN1	30.4~39.9	34.8	133.6~156.4	145.5	25.0%~56.5%	36.2%	29.7%~58.5%	41.6%
N1	25.2~36.7	30.4	99.2~142.6	119.0	22.5%~41.8%	34.6%	17.6%~57.8%	37.1%

处理	0~100 cm 土层土壤 N_{min} 残留 /(kg·hm⁻²)				氨挥发			
	花椰菜	平均值	大白菜	平均值	花椰菜 /(kg·hm⁻²)	化肥贡献	大白菜 /(kg·hm⁻²)	化肥贡献
N0	63.0~382.7	141.3	53.0~215.3	162.1	5.2	—	11.1	—
MN0	79.8~475.8	163.0	69.7~216.0	165.2	10.3	—	14.0	—
MN1	106.7~542.0	228.0	136.6~265.3	209.0	25.2	74.1%	34.4	87.6%
N1	107.4~331.9	177.5	81.0~299.7	202.5	17.8	100%	26.9	100%

　　注：表中经济产量为不同肥力田块下 2011—2014 年不同年际露地花椰菜和大白菜的产量变幅，下同。

34.4 kg/hm²，而单 N1 处理下平均氨挥发量也达 17.8 kg/hm² 和 26.9 kg/hm²，有机、无机配施降低了化肥氮对氨挥发的贡献率。这表明，合理的有机、无机配施有利于露地花椰菜和大白菜的高产、稳产，同时提高了氮肥利用率，增加了土壤无机氮的残留量，并降低了化肥氮通过氨挥发损失的风险，具有很好的产量效应、环境效应和经济效益。

表 4-2 显示，相对于 P0（不施任何磷肥）和 MP0（单施有机肥），有机、无机磷肥配施（MP1）和单施化肥（P1）处理能提高露地花椰菜和大白菜的经济产量。相对于 P1 处理，不同肥力水平下 MP1 处理的花椰菜经济产量变幅为 34.7~44.6 t/hm²，平均经济产量达 39.1 t/hm²，大白菜经济产量变幅为 140.9~171.6 t/hm²，平均经济产量达 160.1 t/hm²，平均经济产量分别提高了 4.2% 和 14.7%；同时磷肥利用率分别增加了 10.3% 和 6.8%。相对于 MP0 和 P1 处理，MP1 处理对耕层土壤速效磷（Olsen-P）和溶解性磷（CaCl₂-P）含量提高帮助也比较明显，花椰菜和大白菜季 Olsen-P

表 4-2　不同肥力水平下露地花椰菜和大白菜产量、磷肥利用率和耕层土壤无机磷含量

处理	经济产量/（t·hm⁻²）				磷肥利用率			
	花椰菜	平均值	大白菜	平均值	花椰菜	平均值	大白菜	平均值
P0	29.0~39.2	34.3	110.0~132.6	117.8	—	—	—	—
MP0	28.1~37.8	34.9	76.6~134.4	119.4	—	—	—	—
MP1	34.7~44.6	39.1	140.9~171.6	160.1	8.2%~45.9%	21.9%	10.7%~46.5%	25.0%
P1	33.6~42.8	37.5	121.9~151.9	139.6	2.5%~38.1%	11.6%	11.7%~30.8%	18.2%

处理	土壤 Olsen-P（P）/（mg·kg⁻¹）				土壤 CaCl₂-P（P）/（mg·kg⁻¹）			
	花椰菜	平均值	大白菜	平均值	花椰菜	平均值	大白菜	平均值
P0	24.1~51.3	38.7	19.7~55.7	36.7	0.47~0.83	0.58	0.40~1.27	0.70
MP0	30.4~87.9	62.3	60.2~174.0	88.4	0.60~1.36	1.08	0.93~3.90	2.15
MP1	38.2~108.3	81.1	50.4~133.6	82.6	0.30~3.17	1.56	0.77~3.75	2.24
P1	43.1~63.6	52.7	33.0~76.8	48.2	0.40~1.00	0.70	0.43~1.23	0.81

平均含量分别达 81.1 mg/kg 和 82.6 mg/kg，$CaCl_2-P$ 平均含量分别为 1.56 mg/kg 和 2.24 mg/kg。值得注意的是，MP0 处理下土壤溶解性磷含量也高达 1.08 mg/kg 和 2.15 mg/kg，说明单施有机肥增加了土壤溶解性磷含量。由此可见，相对于单施有机肥或单施化肥，有机、无机磷肥配施也能提高露地花椰菜经济产量和磷肥利用率，同时提高了土壤速效磷含量，增加了土壤磷素的生物有效性，还可维持土壤溶解性磷含量在合理的控制范围，降低土壤无机磷的流失风险，其土壤生态环境和蔬菜经济效益明显提升。

（二）露地菜田减氮控磷技术

由表 4-3 可看出，随着有机、无机氮肥投入水平的增加，露地花椰菜和大白菜平均经济产量并不完全同步增加，而是总体呈现先增后减的趋势，在 MN0.75 和 MN1 处理之间，花椰菜平均经济产量可达 34.8~34.9 t/hm²，大白菜可达 145.5~146.6 t/hm²，而过量施用氮肥 MN2 处理的花椰菜和大白菜平均经济产量分别为 33.3 t/hm² 和 140.4 t/hm²，产量降幅分别在 4.6%~4.9% 和 3.7%~4.4%。在 MN0.75、MN1 和 MN2 处理下，花椰菜和大白菜的当季氮肥利用率分别为 22.9%~40.0% 和 27.3%~48.6%，随着化肥氮施用量的增加而降低。不同有机、无机施肥处理下，花椰菜和大白菜季的 0~100 cm 土体 N_{min} 残留量分别为 141.3~381.0 kg/hm² 和 162.1~398.6 kg/hm²，氨挥发损失量分别为 5.2~35.8 kg/hm² 和 11.1~70.6 kg/hm²，都是随着化肥氮施用量的增加而增加。相对于 MN1 处理，MN2 处理的 N_{min} 残留量和氨挥发损失量也几乎呈倍数增加。通过降低化肥氮的施用量，不仅可以保证较高的露地蔬菜经济产量，提高氮肥利用率，同时可降低土壤 N_{min} 大量残留和氨挥发损失，降低了土壤氮素损失的化肥贡献率。

由表 4-4 结果发现，随着施磷量的提高，露地花椰菜和大白菜平均经济产量也不完全同步增加，整体来说，花椰菜经济产量在 30 t/hm² 以上，而大白菜以 MP1 处理为最高，达 160.1 t/hm²。MP1 处理、MP2 处理和 MP4 处理下，花椰菜和大白菜当季平均磷肥利用率分别为 8.4%~21.9% 和

表 4-3　不同施肥处理下露地花椰菜和大白菜产量、氮肥利用率和施氮环境效应

处理	施氮量（N）/(kg·hm⁻²)				经济产量/(t·hm⁻²)				氮肥利用率			
	花椰菜	平均值	大白菜	平均值	花椰菜	平均值	大白菜	平均值	花椰菜	平均值	大白菜	平均值
N0	0	0	0	0	10.5~25.9	19.9	39.7~101.2	84.5	—	—	—	—
MN0	25~114	81	25~178	81	20.9~34.2	26.7	70.3~144.8	108.2	—	—	—	—
MN0.75	244~403	297	194~347	243	30.4~37.2	34.9	137.0~162.6	146.6	26.3%~61.0%	40.0%	35.5%~64.4%	48.6%
MN1	304~478	369	244~403	297	30.4~39.9	34.8	133.6~156.4	145.5	25.0%~56.5%	36.2%	29.7%~58.5%	41.6%
MN2	544~714	657	424~628	513	22.9~41.0	33.3	124.7~154.0	140.4	13.9%~30.8%	22.9%	22.3%~34.2%	27.3%

处理	施氮量（N）/(kg·hm⁻²)				0~100 cm 土层土壤 N_{min} 残留/(kg·hm⁻²)				氨挥发（N）/(kg·hm⁻²)			
	花椰菜	平均值	大白菜	平均值	花椰菜	平均值	大白菜	平均值	花椰菜	化肥贡献	大白菜	化肥贡献
N0	0	0	0	0	63.0~382.7	141.3	53.0~215.3	162.1	5.2	—	11.1	—
MN0	25~114	81	25~178	81	79.8~475.8	163.0	69.7~216.0	165.2	10.3	—	14.0	—
MN0.75	244~403	297	194~347	243	83.6~497.9	203.1	115.5~266.5	190.0	18.8	62.0%	31.1	85.5%
MN1	304~478	369	244~403	297	106.7~542.0	228.0	136.6~265.3	209.0	25.2	74.1%	34.4	87.6%
MN2	544~714	657	424~628	513	130.5~580.6	381.0	223.9~563.7	398.6	35.8	83.1%	70.6	95.1%

表4-4 不同施肥处理下露地花椰菜和大白菜产量、磷肥利用率和土壤无机磷残留

处理	施磷量 (P_2O_5) /(kg·hm⁻²)				经济产量 /(t·hm⁻²)				磷肥利用率			
	花椰菜	平均值	大白菜	平均值	花椰菜	平均值	大白菜	平均值	花椰菜	平均值	大白菜	平均值
P0	0	0	0	0	29.0~39.2	34.3	110.0~132.6	117.8	—	—	—	—
MP0	21~230	86	28~230	99	28.1~37.8	34.9	76.6~134.4	119.4	—	—	—	—
MP1	96~440	186	128~320	189	34.7~44.6	39.1	140.9~171.6	160.1	8.2%~45.9%	21.9%	10.7%~46.5%	25.0%
MP2	171~440	286	218~410	279	34.9~43.1	39.9	136.3~162.1	154.2	6.0%~15.2%	10.1%	7.8%~25.2%	15.4%
MP4	321~650	486	398~590	459	35.4~48.8	39.8	129.4~168.7	149.4	3.6%~20.2%	8.4%	3.0%~14.1%	7.6%

处理	施磷量 (P_2O_5) /(kg·hm⁻²)				土壤 Olsen-P (P) /(mg·kg⁻¹)				土壤 $CaCl_2$-P (P) /(mg·kg⁻¹)			
	花椰菜	平均值	大白菜	平均值	花椰菜	平均值	大白菜	平均值	花椰菜	化肥贡献	大白菜	化肥贡献
P0	0	0	0	0	24.1~51.3	38.7	19.7~55.7	36.7	0.47~0.83	0.58%	0.40~1.27	0.70%
MP0	21~230	86	28~230	99	30.4~87.9	62.3	60.2~174.0	88.4	0.60~1.36	1.08%	0.93~3.90	2.15%
MP1	96~440	186	128~320	189	38.2~108.3	81.1	50.4~133.6	82.6	0.30~3.17	1.56%	0.77~3.75	2.24%
MP2	171~440	286	218~410	279	60.4~132.6	93.6	0.63~3.77	116.3	72.1~191.7	1.72%	1.10~5.40	3.08%
MP4	321~650	486	398~590	459	48.0~163.2	106.5	0.73~3.65	147.8	79.7~238.8	2.42%	2.20~8.07	4.58%

7.6%~25.0%，随着施磷量增加而明显降低。说明，过量增施磷肥只能造成土壤磷素的累积，而对露地蔬菜增产和磷素吸收利用都没有任何促进作用。不同有机、无机磷配施处理下，花椰菜季耕层土壤速效磷（Olsen-P）和水溶性磷（CaCl$_2$-P）平均含量分别为 38.7~106.5 mg/kg 和 0.58~2.42 mg/kg，大白菜季分别为 36.7~147.8 mg/kg 和 0.70~4.58 mg/kg，随着施磷水平的提高，土壤速效磷和溶解性磷含量大幅增加。因此，合理地降低化肥磷的用量，不仅能维持露地蔬菜高产稳产，提高磷素的吸收利用，而且降低了土壤无机磷的残留量，从而降低了土壤磷素的流失风险。

综合集成了露地蔬菜的有机无机配施和减氮控磷施肥技术，在银川市兴庆区（n=20）和永宁县（n=10）分别建立了试验示范基地，示范后经济效益分析结果如表 4-5 所示。结果表明，与农民习惯施肥相比，综合技术

表 4-5　露地花椰菜和大白菜有机无机配施和氮、磷化肥减量示范经济效益分析

示范点	处理	化肥总用量/(kg·hm^{-2})	施肥成本/(元·hm^{-2})	花椰菜平均产量/(t·hm^{-2})	节肥	增产	节本增效/(万元·hm^{-2})
兴庆区(n=20)	习惯施肥	1 576	8 637	33.9	—	—	—
	有机、无机配施+氮、磷化肥减量	1 217	7 874	39.5	22.8%	16.5%	0.63

示范点	处理	化肥总用量/(kg·hm^{-2})	施肥成本/(元·hm^{-2})	大白菜平均产量/(t·hm^{-2})	节肥	增产	节本增效/(万元·hm^{-2})
兴庆区(n=20)	习惯施肥	1 754	8 954	125.3	—	—	—
	有机、无机配施+氮、磷化肥减量	1 200	7 783	136.6	31.6%	9.0%	0.91
永宁县(n=10)	习惯施肥	1 860	9 120	121.4	—	—	—
	有机、无机配施+氮、磷化肥减量	1 200	7 783	130.9	35.5%	7.8%	0.80

注：化肥总量为尿素、重过磷酸钙和硫酸钾用量之和，其中尿素 78 元/袋（40 kg），重过磷酸钙 125 元/袋（50 kg），硫酸钾 155 元/袋（50 kg），有机肥为商品烘干鸡粪，统一用量为 6 000 kg/hm²，单价为 800 元/t；露地花椰菜平均单价 1.0 元/kg，露地秋茬大白菜平均单价 0.7 元/kg。

示范后，兴庆区露地花椰菜平均产量可达 39.5 t/hm²，产量提高了 16.5%，同时节约化肥用量 22.8%，节本增效 0.63 万元/hm²。银川市兴庆区和永宁县露地大白菜平均分别增产 9.0% 和 7.8%，分别节约了 31.6% 和 35.5% 的化肥用量，实现节本增效分别达 0.91 万元/hm² 和 0.80 万元/hm²。由此可见，露地花椰菜—大白菜轮作体系，平均累计节本增效 1.54 万元/hm²，平均每茬节本增效 0.77 万元/hm²。

第二节　设施菜田面源污染绿色防控技术集成研究

一、设施蔬菜番茄—黄瓜轮作面源污染绿色防控技术集成研究

（一）基于土壤 C/N 调节的外源碳输入技术

由表 4-6 可以看出，设施番茄和黄瓜经济产量、当季蔬菜的氮、磷肥利用率和蔬菜生育期间氮、磷淋失量的年际差异较大。总的来说，M 处理下番茄（71.8 t/hm²）和黄瓜（43.7 t/hm²）平均经济产量明显低于其他施肥处理，而通过外源碳输入配施化肥的产量效果最好。番茄季，相对于 CON 处理，CON+C/N 处理和 OPT+C/N 处理分别提高了 2.8% 和 2.1% 的经济产量，尤其是 OPT 处理的化肥用量还减少了 20%~40%，其增产效果最佳；而在黄瓜季，相对于 CON 处理，CON+C/N 处理仅提高了 0.3% 的经济产量，相对之下，OPT+C/N 处理的产量基本维持在相等的水平，但可使化肥减量 30% 以上。

在 CON 处理的基础上，调节土壤 C/N 处理对降低氮、磷淋失并没有太大意义，而通过减量优化化肥和外源碳输入的综合措施对控制氮、磷淋失效果明显。在番茄季，OPT+C/N 处理相对于 CON 处理和 CON+C/N 处理，分别使总氮（TN）淋失降低了 16.8% 和 20.9%，使总磷（TP）淋失降低了 40.7% 和 48.1%。在黄瓜季，OPT+C/N 处理相对于 CON 处理和 CON+C/N 处理，分别使总氮淋失降低了 22.4% 和 21.0%，而对总磷淋失

表 4-6　2008—2013 年番茄和黄瓜经济（果实）产量、氮、磷淋失和肥料利用率分析

处理	经济产量/ (t·hm⁻²)	平均值/ (t·hm⁻²)	TN 淋失量/ (kg·hm⁻²)	平均值/ (kg·hm⁻²)	TP 淋失量/ (kg·hm⁻²)	平均值/ (kg·hm⁻²)	氮肥利用率	平均值	磷肥利用率	平均值
2008—2013 年番茄										
M	31.9~131.6	71.8	14.6~46.7	34.3	0.10~0.64	0.29	5.5%~26.1%	7.3%	1.6%~9.5%	1.6%
CON	58.5~132.6	96.1	34.9~112.2	74.4	0.09~0.66	0.38	1.8%~11.8%	3.4%	0.6%~5.2%	0.8%
CON+C/N	58.0~139.1	98.8	39.9~109.4	77.0	0.06~0.78	0.40	3.1%~10.5%	3.1%	0.6%~6.2%	0.6%
OPT+C/N	61.3~139.8	98.1	44.9~98.0	63.7	0.06~0.48	0.27	3.9%~12.4%	3.9%	1.6%~7.7%	1.6%
2008—2013 年黄瓜										
M	32.8~61.8	43.7	23.7~122.1	75.0	0.36~0.98	0.73	2.8%~64.2%	19.5%	1.0%~18.7%	5.6%
CON	50.0~77.7	67.0	80.9~194.4	126.7	0.40~0.86	0.71	2.2%~12.7%	8.0%	1.7%~9.0%	4.5%
CON+C/N	47.9~78.3	67.2	75.0~191.8	125.2	0.45~0.92	0.74	2.9%~9.7%	6.7%	2.2%~7.2%	4.0%
OPT+C/N	49.4~72.7	66.2	48.9~164.5	103.5	0.46~0.95	0.72	2.7%~13.5%	9.0%	2.4%~10.2%	5.5%

注：表中经济产量为 2008—2014 年不同年际间设施番茄和黄瓜的果实产量变幅，下同。

控制不明显。

不同施肥处理下，番茄当季氮、磷肥平均利用率分别为 3.1%~7.3% 和 0.6%~1.6%，黄瓜分别为 6.7%~19.5% 和 4.0%~5.6%。相对于 CON 处理和 CON+C/N 处理，通过减量优化化肥和外源碳输入的综合处理措施（OPT+C/N）能或多或少地提高氮、磷肥的利用率。

因此，在冬春茬番茄季，通过施用高 C/N 的牛粪或秸秆对土壤硝态氮有很好的生物固定作用，外源碳施入有利于氮素的生物固定。而在秋冬茬黄瓜季，由于其生育期气温较高，加上适宜的土壤水分条件等，施用高 C/N 牛粪或秸秆调节土壤 C/N 会激发土壤氮素矿化，当季土壤增碳难以起到生物固定氮素的目的，反而会造成土壤矿化加剧，增加土壤氮素淋失风险。

由图 4-1 可知，尽管基础土壤初始有机质（30.1 g/kg）和全氮（2.24 g/kg）含量都较高，但其土壤 C/N 仅为 7.21，低于 2013 年冬春茬番茄和秋冬茬黄瓜季的 8.72~9.29 和 7.62~8.66（CK 处理除外）。这说明，无论单施有机肥还是有机、无机配施的外源碳输入措施，均能够很好地调节土壤 C/N，

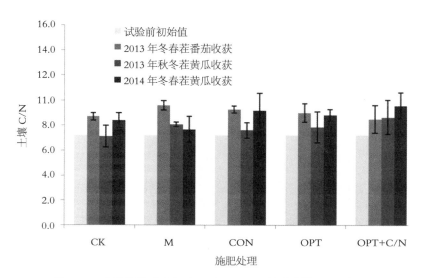

图 4-1　不同外源碳施肥处理下 0~20 cm 耕层土壤 C/N 变化

实现了土壤碳、氮协调。

如表 4-7 所示，为在贺兰县和兴庆区建立核心试验示范基地，以农民习惯施肥作为对照，综合示范应用化肥减量施用和调节土壤 C/N 技术（玉米秸秆还田等），分析了设施番茄和黄瓜经济效益情况。可以看出，相对于农民习惯施肥，示范应用该技术后，贺兰县 20 个示范点设施番茄和黄瓜分别可增产 3.8% 和 4.6%，化肥用量分别减少 35.7% 和 30.1%，直接节本增效分别为 1.75 万元/hm² 和 1.26 万元/hm²，兴庆区 35 个示范点设施番茄和黄瓜分别可增产 5.9% 和 7.2%，化肥用量分别减少 41.0% 和 35.0%，直接节本增效分别达 2.26 万元/hm² 和 1.58 万元/hm²。

以上分析结果表明，在化肥用量减施的基础上，再施用高 C/N 秸秆

表 4-7　土壤 C/N 调节技术和减量施肥应用对设施番茄和黄瓜经济效益的影响

示范点	处理	化肥总用量/(kg·hm⁻²)	番茄平均产量/(t·hm⁻²)	节肥	增产	节本增效/(万元·hm⁻²)
贺兰县(n=20)	习惯施肥	5 680	121.1	—	—	—
	氮、磷化肥减量+土壤 C/N 调控	3 650	125.7	35.7%	3.8%	1.75
兴庆区(n=35)	习惯施肥	5 880	122.6	—	—	—
	氮、磷化肥减量+土壤 C/N 调控	3 470	129.8	41.0%	5.9%	2.26
示范点	处理	化肥总用量/(kg·hm⁻²)	黄瓜平均产量/(t·hm⁻²)	节肥	增产	节本增效/(万元·hm⁻²)
贺兰县(n=20)	习惯施肥	3 890	71.2	—	—	—
	氮、磷化肥减量+土壤 C/N 调控	2 720	74.5	30.1%	4.6%	1.26
兴庆区(n=35)	习惯施肥	4 089	73.3	—	—	—
	氮、磷化肥减量+土壤 C/N 调控	2 657	78.6	35.0%	7.2%	1.58

注：化肥总量为尿素、重过磷酸钙和硫酸钾用量之和，其中尿素 78 元/袋（40 kg），重过磷酸钙 125 元/袋（50 kg），硫酸钾 155 元/袋（50 kg），设施番茄平均单价 2.0 元/kg，设施黄瓜平均单价 1.6 元/kg。

或牛粪有利于维持设施蔬菜的高产、稳产，促进蔬菜对氮、磷养分的吸收利用，提高氮、磷肥的利用率。外源碳的输入技术对土壤氮、磷也有明显的生物固定作用，从而阻控土壤残留氮、磷淋失，尤其是对氮素淋失阻控效果明显，达到了"以碳固氮、以碳调氮、碳氮协调"的土壤 C/N 调节目标。同时调节土壤 C/N 技术和减量施肥综合示范应用，可使设施番茄和黄瓜的化肥总用量降低 30%~40%，每年每亩可累计节本增效 2 000~2 500 元。该项技术的应用，对设施蔬菜的产量效益、环境效益和经济效益提高明显。

（二）设施蔬菜化肥氮、磷化肥减量施用技术

1. 设施番茄—黄瓜轮作体系施肥与土壤氮、磷残留关系

施肥及灌水因素影响 0~100 cm 土层土壤硝态氮总累积大小。图 4-2 是 2009—2013 年不同蔬菜季累积施氮量与 0~100 cm 土体硝态氮总累积量的相关关系，可以看出，随着累积施氮量的增加，0~100 cm 土体内累积的硝态氮残留总量也不断增加，其相关系数 R^2 达 0.721，二者呈显著正相关关系。因此，降低各茬蔬菜的氮肥施用量有利于降低土体硝态氮的累积残留，从而降低硝态氮向 100 cm 以下深层土壤淋洗的风险。

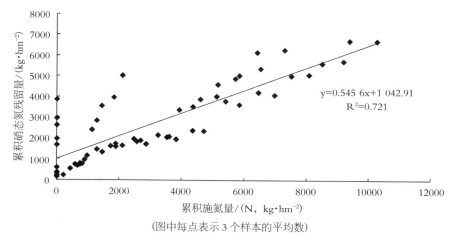

$$y=0.545\ 6x+1\ 042.91$$
$$R^2=0.721$$

（图中每点表示 3 个样本的平均数）

图 4-2　2009—2013 年番茄—黄瓜轮作体系 0~100 cm 土层土壤累积硝态氮残留量
与累积施氮量关系

由图 4-3（a，b）可知，2008—2013 年番茄和黄瓜收获后，CK 处理、CON 处理和 OPT 处理下土壤 Olsen-P 含量与施磷量（P）之间的拟合关系。土壤 Olsen-P 含量与施磷量都服从二次曲线关系，番茄和黄瓜季的相关方程分别为 $y=-0.000\ 7x^2+0.447x+131.2$（$R^2=0.495$）和 $y=-0.001\ 9x^2+$

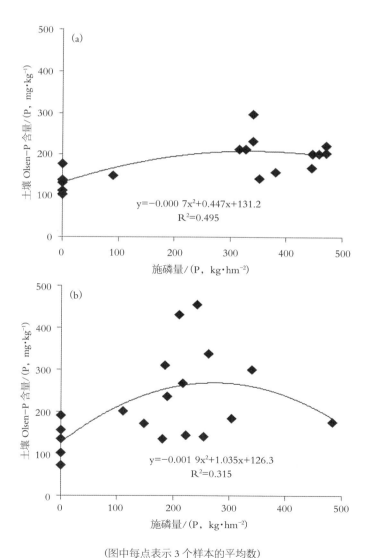

（图中每点表示 3 个样本的平均数）

图 4-3　2008—2013 年设施番茄（a）和黄瓜（b）收获后 0~20 cm 土层土壤 Olsen-P 含量与施磷量关系

1.035x+126.3（R²=0.315），分别可得最高土壤 Olsen-P 含量的施磷量（有机肥和化肥之和）分别为 P 319 kg/hm² 和 272 kg/hm²，折合 P₂O₅ 分别为 731 kg/hm² 和 624 kg/hm²，这与设施蔬菜磷肥投入阈值上限非常接近（设施番茄和黄瓜的磷肥投入阈值分别为 [79，795] 和 [58，392]）。这表明，磷肥在中高用量时，施入土壤会提高土壤速效磷（Olsen-P）含量，过量增施磷肥后反而会降低土壤速效磷的有效性。

2. 设施番茄和黄瓜化肥氮、磷减量化依据

农民习惯过量施用氮、磷肥造成土壤氮、磷富集已成事实，如何通过化肥减量来降低土壤氮、磷残留，以保证设施蔬菜经济产量，提高氮、磷肥利用率，从而降低土壤氮、磷淋失风险成为主要目标。以不施肥（CK）为对照，总结了农民习惯（CON）和减量施肥（OPT）处理下2008—2013 年设施番茄和黄瓜经济产量和肥料利用率（表 4-8），可以看出，相对于 CON 处理，2008—2014 年番茄 OPT 处理下氮肥（N）平均减量 33.1%，磷肥（P₂O₅）平均减量 32.2%，但其不同年际经济产量可达58.8~130.0 t/hm²（平均为 94.1 t/hm²），基本与 CON 处理的 58.5~132.6 t/hm²（平均为 96.1 t/hm²）持平，但节约的化肥用量十分可观，如果再加上钾肥的优化减量，经济效益更加可观。同时，氮、磷肥平均利用率分别可提高2.4%和 1.5%。而相对于 CON 处理，2008—2013 年黄瓜 OPT 处理下氮肥（N）平均减量 22.1%，磷肥（P₂O₅）平均减量 22.6%，其平均经济产量为65.9 t/hm²，与 CON 处理下 67.0 t/hm² 的经济产量基本相当，经济效益极佳，氮、磷肥平均利用率也可分别提高 1.3%和 0.7%。

从环境效应角度考虑（表 4-9），2008—2013 年设施番茄和黄瓜季优化减量施用化肥后，土壤氮素淋失也降低，番茄和黄瓜季，OPT 相对于CON 处理分别可降低总氮淋失 9.7%和 13.3%，但对磷素淋失的降低效果并不明显。

由表 4-10 可知，氮、磷化肥减量的单项技术也能提高设施番茄和黄

表4-8　农民习惯和减量施肥处理下2008—2013年番茄和黄瓜经济产量和肥料利用率

处理	N用量/(kg·hm⁻²)	P_2O_5用量/(kg·hm⁻²)	N平均用量/(kg·hm⁻²)	P_2O_5平均用量/(kg·hm⁻²)	经济产量/(t·hm⁻²)	平均经济产量/(t·hm⁻²)	氮肥利用率	平均值	磷肥利用率	平均值
2008—2014年番茄										
CK	0	0	0	0	31.6~128.0	65.7	—	—	—	—
CON	909~1 078	808~1 079	1 039	1 011	58.5~132.6	96.1	1.8%~11.8%	6.2%	2.2%~12.7%	3.0%
OPT	621~928	208~873	695	686	58.8~130.0	94.1	3.2%~12.7%	8.6%	6.8%~13.7%	4.5%
2008—2014年黄瓜										
CK	0	0	0	0	26.4~58.6	37.9	—	—	—	—
CON	676~1 038	415~1 109	850	656	50.0~77.7	67.0	0.6%~5.2%	8.0%	1.7%~9.0%	4.5%
OPT	526~813	339~694	662	508	48.5~79.3	65.9	0.9%~7.8%	9.3%	2.9%~11.0%	5.2%

表 4-9　农民习惯和减量施肥处理下 2008—2014 年番茄和黄瓜种植下氮、磷淋失量

处理	N 用量/ (kg·hm⁻²)	P₂O₅ 用量/(kg· hm⁻²)	N 平均用量/(kg· hm⁻²)	P₂O₅ 平均用量/(kg· hm⁻²)	TN 淋失量/(kg· hm⁻²)	平均值/ (kg·hm⁻²)	TP 淋失/(kg·hm⁻²)	平均值/ (kg·hm⁻²)
					N 用量/ (kg·hm⁻²)			
2008—2013 年番茄								
CK	0	0	0	0	11.1~35.7	20.5	0.06~0.30	0.16
CON	909~1 078	808~1 079	1 039	1 011	34.9~112.2	74.4	0.09~0.66	0.38
OPT	621~928	208~873	695	686	28.4~99.3	67.2	0.11~0.64	0.36
2008—2013 年黄瓜								
CK	0	0	0	0	20.7~80.2	50.6	0.08~0.62	0.36
CON	676~1 038	415~1 109	850	656	80.9~194.4	126.7	0.40~0.84	0.71
OPT	526~813	339~694	662	508	54.6~177.6	109.8	0.47~1.25	0.85

表 4-10　氮、磷化肥减量施用对设施番茄和黄瓜经济效益的影响

示范点	处理	化肥总用量/ (kg·hm⁻²)	番茄平均产量/(t·hm⁻²)	节肥	增产	节本增效/ (万元·hm⁻²)
贺兰县 (n=20)	习惯施肥	5 680	121.1	—	—	—
	氮、磷化肥减量	3 650	123.7	35.7%	2.1%	1.21
兴庆区 (n=35)	习惯施肥	5 880	122.6	—	—	—
	氮、磷化肥减量	3 470	126.8	41.0%	3.4%	1.56
示范点	处理	化肥总用量/ (kg·hm⁻²)	黄瓜平均产量/(t·hm⁻²)	节肥	增产	节本增效/ (万元·hm⁻²)
贺兰县 (n=20)	习惯施肥	3 890	71.2	—	—	—
	氮、磷化肥减量	2 720	72.9	30.1%	2.4%	0.84
兴庆区 (n=35)	习惯施肥	4 089	73.3	—	—	—
	氮、磷化肥减量	2 657	76.8	35.0%	4.8%	1.25

　　注：化肥总量为尿素、重过磷酸钙和硫酸钾用量之和，其中尿素 78 元/袋（40 kg），重过磷酸钙 125 元/袋（50 kg），硫酸钾 155 元/袋（50 kg）；番茄氮、磷肥减量处理相对于农民习惯分别降低了 40% 和 50% 的氮肥和磷肥用量，黄瓜氮肥和磷肥分别减量 30% 和 40%；设施番茄平均单价 2.0 元/kg，设施黄瓜平均单价 1.6 元/kg。

瓜的产量。相对于农民习惯施肥处理，氮、磷化肥减量可使贺兰县（n=20）和兴庆区（n=35）设施番茄分别增产 2.1% 和 3.4%，黄瓜增产 2.4% 和 4.8%，同样节约化肥用量的情况下，其产量效益低于氮、磷化肥减量+土壤 C/N 调节技术（设施番茄、黄瓜分别增产 3.8%~5.9% 和 4.6%~7.2%）。贺兰县设施番茄减量施肥可节本增效 1.21 万元/hm²，设施黄瓜节本增效 0.84 万元/hm²，设施黄瓜—番茄轮作下每年累计节本增效 2.05 万元/hm²；兴庆区设施番茄减量施肥可节本增效 1.56 万元/hm²，设施黄瓜节本增效 1.25 万元/hm²，设施黄瓜-番茄轮作下每年累计节本增效 2.81 万元/hm²。

以上分析表明，设施番茄和黄瓜季化肥氮、磷进行优化减量，番茄氮、磷化肥减量 35%~40%，黄瓜氮、磷化肥减量 30%~35%，不仅可以保证设施蔬菜的经济产量，提高肥料利用率，达到节本增效的目的，还可降低土壤氮素淋失风险。相对于农民习惯施肥，氮、磷减量 30%~40% 是比较合适的范围，而且氮、磷施用量也要参考设施番茄和黄瓜的氮、磷肥投入阈值，设施番茄和黄瓜的氮肥投入（有机肥和化肥之和）阈值分别为 [168，794] 和 [275，7 963]，磷肥投入阈值分别为 [79，795] 和 [58，392]。

3. 夏休闲期种植填闲作物的氮、磷淋失阻控技术

针对设施菜田夏休闲期大水漫灌洗盐，造成土壤氮、磷淋失加剧的现状，通过种植填闲作物，能够对 0~20 cm 耕层土壤残留硝态氮进行生物固定，同时阻控了 40~120 cm 土层土壤硝态氮向深层土壤淋洗，从而达到土壤氮、磷的生物固定和减缓土壤氮素淋失的目的。在夏休闲期，选择种植甜玉米、饲料玉米等填闲作物，与休闲裸地进行对比，以研究填闲作物对土壤氮、磷生物固定效应，以及填闲作物直接还田对土壤培肥效应和对下一茬蔬菜产量、品质的影响，综合提出设施菜田填闲作物种植技术。

4. 设施菜田周年浅层地下水埋深调控技术

针对宁夏灌区浅层地下水位周年变化大，影响设施菜田土壤氮素淋溶

的问题，采用田间原位管式装置方法，监测设施菜田土壤浅层地下水周年变化，揭示设施番茄—黄瓜轮作体系周年浅层地下水动态变化规律，采用田间淋溶液原位管式装置方法，监测设施菜田氮、磷流失量，两者相结合分析、评价设施菜田周年浅层地下水位与氮、磷淋溶损失的关系，提出设施菜田周年浅层地下水位调控技术，达到控制设施菜田氮、磷流失的目的。在黄瓜生育期的 8 月上中旬、9 月上旬，应尽可能避免施肥和灌水，减少浅层地下水对淋溶水产生的干扰。在秋冬茬黄瓜生育期，浅层地下水位易受农田灌溉等因素的影响，黄瓜的追肥和灌水应避开 8 月上中旬、9 月上旬，浅层地下水埋深可能会在 100 cm 以上的这些时间段，当控制其浅层地下水位在 100 cm 以下时，才可进行追肥、灌水。

第三节　露地菜田面源污染绿色防控技术规程

一、露地春茬花椰菜施肥技术规程

（一）编制背景

本研究结合宁夏灌区菜田蔬菜轮作实际，针对引黄灌区露地蔬菜施肥量高、肥料利用率低，造成土壤和地下水体污染严重的现状，对国内外大量相关文献资料进行调研、分析，依据自治区内外有关花椰菜的相关标准，以及宁夏引黄灌区露地春茬花椰菜目标产量，布置不同有机、无机配施的多年田间定位肥效试验，获得了第一手的试验数据，通过对有机肥及氮、磷化肥施肥量、花椰菜经济产量、土壤无机氮残留（N_{min}）、氮、磷平衡等的拟合曲线进行分析，提出了基于露地春茬花椰菜增产、稳产和环境风险降低双赢目标的氮、磷肥投入阈值，即露地花椰菜的合理施肥范围（见第二章第一节）；露地春茬花椰菜基肥和追肥的施肥运筹方式在农民习惯施肥方法（50%的氮肥和全部磷、钾肥作基肥，50%的氮肥分 1~2 次追施）的基础上进行优化，调整为 40%的氮肥和全部磷、钾肥作为基肥，

60%的氮肥在露地春茬花椰菜关键生育时期分 3 次追施。经过多年田间试验研究与示范，提出了露地蔬菜增产和环境污染降低双赢的施肥技术，制定了引黄灌区露地春茬花椰菜施肥技术规程。该技术实施后露地花椰菜亩产量达到 3 000 kg，与农民习惯施肥相比（产量 2 600 kg），增产率为 15.0%以上，保证了露地春茬花椰菜的高产稳产，又能使 0~100 cm 土体的氮、磷残留量控制在较低区间（见第二章第一节），每亩节约 30%左右的化肥用量，每亩节本增效达 300~500 元，实现节本增效、提高肥料利用率和有效控制氮、磷流失和改善了露地菜田生态环境的目的。

通过建立引黄灌区露地春茬花椰菜施肥技术规程，规范花椰菜在露地春茬栽培过程中的基肥、追肥管理策略和灌水制度，实现露地花椰菜的规范化生产。该标准适用于与引黄灌区相同自然条件的露地春茬花椰菜种植，应用范围广。

露地春茬花椰菜施肥技术规程（DB 64/T 1122—2015）已在 2015 年宁夏地方标准颁布实施。

（二）露地春茬花椰菜施肥技术规程

1. 范围

本标准适用于宁夏引黄灌区及相似产地环境露地春茬栽培花椰菜生产。

2. 规范性引用文件

下列文件对于本文件的应用是必不可少的。凡是注日期的引用文件，仅所注日期的版本适用于本文件。凡是不注日期的引用文件，其最新版本（包括所有的修改版）适用于本文件。

NY/T 1276-2007　农药安全使用规范总则

GB 5084-2021　农田灌溉水质标准

GB/T 8321.1-2000　农药合理使用准则（一）

GB/T 8321.2-2000　农药合理使用准则（二）

GB/T 8321.3-2000　农药合理使用准则（三）

GB/T 8321.4—2006 农药合理使用准则（四）

GB/T 8321.5—2006 农药合理使用准则（五）

GB/T 8321.6—2000 农药合理使用准则（六）

GB/T 8321.7—2002 农药合理使用准则（七）

GB/T 8321.8—2007 农药合理使用准则（八）

GB/T 8321.9—2009 农药合理使用准则（九）

GB 16715.4—2010 瓜菜作物种子 第4部分：甘蓝类

NY/T 496—2010 肥料合理使用准则 通则

NY/T 962—2006 花椰菜

NY 5010—2002 无公害食品 蔬菜产地环境条件

3. 产地环境条件

本标准适用于无霜期在 150 d，年均气温 8~9℃，大于或等于 10℃ 有效积温 3 000℃左右的宁夏引黄灌区露地春茬花椰菜栽培。产地环境条件应符合 NY 5010—2002 的规定，灌溉水水质应符合 GB 5084—2021 的规定。

4. 品种选择

选择适宜春季栽培的耐寒、较耐热、株形紧凑、花球紧实、抗病性强的中早熟品种，移栽到成熟生育期 60 d 左右，如春秀、欧罗等。花椰菜种子质量应符合 GB 16715.4—2010 的规定。

5. 生产技术措施

（1）施基肥：选择灌排系统完善，地下水埋深低，土层深厚、土壤肥沃的田块进行种植。栽培地前一年进行耕翻冬灌一次。移栽前施用基肥，施肥总体原则与运筹方式：基肥采用"有机、无机配施"的原则，有机肥和磷、钾肥全部基施，氮肥总量控制，分次施用。亩基施有机肥 1 000~2 000 kg，40%的氮肥和全部磷、钾肥作基肥，施肥方法为撒施。在春茬花椰菜亩产量大于或等于 3 000 kg 的条件下，亩基施尿素（N 46%）为 10~

12 kg，磷酸二铵（N 18%，P_2O_5 46%）为 15~30 kg，硫酸钾（K_2O 50%）为 10~15 kg。基施肥后进行机械耕翻和耙糖，准备起垄。

（2）移栽定植：施基肥翻耕后进行田间起垄，垄宽 130 cm，高 30 cm，垄间距 50 cm。垄上覆膜，膜宽 160 cm 左右。然后移栽定植，每穴保苗 1 株，定植密度 2 500 株/667 m² 左右，株距 50 cm，行距 60 cm。

（3）田间水肥管理

① 追肥：60%的氮肥做追肥，分三次追施，每次亩追施氮肥（尿素）用量为 9~12 kg，分别在花椰菜移栽后 15 d（20%）、花球形成前（20%）和现球期（20%）进行，垄沟撒施后立即灌水。

② 灌水：引黄河水进行灌溉，露地春茬花椰菜全生育期灌水 4~5 次，亩灌溉量不超过 350 m³。根据蔬菜生育期水分需求和土壤含水量确定灌水量定额，灌溉制度安排见表 4-11。

表 4-11　露地春茬花椰菜灌水制度（膜下畦灌）

灌水次数	灌水时间	生育时期	灌水定额/(m³·667 m⁻²)
1	5 月 5 日前后	移栽定植	60~75
2	5 月 20 日左右	苗期	50~65
3	5 月 31 日左右	花球形成前	50~65
4	6 月 10 日左右	现球期	60~75
5	6 月 25 日左右	成熟期	50~65

6. 其他管理

花椰菜生育期间，病虫害防治的农药使用按照 GB 4285 和 GB/T 8321.1—2000~GB/T 8321.9—2009 执行。当花椰菜花球紧实，开始分批采收上市，商品等级按 NY/T 962—2006 规定执行。

二、露地秋茬大白菜施肥技术规程

（一）编制背景

秋茬大白菜是引黄灌区重要的越冬储备蔬菜，作为露地蔬菜的主栽品种，其施肥管理技术依然粗放，存在"大肥大水"、过量施肥、施肥结构不合理等问题，造成肥料资源大量浪费、大白菜产量低、经济效益不高和氮、磷环境污染等问题。本研究团队查阅国内外大量相关文献资料并进行调研分析，查询了自治区内外有关大白菜的相关标准，依据宁夏引黄灌区露地秋茬大白菜目标产量，通过不同有机无机配施的多年田间定位施肥试验，获得了第一手的试验数据，通过对氮、磷施肥量（有机肥和化肥）、大白菜经济产量、土壤无机氮残留（N_{min}）、氮、磷平衡的拟合曲线关系进行分析，提出了基于露地秋茬大白菜增产、稳产和环境风险降低的双赢目标的氮、磷肥投入阈值，即露地秋茬大白菜的合理施肥范围（见第二章第一节）。露地秋茬大白菜基肥和追肥的施肥运筹方式在农民习惯施肥方法（50%的氮肥和全部磷、钾肥作基肥，50%的氮肥1次追施）的基础上进行优化，调整为30%的氮肥和全部磷、钾肥作为基肥，70%的氮肥在露地秋茬大白菜关键生育时期分3次追施。经过多年田间试验研究与示范，提出了露地蔬菜增产和环境污染降低双赢的施肥技术，制定了引黄灌区露地秋茬大白菜施肥技术规程。该技术实施后露地大白菜亩产量达到10 000 kg，与农民习惯施肥相比（产量8 000 kg），增产率为25.0%以上，保证了露地春茬花椰菜的高产、稳产，同时，可充分挖掘土壤养分资源潜力，最大限度地降低菜田土壤硝态氮残留，亩节约35%左右的化肥用量，亩节本增效达300~600元（见第二章第一节），实现节本增效、提高肥料利用率和有效控制氮、磷流失和改善了露地菜田生态环境的目的。

本技术规程是经多年田间试验研究与示范结果总结而来，规范了大白菜在露地秋茬栽培过程中的基肥、追肥管理策略和灌水制度，将蔬菜经济产量和产地环境保护有机地结合在一起，具有一定先进性、成熟性和区域特色性；该标准适用于与引黄灌区相同自然条件和露地大白菜种植的产地环境条件，可应用于春小麦复种大白菜或秋茬露地蔬菜栽培，其应用范围广。

露地秋茬大白菜施肥技术规程（DB 64/T 1121—2015）已在 2015 年宁夏地方标准颁布实施。

（二）露地秋茬大白菜施肥技术规程

1. 范围

本标准适用于宁夏引黄灌区及相似产地环境露地秋茬栽培大白菜生产。

2. 规范性引用文件

下列文件对于本文件的应用是必不可少的。凡是注日期的引用文件，仅所注日期的版本适用于本文件。凡是不注日期的引用文件，其最新版本（包括所有的修改版）适用于本文件。

NY/T 1276-2007　农药安全使用规范总则

GB 5084-2021　农田灌溉水质标准

GB/T 8321.1-2000　农药合理使用准则（一）

GB/T 8321.2-2000　农药合理使用准则（二）

GB/T 8321.3-2000　农药合理使用准则（三）

GB/T 8321.4-2006　农药合理使用准则（四）

GB/T 8321.5-2006　农药合理使用准则（五）

GB/T 8321.6-2000　农药合理使用准则（六）

GB/T 8321.7-2002　农药合理使用准则（七）

GB/T 8321.8-2007　农药合理使用准则（八）

GB/T 8321.9-2009　农药合理使用准则（九）

GB 16715.2-2010　瓜菜作物种子　第 2 部分：白菜类

NY/T 496-2010　肥料合理使用准则　通则

NY 5010-2002　无公害食品　蔬菜产地环境条件

DB 64/T 731-2011 绿色食品（A 级）露地早熟大白菜栽培技术规程

3. 产地环境条件

本标准适用于无霜期在 150 d，年均气温 8~9℃，大于或等于 10℃有效积温 3 000℃左右的宁夏引黄灌区露地秋茬大白菜栽培。产地环境条件应符合 NY 5010-2002 的规定，灌溉水水质应符合 GB 5084-2021 的规定。

4. 品种选择

品种选择适宜秋茬栽培的抗病、抗逆性强、优质丰产、商品性好的早中熟品种，播种到成熟生育期 75 d 左右，如小义和秋、普莱米罗等。大白菜种子质量应符合 GB 16715.2-2010 的规定。

5. 生产技术措施

（1）施基肥：选择灌排系统完善，地下水埋深低，土层深厚、土壤肥沃的田块进行种植。播种前，结合机械翻耕施用基肥。施基肥总体原则与运筹方式：采用"有机、无机配施"的原则，有机肥、磷、钾肥全部基施，化学氮肥采用施肥总量控制，分次施用的原则。亩施有机肥 1 000~2 000 kg，30%的氮肥和全部磷、钾肥作基肥，施肥方法为撒施。在秋茬大白菜目标亩产量大于或等于 7 500 kg 的条件下，亩基施尿素（N 46%）为 6~8 kg，磷酸二铵（N 18%，P_2O_5 46%）为 15~25 kg，硫酸钾（K_2O 50%）为 8~12 kg。施用肥料按照 NY/T 496-2010 所规定执行。基施肥后进行机械耕翻和耙糖，准备播种。

（2）播种与定苗：基肥翻耕后，进行田面轻轻镇压，按 60 cm 行距划 1 cm 深的浅沟条播白菜种子，然后覆土，亩播种量以 0.1~0.125 kg/为宜。出苗 25~30 d，分 3~4 次进行间苗，每穴保苗 1 株，亩定苗密度 2 800 株左右，株距 35 cm 左右。定植技术参考 DB 64/T 731-2011 执行。

（3）田间水肥管理

① 追肥：70%的氮肥做追肥，分 3 次追施，分别在大白菜定苗 3 d 后的苗期（20%）、莲座期（30%）和包心期（20%）追施，追肥方式为撒施，

追肥与灌水相结合，定苗后苗期和包心期分别亩追施尿素 5~8 kg，莲座期亩追施尿素 7~12 kg。

② 灌水：引黄河水灌溉，露地秋茬大白菜全生育期灌水 4 次，亩灌溉量不超过 300 m³。根据蔬菜生育期水分需求和土壤墒情确定灌水量定额，灌溉制度安排见表 4-12。

表 4-12　露地秋茬大白菜灌水制度（畦灌）

灌水次数	灌水时间	生育时期	灌水定额/（m³·667 m⁻²）
1	7 月 25 日前后	播种	70~80
2	8 月 15 日左右	间苗定植	60~70
3	8 月 31 日左右	莲座期	70~80
4	9 月 20 日左右	包心期	60~70

6. 其他管理

大白菜生育期间，病虫害防治的农药使用按照 GB 4285 和 GB/T 8321.1—2000~GB/T 8321.9—2009 执行。当大白菜叶球紧实，开始分批采收上市。

三、露地菠菜连作面源污染绿色防控技术规范

（一）编制背景

本研究团队在相关项目资助下，针对宁夏引黄灌区主要露地蔬菜连作肥料施用过量，灌溉量大，肥料流失引起的农业污染日趋严重的问题，以宁夏引黄灌区露地菠菜为监测对象，研究菠菜连作种植条件下，地下淋溶氮、磷流失系数，为宁夏引黄灌区菠菜合理施肥提供依据。本定位试验选择菠菜为监测作物，开展露地菜田氮、磷流失定位监测试验，采用田间定位试验、定期取样、室内分析与生物统计相结合的方法，揭示了引黄灌区菠菜连作面源污染氮、磷流失规律，提出的节水减施化肥可有效控制氮、

磷流失。每年菠菜种植 3 季，3 季菠菜总氮淋失总量表现为第 3 季>第 1 季>第 2 季；节水控灌和化肥减施综合管理技术措施可有效降低氮、磷淋失量、露地菜田土壤表层无机氮累积量和速效磷含量；节水控灌和减施化肥综合管理措施对菠菜产量、养分吸收量影响不大。研究了不同水肥管理措施对露地菠菜氮、磷淋失及其产量响应，提出宁夏引黄灌区菠菜水肥管理参数，构建了菠菜连作面源污染绿色防控技术。露地菠菜第 1 季每公顷施 N 160~200 kg，施 P_2O_5 120~160 kg；第 2 季、第 3 季菠菜每公顷施 N 150~170 kg，P_2O_5 120~140 kg；每季每公顷施 K_2O 均为 12~16 kg；3 茬露地菠菜全生育期灌水 5 次，灌水总量每公顷控制在 5 250 m^3。试验示范表明，提出的技术与常规水肥管理相比，年农田氮、磷平均流失分别减少了58.7%、43.5%，亩节本 1500 元（见第二章第二节）。

（二）露地菠菜连作面源污染绿色防控技术规范

1. 产地环境条件

选择无霜期在 150 d，年均气温 8~9℃，大于或等于 10℃有效积温 3 000℃左右的宁夏引黄灌区露地菠菜栽培。产地环境条件应符合 NY/T 848—2004 的要求规定。

2. 品种与基肥

（1）品种选择：选择叶簇密集、叶肉肥厚、抗性好、商品性好、符合消费习惯的品种，如丽娜 916、帝沃 2 号等。

（2）施肥：露地菠菜氮、磷化肥推荐总用量为露地菠菜第 1 季施N 160~200 kg/hm²，P_2O_5 120~160 kg/hm²；第 2 季、第 3 季菠菜施 N 150~170 kg/hm²，P_2O_5 120~140 kg/hm²；每季施 K_2O 均为 12~16 kg/hm²。

3. 播种与定苗

菠菜于每年 3 月中下旬播种，播种深 3~4 cm，播种量 75~97.5 kg/hm²，播种后耙地 1 遍，促进出苗。4~5 片叶间苗，第 1 次间苗株距 5 cm；第 2 次间隔 7~8 d 定苗，定苗株距 13 cm 左右。

4. 田间水肥管理

（1）追肥：第 1 季和第 3 季菠菜 6~8 片真叶时追施 20% 的氮肥，氮肥（尿素）用量为 120~150 kg/hm²，随水冲施。

（2）灌水：引黄河水灌溉，3 茬露地菠菜全生育期灌水 5 次，3 季菠菜灌溉原则，严格控制菠菜第 1 季第 1 次、第 3 季灌溉量，第 2 季灌水以跑马水为主；3 季菠菜灌水总量每公顷控制在 5 250 m³。第 1 季菠菜灌两次水，第 1 次灌溉量控制在 1 050 m³，二水控制在 910 m³；第 2 季菠菜灌溉量每公顷控制在 600~900 m³；第 3 季菠菜每次灌水每公顷控制在 1 000~1 200 m³，这样可有效控制氮、磷流失。具体灌溉制度安排见表 4-13。

表 4-13　露地菠菜不同处理水肥运筹表

种植季	灌水日期	灌溉定额/（m³·hm⁻²）
第 1 季	4 月中旬	910~1 050
	5 月下旬	910~1 050
第 2 季	7 月上旬	600~900
第 3 季	8 月下旬	975~1 125
	9 月中旬	975~1 125

5. 病虫害防治

防治金针虫、地老虎等地下害虫结合整地选用毒死蜱或辛硫磷颗粒剂等农药；防治菠菜白粉病选用 15% 的粉锈宁可湿性粉剂 1 000 倍液，或 40% 多硫胶悬剂 800 倍液喷雾。

6. 收获

菠菜植株高 15~20 cm 时即可收获上市，生育期在 50 d 左右。收获时一般用菜刀沿地割起，然后扎把上市。

四、露地芹菜面源污染绿色防控技术规范

(一) 编制背景

本研究团队在相关项目资助下,针对宁夏南部山区冷凉蔬菜肥料施用过量,灌溉量大,肥料流失引起的农业污染日趋严重的问题,以宁夏南部山区代表性蔬菜芹菜为监测对象,研究南部山区芹菜连作种植条件下地下淋溶氮、磷流失系数,为宁夏南部山区芹菜合理施肥提供依据。本定位试验选择芹菜为监测作物,开展南部山区芹菜氮、磷流失定位监测试验,采用田间定位试验、定期取样、室内分析与生物统计相结合的方法,揭示了引黄灌区菠菜连作面源污染氮、磷流失规律,提出了节水控灌减施化肥可有效控制氮、磷流失。每年芹菜氮淋失高峰期在芹菜生长前期和中期,后期淋失较少;节水控灌和化肥减施的综合管理技术可有效控制露地芹菜氮、磷淋失量、土壤表层无机氮累积量和速效磷含量;节水控灌和减施化肥综合管理技术措施对芹菜产量、养分吸收量影响不大。研究了不同水肥管理措施对芹菜氮、磷淋失及其产量响应,提出宁夏引黄灌区芹菜水肥管理各项参数,构建了露地芹菜连作面源污染绿色防控技术。露地芹菜氮、磷化肥每公顷推荐用量:N 200~240 kg、P_2O_5 160~180 kg、K_2O 100~120 kg,磷、钾肥基施,氮肥基施40%,追施60%,单次施肥每公顷控制在4 800 m^3。试验示范表明,提出的技术与常规水肥管理相比,芹菜氮、磷平均流失分别减少了58.7%、43.5%,亩节本1 500元(见第二章第二节)。

(二) 露地芹菜面源污染绿色防控技术规范

1. 产地环境条件

选择无霜期在135 d,年均气温5~7℃,大于或等于10℃有效积温2 400℃左右的宁夏南部山区露地芹菜栽培。产地环境条件应符合NY/T 848—2004的要求规定。

2. 品种与基肥

(1)品种选择:选择优质、抗性好、商品性好、符合消费习惯的品种,

如当地主推品种加州王。

（2）施肥：露地芹菜氮、磷化肥推荐总用量每公顷施 N 200~240 kg、施 P_2O_5 160~180 kg、施 K_2O 100~120 kg。40%氮肥、60%钾肥和全部磷肥作基肥。

3. 播种与定苗

菠菜于每年 4 月中下旬播种，种植方式采用覆膜穴播压沙栽培方式，要求田块平整、紧实、绵软，做成 1~2 分地的小畦，按 1.6 m 宽幅的地膜覆 3 幅，2 幅之间留空隙 20 cm，播种量 67.5~75 kg/hm²。播种结束后及时灌水，灌足，以淹过沙为准。播后 10 d 左右灌出苗水，播后芹菜露白轻刮沙利于出苗，防止高温烧苗。芹菜 2~3 叶间苗除草，每穴留 4~5 株，3~4 叶定苗，每穴定苗 2 株，每公顷定苗 90 万株。

4. 田间水肥管理

（1）追肥：60%的氮肥做追肥，分 3 次追施，每次追施氮肥（尿素）用量为 65.3~143.7 kg/hm²，分别在芹菜 6~8 片叶（30%）和 11~12 片叶（30%）进行，40%钾肥分两次追施，每次追施钾肥（复合肥）用量为 150~208.7 kg/hm²，分别在芹菜 6~8 片叶（20%）和 11~12 片叶（20%）进行，撒施后立即灌水。

（2）灌水：引井水灌溉，芹菜全生育期灌水 5 次，灌溉原则严格控制一、四水，二、三水为跑马水为主；灌溉总量每公顷控制在 4 800 m³，一、四水每公顷严格控制在 900 m³，二、三水每公顷控制在 750 m³，具体的灌溉定额见表 4-14。

5. 病虫害防治

植株生长期间主要病虫害有斑枯病、叶斑病、细菌性病害和蚜虫，可采取综合防治措施。斑潜蝇可用 0.9%虫螨克乳油 3 000 倍液或 0.5%虫螨克乳油 1 000~1 500 倍液喷雾防治。斑枯病、叶斑病可用 75%百菌清可湿性粉剂 600 倍液或 65%代森锰锌可湿性粉剂 500 倍液喷雾防治。

表 4-14 露地芹菜不同处理水肥运筹表

种植季	灌水期	灌溉定额/(m³·hm⁻²)
1 季	4 月中下旬	750~890
	5 月下旬	750~590
	7 月上旬	750~890
	7 月中下旬	750~890
	8 月上旬	750~890

6. 收获

根据品种特点，植株长到一定高度时，对经检测合格的产品，根据市场需求，及时采收。

五、露地菜心连作面源污染绿色防控技术规范

（一）编制背景

本研究团队在相关项目资助下，结合宁夏供港蔬菜发展较快的实际，针对宁夏供港蔬菜（菜心）肥料施用过量，灌溉量大，肥料流失引起的农业污染日趋严重的问题，以宁夏引黄灌区代表性菜心为监测对象，研究引黄灌区微喷条件下，菜心连作地下淋溶氮、磷流失系数，为宁夏引黄灌区菜心合理施肥提供依据。本定位试验选择菜心为监测作物，开展引黄灌区菜心氮、磷流失定位监测试验，采用田间定位试验、定期取样、室内分析与生物统计相结合的方法，揭示了引黄灌区菜心连作面源污染氮、磷流失规律，提出了增施有机肥与减施化肥可有效控制氮、磷流失。每年菜心种植 3 季，露地菜心总氮淋失量高峰期在夏季第 2 季菜心生长期间，3 季菠菜总氮淋失总量表现为第 3 季>第 1 季>第 2 季；增施有机肥与减施化肥综合管理技术可有效降低菜心氮、磷淋失量和土壤表层无机氮累积量和速效磷含量，控制了表层无机氮向土壤深层运移；增施有机肥和减施化肥综合管理技术对菜心产量、养分吸收量影响不大。研究了不同肥料配比综合管

理技术措施对氮、磷淋失响应，提出了宁夏引黄灌区菜心不同肥料配比的各项参数，构建了露地菜心连作面源污染绿色防控技术。第 1 季、第 2 季和第 3 季菜心施 N 量均为 1 200~1 350 kg/hm²、施 P_2O_5 量 195~225 kg/hm²、施 K_2O 量为 195~225 kg/hm²，第 1 季基施有机肥 8 000~9 000 kg/hm²，单次微喷量为 1 200 m³/hm²；试验示范表明，提出的技术与常规水肥管理相比，年农田氮、磷平均流失分别减少了 40.1%、39.6%，亩增效 400 元（见第二章第二节）。

（二）露地菜心连作面源污染绿色防控技术规范

1. 产地环境条件

选择无霜期在 150 d，年均气温 8~9℃，大于或等于 10℃有效积温 3 000℃左右的宁夏引黄灌区露地菜心栽培。产地环境条件应符合 NY 5010—2002 的要求规定，灌溉水质应符合 GB 5084—2021 的规定标准值。

2. 生产技术措施

（1）品种选择：选用抗逆性强、优质、高产的品种，早春播种宜用中晚熟品种，如广东菜心 70；夏、秋季种植选用早熟品种，如广东菜心 40、油绿 501 菜心。

（2）施肥：露地菜心氮、磷化肥推荐总用量第 1 季、第 2 季和第 3 季菜心施 N 量均为 80~90 kg/hm²、施 P_2O_5 量 13~15 kg/hm²、施 K_2O 量为 13~15 kg/hm²，第 1 季基施有机肥 8 000~9 000 kg/hm²。

（3）播种与定苗：夏季菜心生产一般以直播为主，直播时可用撒播、条播和穴播。撒播时每公顷播种量 4.5~9 kg。播种后要淋足水分，保持苗床土壤湿润。春季宜用塑料薄膜等覆盖保湿，待种子萌芽出土时将覆盖物揭去。在第 1 片真叶开展时要及时间苗，以后再间苗 1~2 次，防止幼苗徒长变弱，降低质量。有 3~4 片真叶时定苗，栽培密度根据品种特性决定，一般为 12 cm ×15 cm 左右。

3. 田间水肥管理

（1）追肥：第 1 季菜心种植前基施有机肥，其他各季菜心不施有机肥，每季菜心氮、磷、钾肥施用量相同，每季菜心在第 6 片真叶展开期和植株现蕾期等比例（1：1）追施复合肥。

（2）灌水：灌溉方式为井水微喷，喷灌原则为严格控制第 2 季、第 3 季菜心，保证第 1 季菜心喷灌量；灌水总量控制在 4 500 m³/hm²，单次喷灌量控制在 1 200 m³/hm²。

4. 病虫害防治

虫害主要有小菜蛾、菜青虫、蚜虫等，蚜虫用鱼藤酮 1 000 倍液、1.5%除虫菊素 1 000 倍液或多杀霉素 2 000 倍液防治。菜心病害主要有炭疽病、软腐病等。炭疽病属高温、高湿性病害，6—9 月易发生，病害发生初期可用 3%多抗霉素 100 倍液、0.05%核苷酸水剂 800 倍液或高渗乙蒜素（80%乙蒜素）1 000 倍液防治。

5. 收获

一般在菜薹高及叶片的先端，已初花或将有初花时为适当的采收期。以采收主薹为主，一般不采收侧薹。应按统一规格进行分级采收，使产品整齐度高。采收时切口要平面整齐，菜体保持完整，大小、长短均匀一致。采收后立即进行清洁、包装。

第四节　设施菜田面源污染绿色防控技术规程

一、引黄灌区日光温室番茄—黄瓜轮作水肥管理技术规程

（一）编制背景

本研究团队在相关项目资助下，针对引黄灌区日光温室蔬菜轮作施肥量高、肥料利用率低，造成土壤、水体污染严重的现状，经过多年定位试验的研究与示范，摸清了日光温室番茄—黄瓜轮作下的氮、磷养分淋溶损

失规律和主要影响因素，建立了引黄灌区日光温室番茄—黄瓜轮作水肥管理技术规程。采用查阅国内外大量相关文献资料并进行调研分析，查询了区内外有关日光温室番茄—黄瓜轮作条件下的相关标准，依据宁夏引黄灌区日光温室番茄、黄瓜的目标产量，采用长期定位试验、定时定期采样、室内分析与生物统计相结合的方法，开展了不同施肥措施对菜田氮、磷流失连续监测，采用田间淋溶液原位管式装置方法，揭示了不同施肥措施对设施番茄—黄瓜轮作体系氮、磷流失量和动态规律与流失系数的影响，摸清了设施番茄蔬菜氮、磷流失量和动态规律与流失系数，研究构建了设施菜田土壤 C/N 调节的外源碳输入、设施蔬菜化肥氮和磷减量化、夏休闲期种植填闲作物的氮、磷淋失阻控和设施菜田周年浅层地下水埋深调控等技术的设施菜田面源污染绿色防控技术体系。通过建立设施菜田面源污染绿色防控技术，可最大限度地降低水肥投入成本，每亩可节约 20%~40% 的肥料用量，降低日光温室菜田土壤养分残留和淋失量，同时，亩节本 3 000 元以上（见第二章第二节）。

引黄灌区日光温室番茄—黄瓜轮作水肥管理技术规程适用于与引黄灌区相同自然条件和日光温室产地环境条件，其技术成熟、先进、实用性强，填补了我区日光温室番茄—黄瓜轮作模式下的水肥管理技术规程的空白。

引黄灌区日光温室番茄—黄瓜轮作水肥管理技术规程（DB 64/T 849–2013）已在 2013 年宁夏地方标准颁布实施。

（二）引黄灌区日光温室番茄—黄瓜轮作水肥管理技术规程

1. 范围

本标准适用于引黄灌区日光温室栽培条件下番茄—黄瓜轮作生产。

2. 规范性引用文件

GB 16715.1—2010　瓜菜作物种子　第 1 部分：瓜类

GB 16715.3—2010　瓜菜作物种子　第 3 部分：茄果类

GB 4285　农药安全使用标准

GB 5084—2021　农田灌溉水质标准

GB/T 8321（所有部分）　农药合理使用准则

NY/T 496—2010　肥料合理使用准则　通则

NY/T 5007—2001　无公害食品　番茄保护地生产技术规程

NY 5010—2002　无公害食品　蔬菜产地环境条件

NY/T 5075—2002　无公害食品　黄瓜生产技术规程

DB 64/T300—2004　绿色食品（A 级）日光温室黄瓜生产技术规程

DB 64/T642—2010　日光温室番茄周年安全高效生产技术规程

3. 产地环境条件

本规程适用于无霜期在 150 d，年均气温 8~9℃，大于或等于 10℃有效积温 3 000℃左右的引黄灌区二代新型节能日光温室。产地环境条件应符合 NY 5010—2002 的要求规定，灌溉水质应符合 GB 5084—2021 的规定标准值。

4. 生产技术措施

（1）整地，施基肥：冬春茬番茄收获后，在夏休闲期用小型机械翻耕上茬蔬菜栽培床，犁深 30 cm，晒土、耙糖，大水漫灌洗盐 1 次。基肥采用"有机、无机配施"的原则，结合机械翻耕亩施用完全腐熟的有机肥 5 m³或商品有机肥 1.0~2.5 t，全部磷肥和 25%~30%的氮、钾肥作基肥。根据不同茬口蔬菜目标产量，基施肥用量参见表 4–15。使用肥料按照 NY/T 496—2010 的规定执行。

（2）轮作栽培模式：日光温室内垄上覆膜栽培方式，冬春茬栽植番茄，秋冬茬栽植黄瓜。

（3）品种选择：选用抗病、优质、高产、耐贮运、商品性好、适合市场需求的蔬菜品种。黄瓜和番茄种子质量应分别符合 GB 16715.1—2010 和 GB 16715.3—2010 的规定要求。同时，冬春茬番茄选择耐低温弱光、高抗病、长势强、连续坐果能力强的品种，如欧盾、芬达等；秋冬茬黄瓜选择高抗病、耐低温的品种，如德尔 99、津冬 28、津优 35、津优 36 等。

表 4-15　冬春茬番茄—秋冬茬黄瓜基肥推荐用量

蔬菜种类	目标产量/ (t·667 m^{-2})	商品有机肥/ (t·667 m^{-2})	磷酸二铵或复合肥/ (kg·667 m^{-2}·次$^{-1}$)	硫酸钾/ (kg·667 m^{-2}·次$^{-1}$)
冬春茬番茄	大于 8	2.0~2.5	45~55	35~45
	6~8	1.5~2.0	35~45	25~35
	小于 6	1.0~1.5	25~35	15~25
秋冬茬黄瓜	大于 6	2.0~2.5	35~45	25~35
	4~6	1.5~2.0	25~35	15~25
	小于 4	1.0~1.5	15~25	5~15

注：本表有机肥用量推荐指标为商品有机肥，每亩也可施用腐熟鸡粪、牛粪、羊粪等 5 m^3；磷酸二铵为 46% P$_2$O$_5$，18% N；硫酸钾为 50% K$_2$O；复合肥总养分含量 45%以上。

（4）定植

① 起垄：施基肥后，旋耕耙细、平整土地、做畦，畦宽 1.3~1.5 m，畦面宽 80 cm×高 30 cm。

② 铺设滴灌设备与覆膜：采用二级管网铺设，即支管和滴灌带（或滴灌管），支管采用直径 32 mm PE 管，畦面上居中铺设一条滴灌带或畦面两边铺设两条滴灌带，联结各滴灌支管、施肥装置、过滤器和控制水泵（功率大小 1 000 W/h），水泵流量控制在每亩 1~4 m³/h，施肥装置选用文丘里施肥器或施肥罐。开启水泵，检查滴灌系统是否出现漏水或不出水现象，及时处理出现的问题，保证滴灌系统正常运行；然后按每个种植床覆膜，所覆膜为厚度 0.012 mm，宽度 1.6~1.8 m 的微膜。

③ 开始定植：冬春茬番茄和秋冬茬黄瓜定植按照 DB 64/T 300—2004 和 DB 64/T 642—2010 执行。

5. 定植后水肥管理

（1）施肥总量控制：冬春茬番茄氮、磷化肥每公顷推荐总用量应分别为 N 525~750 kg、P_2O_5 300~450 kg，秋冬茬黄瓜推荐氮、磷化肥推荐总用量为 N 450~675 kg、P_2O_5 225~300 kg；钾肥根据蔬菜季亩推荐施用 K_2O 450~750 kg；70%~75%的氮肥和钾肥在蔬菜生育后期追施。采用后期控氮、分次施氮技术，氮、钾肥追施与灌水充分结合。

（2）灌水与追肥管理

① 灌水与追肥方式：采用滴灌追肥方式，追施肥选用全水溶性氮肥和钾肥。

② 滴灌制度：冬春茬番茄全生育期滴灌 23 次左右，每次每公顷灌水定额 75~150 m^3，总灌溉定额每公顷控制在 2 700~2 850 m^3；秋冬茬黄瓜全生育期滴灌 16 次左右，每次灌水定额 75~150 m^3，总灌溉定额控制在 1 650~1 800 m^3。具体滴灌制度见表 4-16。

表 4-16　冬春茬番茄—秋冬茬黄瓜滴灌制度

冬春茬番茄			秋冬茬黄瓜		
灌水次数	灌水时间	灌水定额/ ($m^3 \cdot hm^{-2}$)	灌水次数	灌水时间	灌水定额/ ($m^3 \cdot hm^{-2}$)
1	1 月 10 日左右	60~90	1	8 月 10 日左右	90~120
2	1 月 20 日左右	60~90	2	8 月 20 日左右	90~120
3	1 月 30 日左右	60~90	3	8 月 30 日左右	90~120
4	2 月 9 日左右	60~90	4	9 月 4 日左右	120~150
5	2 月 19 日左右	60~90	5	9 月 9 日左右	120~150
6	3 月 1 日左右	60~90	6	9 月 14 日左右	120~150
7	3 月 11 日左右	60~90	7	9 月 19 日左右	120~150
8	3 月 21 日左右	90~120	8	9 月 24 日左右	120~150
9	3 月 28 日左右	90~120	9	9 月 29 日左右	120~150
10	4 月 2 日左右	120~150	10	10 月 4 日左右	60~90

续表

冬春茬番茄			秋冬茬黄瓜		
灌水次数	灌水时间	灌水定额/ $(m^3 \cdot hm^{-2})$	灌水次数	灌水时间	灌水定额/ $(m^3 \cdot hm^{-2})$
11	4 月 7 日左右	120~150	11	10 月 11 日左右	60~90
12	4 月 12 日左右	120~150	12	10 月 18 日左右	60~90
13	4 月 17 日左右	120~150	13	10 月 25 日左右	60~90
14	4 月 22 日左右	120~150	14	11 月 1 日左右	60~90
15	4 月 27 日左右	120~150	15	11 月 8 日左右	60~90
16	5 月 2 日左右	120~150	16	11 月 15 日左右	60~90
17	5 月 7 日左右	120~150			
18	5 月 12 日左右	120~150			
19	5 月 17 日左右	120~150			
20	5 月 22 日左右	120~150			
21	5 月 27 日左右	90~120			
22	6 月 3 日左右	90~120			
23	6 月 10 日左右	90~120			

（3）追肥：冬春茬番茄将剩余 70%~75% 的氮肥和钾肥按 20 次分别在 1 月 20 日至 2 月 19 日（分 3 次滴灌，每 10 d 1 次）、3 月 1 日至 3 月 11 日（分 2 次滴灌，每 10 d 1 次）、3 月 21 日至 6 月 3 日（分 15 次滴灌，5~7 d 1 次）结合滴灌追肥。

秋冬茬黄瓜将剩余 70%~75% 的氮肥和钾肥按 12 次分别在 8 月 20 日至 8 月 30 日（分 2 次滴灌，10 d 1 次）、9 月 10 日至 10 月 4 日（分 7 次滴灌，每 5 d 1 次）、10 月 11 日至 11 月 8 日（分 3 次滴灌，每 7 d 1 次）结合滴灌追肥。冬春茬番茄和秋冬茬黄瓜每次滴灌追施尿素和硫酸钾量如表 4-17 所示。

表 4-17　冬春茬番茄—秋冬茬黄瓜滴灌追肥推荐用量

蔬菜种类	目标产量/(t·hm⁻²)	尿素/(kg·hm⁻²·次⁻¹)	硫酸钾/(kg·hm⁻²·次⁻¹)
冬春茬番茄	大于 120	67.5~90	75~105
	90~120	45~64.5	45~75
	小于 90	22.5~45	15~45
秋冬茬黄瓜	大于 90	60~82.5	60~75
	60~90	37.5~60	45~60
	小于 60	15~37.5	30~45

注：尿素为 46% N；硫酸钾为 50% K_2O。

6. 其他管理

其他生产管理参照 NY/T 5007—2001 和 NY/T 5075—2002 规定执行。农药使用按照 GB 4285 和 GB/T 8321（所有部分）执行。冬春茬番茄收获后，夏休闲期可种植甜玉米、青贮玉米等填闲作物，增加土壤养分的固定，之后直接还田以培肥。

二、日光温室秋冬茬梅豆面源污染绿色防控技术规程

（一）编制背景

本研究团队在相关项目资助下，针对宁夏引黄灌区主要日光温室蔬菜肥料施用过量，灌溉量大，肥料流失引起的农业污染日趋严重的问题，以宁夏引黄灌区日光温室蔬菜为监测对象，研究设施蔬菜连作种植条件下地下淋溶氮、磷流失系数，为种植业源氮、磷流失系数测算提供数据支持，也为宁夏引黄灌区日光温室蔬菜合理施肥提供依据。本定位试验选择日光温室冬春茬梅豆为监测作物，采用田间定位试验、定期取样、室内分析与生物统计相结合的方法，开展日光温室秋冬茬梅豆氮、磷流失定位监测试验，揭示了设施蔬菜连作面源污染氮、磷流失规律，提出了化肥减量30%与增施秸秆或牛粪调节 C/N 综合管理技术可有效控制氮、磷流失。每年

秋冬茬梅豆种植期间，3 年总氮淋失量均表现为梅豆在种植前期 >中后期，呈逐步下降趋势；化肥减量 30% 与增施秸秆或牛粪调节 C/N 综合管理技术减少氮、磷淋失量，并有效控制了土壤无机氮素向蔬菜根区（80~100 cm）运移；化肥减量 30% 与增施秸秆或牛粪调节 C/N 综合管理技术对设施梅豆产量、氮和磷养分吸收量并没有影响。研究了不同水肥管理措施对露地菠菜氮、磷淋失及其产量响应，提出宁夏设施蔬菜连作梅豆有机无机配比的参数，构建了日光温室秋冬茬梅豆面源污染绿色防控技术。秋冬茬梅豆结合机械翻耕用 2/3 秸秆撒施 1/2 的菌种及尿素，第 2 次铺剩余1/3 的秸秆，每公顷施用腐熟牛粪或商品有机肥 45 000~52 500 kg，调节土壤 C/N，每公顷推荐化肥总用量为 N 375~525 kg、P_2O_5 150~225 kg、K_2O225~300 kg。试验示范表明，提出的技术与常规水肥管理相比，农田氮、磷流失分别减少 36.7%、17.3%，每公顷节本 1 800 元。

（二）　秋冬茬设施梅豆面源污染绿色防控技术规程

1. 范围

本标准适用于引黄灌区日光温室栽培条件下秋冬茬梅豆生产。

2. 规范性引用文件

NY 2619-2014　瓜菜作物种子 豆类（菜豆、长豇豆、豌豆）

NY/T 1276-2007　农药安全使用规范总则

GB 5084-2021　农田灌溉水质标准

GB/T 8321（所有部分）　农药合理使用准则

NY/T 496-2010　肥料合理使用准则 通则

NY 5294-2004　无公害食品 设施蔬菜产地环境条件

3. 产地环境条件

选择无霜期在 150 d，年均气温 8~9℃，大于或等于 10℃有效积温3 000℃左右的引黄灌区二代新型节能日光温室。产地环境条件应符合 NY5294-2004 无公害食品 设施蔬菜产地环境条件的要求规定，灌溉水质应符合 GB 5084-2021 的规定标准值。

4. 生产技术措施

（1）品种选择：选择抗病、优质、高产、商品性好、符合消费习惯的品种，如双丰荚豆、绿龙、小金豆、双季豆、架豆王等，符合 NY 2619-2014 规定要求。

（2）整地，条件土壤 C/N，施基肥。

① 整地：冬春茬作物收获后，及时清洁地面，翻耕晒地。在夏休闲期用小型机械翻耕上茬蔬菜栽培床，犁深 30 cm，晒土、耙糖，大水漫灌洗盐 1 次。

② 调节土壤 C/N：在行间开沟，沟宽 50 cm，深 30 cm，沟与沟的中心距离为 120~150cm，具体根据种植作物进行调节，种植垄面面宽 80 cm，开挖的土按等量分放沟两边。在开好的沟内铺满干秸秆，厚度约为 30 cm。按每沟用量分两次铺放干秸秆，第 1 次铺完秸秆用量的 2/3 后踩实，撒施 1/2 的菌种及尿素，第 2 次铺剩余 1/3 的秸秆，踩实后，撒施剩余 1/2 的菌种及尿素，秸秆要在沟两端各伸出 10~15 cm，便于灌水。将沟两边的土回填于秸秆上起垄，秸秆上覆土厚 10~15 cm，并将垄面整平。浇水以湿透秸秆为宜，隔 3~4 d 后将垄面找平，秸秆上土层厚度保持 15~20 cm，覆膜 3~4 d 后打孔。制作专用打孔器，用 4# 钢管，长 80~100 cm，在顶端焊接一个 T 型耙。在垄上用打孔器打三行孔，孔距 25~30 cm，孔深以穿透秸秆层为准。

③ 施基肥：基肥采用 "有机无机配施" 的原则，结合机械翻耕每公顷施用腐熟牛粪或商品有机肥 45 000~52 500 kg，全部磷肥和 25%~30% 的氮、钾肥作基肥，70%~75% 氮、钾肥追施。使用肥料按照 NY/T 496—2010 规定执行。

（3）定植。

① 定植时间：定植时间为每年 7 月下旬，采摘周期为 9 月上旬至 11

月中旬，拉秧时间为 11 下旬。

② 定植前准备。

起垄：施基肥后，旋耕耙细、平整土地、做畦，平畦的畦埂高 15 cm，畦宽 1.2 m；高畦的畦高 15~20 cm，畦宽 90 cm，沟宽 30 cm 覆盖地膜。

铺设滴灌设备与覆膜：采用二级管网铺设，即支管和滴灌带（或滴灌管），支管采用直径 32 mm PE 管，畦面上居中铺设一条滴灌带或畦面两边铺设两条滴灌带，联结各滴灌支管、施肥装置、过滤器和控制水泵（功率大小 1 000 W/h），水泵流量控制在每亩 1~4 m³/h，施肥装置选用文丘里施肥器或施肥罐。开启水泵，检查滴灌系统是否出现漏水或不出水现象，及时处理出现的问题，保证滴灌系统正常运行。

然后按每个种植床覆膜，所覆膜为厚度 0.012 mm，宽度 1.6~1.8 m 的微膜。

③ 开始定植：秋冬茬梅豆每畦定植两行，行距 60 cm。垄距 100 cm，垄宽 40 cm，株距 20 cm。

5. 定植后水肥、温湿度管理

（1）施肥总量控制：秋冬茬梅豆化肥每公顷推荐总用量为 N 375~525 kg、P_2O_5 150~225 kg；钾肥根据蔬菜季推荐施用 K_2O 225~300 kg。70%~75% 的氮肥和钾肥在蔬菜生育后期追施采用水肥一体化运筹管理，25%~30% 氮、钾肥和全部磷肥作基肥。梅豆结荚重施钾肥，后期控制氮、钾肥。

（2）水肥一体化管理技术管理。

① 灌水与追肥方式：采用滴灌追肥方式，追施肥选用全水溶性氮肥和钾肥。

② 滴灌制度：梅豆对水分比较敏感，在日光温室内栽培应特别注意第 1 次灌水应在第 1、第 2 花序大部分结荚后进行，在豆荚盛期每 7~8 d 灌水 1 次，以保持土壤湿润为原则，同时结合灌水追肥 2~3 次。全生育期滴灌

28 次左右，每次亩滴灌定额 6~8 m³，总滴灌定额控制在 87~145 m³。具体水肥管理运筹见表 4-18。

表 4-18　秋冬茬梅豆水肥运筹统计

滴水次数	滴水时间	滴灌定额/m³	尿素/(kg·666.7 m⁻²)	硫酸钾/(kg·666.7 m⁻²)
1	7 月 27 日左右	90~120	—	—
2	7 月 30 日左右	45~75	—	—
3	8 月 2 日左右	45~75	—	—
4	8 月 5 日左右	45~75	—	—
5	8 月 8 日左右	45~75	—	—
6	8 月 11 日左右	45~75	—	—
7	8 月 14 日左右	45~75	—	—
8	8 月 17 日左右	45~75	—	—
9	8 月 25 日左右	45~75	60~93	22.5~37.5
10	8 月 31 日左右	75~120	60~93	22.5~37.5
11	9 月 4 日左右	45~75	—	—
12	9 月 8 日左右	45~75	—	—
13	9 月 11 日左右	45~75	39~52.5	13.5~18
14	9 月 14 日左右	45~75	39~52.5	13.5~18
15	9 月 17 日左右	30~60	39~52.5	13.5~18
16	9 月 20 日左右	45~75	39~52.5	13.5~18
17	9 月 22 日左右	30~60	39~52.5	13.5~18
18	9 月 25 日左右	30~60	39~52.5	13.5~18
19	9 月 29 日左右	45~75	39~52.5	13.5~18
20	10 月 4 日左右	30~60	39~52.5	13.5~18
21	10 月 8 日左右	45~75	—	—
22	10 月 17 日左右	75~120	51~61.5	15.3~25.5

滴水次数	滴水时间	滴灌定额/m³	尿素/ (kg·666.7 m⁻²)	硫酸钾/ (kg·666.7 m⁻²)
23	10 月 22 日左右	45~75	51~61.5	15.3~25.5
24	10 月 26 日左右	45~75	51~61.5	15.3~25.5
25	11 月 2 日左右	45~75	51~61.5	15.3~25.5
26	11 月 7 日左右	45~75	—	—
27	11 月 12 日左右	45~75	—	—
28	11 月 20 日左右	45~75	—	—

③ 追肥：秋冬茬梅豆将剩余 70%~75% 的氮肥（尿素为 46% N）和钾肥（硫酸钾为 50% K_2O）；按 12 次分别在 8 月 20 日至 8 月 30 日（分 2 次滴灌，5 d 1 次）、9 月 10 日至 10 月 4 日（分 7 次滴灌，每 3 d 1 次）、10 月 11 日至 11 月 2 日（分 3 次滴灌，每 7 d 1 次）结合滴灌追肥。秋冬茬梅豆每次滴灌追施尿素和硫酸钾量如表 4-6 所示。

（3）温湿度管理：定植后，要密闭保温，以促进缓苗，白天温度控制在 25~30℃，夜间控制在 15~18℃，相对湿度控制在 80%~85%。开花结荚前，白天温度在 25℃ 左右，夜间不低于 15℃，空气相对湿度保持在 65%~70%。开花结荚期，要加强通风，排除温室内湿气，以利开花授粉，白天室温控制在 20~25℃，夜晚 15℃，相对湿度维持在 50%~60%。

6. 病虫害防治

（1）病害及防治：设施梅豆病害主要有锈病、疫病等。锈病可用粉锈宁等药剂进行防治。疫病在发病前期可选用 70% 代森锰锌可湿性粉剂 600 倍液喷雾预防；或用 50% 异菌脲可湿性粉剂 1 200 倍液，72.2% 霜霉威 600 倍液，或 58% 甲霜灵-锰锌可湿性粉剂 600 倍液，或 72% 霜脲氰-锰锌可湿性粉剂 600 倍液喷雾预防；或用烟雾剂熏烟防治。

（2）虫害及防治：虫害主要有叶螨、蚜虫、潜叶蝇等；潜叶蝇、蚜虫

可用 1.8%阿维菌素乳油 3 000 倍液或 40%毒死蜱乳油 1 000 倍液或 5%啶虫
脒 800 倍液喷雾防治；叶螨可用 1.8%阿维菌素乳油 3 000 倍液，或 15%哒
螨灵乳油 2 000 倍液喷雾防治。

7. 收获与贮藏

（1）收获：开花后 7~15 d，嫩荚已长大但尚未变硬时采摘。应捏住果
柄轻轻摘下。采收期持续 90~120 d。采荚时勿伤花序。进入收获期后，一
般 4~5 d 采收一次。在晴天早晨采收。采收时打掉下部黄叶。采摘后把梅
豆放在阴凉通风的地方，使其迅速散去田间热量。选择整洁、干燥、牢
固、无污染、无异味、内壁无尖突物、无虫蛀、无霉变的包装容器；选用
带孔的塑料筐或纸箱。

（2）贮藏：梅豆货架期较短，采用冷藏适宜的贮藏温度 0~2℃，相对
湿度 85%~90%，鲜豆荚可进行 7~14 d 天短期冷藏。

第五节　技术示范应用效果及前景

一、各项技术示范应用

（一）构建不同类型菜田面源污染防控绿色减排技术模式

针对设施蔬菜氮、磷化肥投入量高、土壤氮、磷富集严重和夏季休闲
大水漫灌的现状，研究提出了土壤 C/N 调节的外源碳输入技术、化肥氮、
磷减量化技术、夏休闲期种植填闲作物的氮、磷生物固定与淋失阻控技术
和设施菜田周年浅层地下水位调控技术；针对露地蔬菜重化肥轻有机肥、
氮、磷化肥投入量高、土壤氮、磷富集严重和引黄大水灌溉的现状，研究
提出了露地花椰菜和大白菜的有机无机配施技术及减氮控磷技术。在此基
础上，构建了设施蔬菜、露地蔬菜连作面源污染防控绿色减排技术体系，
并推广示范应用。

针对宁夏引黄灌区露地菠菜、菜心和南部山区冷凉蔬菜（芹菜）水肥

投入过高，造成氮、磷流失面源污染严重等问题，研究提出了菠菜、芹菜控灌减施化肥、菜心增施有机肥减施化肥技术，在此基础上，构建了宁夏特色蔬菜面源污染防控绿色减排技术体系，并推广示范应用。

（二）示范应用效果

2013—2015 年，在宁夏灌区银川市兴庆区、吴忠利通区和青铜峡市、中卫沙坡头区、贺兰县和永宁县分别建立了 6 个示范基地，示范推广设施蔬菜、露地蔬菜连作面源污染防控绿色减排技术体系，示范面积 3.6 万亩，累计直接新增经济效益 4 437.8 万元，累计节本增效 9 380 万元，经济效益显著。

构建了宁夏特色蔬菜面源污染防控绿色减排技术体系，2019—2021 年，在宁夏灌区银川市贺兰县、平罗县和西吉县建立了 3 个试验示范基地，示范推广特色蔬菜面源污染防控绿色减排技术体系，示范面积 500 亩，与常规施肥相比，农田氮、磷分别削减 49.2%、36.7%，有效控制菜田氮、磷流失，改善了农田生态环境；亩平均增效 550 元，累计节本增效 27.5 万元，经济效益显著。

二、示范应用配套管理措施

（1）成立技术防治模式示范专业小组，强化责任，将示范工作任务落到实处。

积极与所选试验示范区农业农村局和农技推广服务中心对接，了解不同类型蔬菜生产中水肥投入造成农业面源污染问题，寻求在示范区选址、防治技术模式构建等方面给以帮助协调，为防治技术模式示范奠定了基础。

（2）充分发挥政府—科研—农技部门—企业（种植大户）各自优势，形成全社会参与面源污染综合防治的机制。

依托研究成果，将提出防治技术模式各项单项技术再细化，符合当地实际，采用室内培训、组织区内业务部门领导和专家现场观摩，对示范区技术人员、当地种植大户的技术培训发放技术小册子方式，媒体宣传报告等形式，扩大示范效果和社会影响力；充分发挥示范区当地农技部门推广中的优势，结合示范区实施开展测土配方施肥、耕地质量提升和增施有机肥等项目，使防控各项单项技术落到实处；及时收集示范过程中存在问题，由科研部门针对问题完善防控技术模式，将研究成果推介给当地政府部门，建议政府部门制定农田氮、磷流失综合防治技术模式优惠配套政策。

三、前景分析

现代农业面临问题，作物产量不高、投入很高。农产品优质率和商品率低；粮食生产的资源环境代价很高。高投入、高资源环境代价的农业转变为优质高产绿色环保的可持续现代农业。党的十八大以来，党中央国务院高度重视绿色发展。《"十四五"全国农业绿色发展规划》中指出，到2025年实现农业绿色发展"五个明显"的目标，即资源利用水平明显提高、产地环境质量明显好转、农业生态系统明显改善、绿色产品供给明显增加、减排固碳能力明显增强，明确了保资源、优环境、促生态、增供给等方面定量指标。到2035年，农业绿色发展取得显著成效，生产、生活、生态相协调的农业发展格局基本建立，美丽宜人、业兴人和的社会主义新乡村基本建成。

2019年11月，黄河流域生态保护和高质量发展上升为重大国家战略，宁夏回族自治区党委和人民政府深入贯彻习近平总书记两次视察宁夏重要讲话和重要指示批示精神，2022年6月，中国共产党宁夏回族自治区第十三次代表大会，明确提出了全面建设社会主义现代化美丽新宁夏，深入实施特色农业提质计划，坚持以龙头企业为依托、以产业园区为支撑、以特色发展为目标，冷凉蔬菜被确定为自治区"六特"产业之一。宁夏建成了以银川、吴忠和中卫为主的现代设施蔬菜、供港蔬菜优势区，以石嘴山为主脱水蔬菜生产优势区，以固原市为主的冷凉蔬菜生产优势区。因此，宁夏蔬菜的品质在同类型蔬菜中更胜一筹，是农业农村部规划确定的黄土高原夏秋蔬菜生产优势区域和设施农业优势生产区；目前，全区蔬菜种植面积稳定在 300 万亩左右，产量达到 568.61 万 t。《宁夏回族自治区农业农村现代化发展"十四五"规划》（以下简称宁夏"十四五"现代农业规划）中指出，蔬菜产业立足粤港澳大湾区、长三角经济带、京津冀都市圈等目标市场需求，围绕"设施蔬菜、露地冷凉蔬菜、西甜瓜"三大产业，培育产业大县，大力推广绿色标准化生产技术，打造成高品质蔬菜生产基地，到 2025 年，全区蔬菜种植面积达到 350 万亩，其中设施蔬菜、露地冷凉蔬菜分别达到 60 万亩、230 万亩，总产量达到 750 万 t 以上。

据"第二次宁夏种植资源普查"结果，不同类型生态类型区蔬菜、粮食作物和其他经济作物产量及氮、磷、钾肥施用量差异较大，产量由大到小顺序依次为瓜果类蔬菜>根茎叶类蔬菜>其他经济作物>玉米>小麦，氮、磷、钾肥施用量大到小顺序依次为瓜果类蔬菜>根茎叶类蔬菜>玉米>其他经济作物>小麦，瓜果类蔬菜氮肥平均施用量比粮食作物小麦、玉米分别高 95.3%、23.7%，磷肥平均施用量分别高 1.8 倍、92.1%，钾肥平均施用量分别高 4.8 倍、2.3 倍；以上数据表明蔬菜平均施肥整体偏高，尤其磷肥和钾肥极高。单纯对蔬菜而言，瓜果类蔬菜平均施肥量与根茎叶类蔬菜施肥量比较，氮肥和磷肥施用量差别不大，钾肥超出 46.1%，可见瓜果类蔬菜钾肥平均施肥明显高于根茎叶类蔬菜钾肥施肥量；氮、磷、钾肥平均施用量最高作物均为瓜果类蔬菜。以上数据表明，瓜果类、根茎类蔬菜产量和施肥量明显高于其他作物。宁夏"十四五"现代农业规划中指出，推进化肥农药减量增效。全面推广测土配方施肥、机械深施、精准施肥和水肥一体化技术，扩大有机肥替代化肥试点，大力推广"有机肥+"技术模式。引导农民施用高效缓释肥、水溶肥、生物肥等新型肥料，优化肥料结构。

到 2025 年，全区测土配方施肥覆盖率达到 95%以上，化肥利用率均达到 43%以上。实施农业农村领域碳达峰专项行动。率先实现碳达峰作为绿色发展的核心任务，以绿色低碳科技创新为支撑，以降低温室气体排放强度、提高农田土壤固碳能力、实施农村可再生能源替代为抓手，持续推进化肥农药减量使用。本书构建了不同类型菜田面源污染防控绿色减排技术模式，符合国家、自治区相关政策，并进行了规模化示范应用，有效削减了氮、磷流失量，实现了农民增收，环境保护、经济和社会效益显著提升的目标，起到示范引领作用，为宁夏蔬菜产业绿色、可持续发展提供技术支撑，对宁夏黄河流域生态保护和高质量先行区建设具有重大意义。

参考文献

毕智超,张浩轩,房歌,等,2017. 不同配比有机无机肥料对菜地 N_2O 排放的影响[J]. 植物营养与肥料学报,23(1):154-161.

蔡延江,丁维新,项剑,2012. 农田土壤 N_2O 和 NO 排放的影响因素及其作用机制[J]. 土壤,44(6):881-887.

曹文超,宋贺,王娅静,等,2019. 农田土壤 N_2O 排放的关键过程及影响因素[J]. 植物营养与肥料学报,25(10):1781-1798.

陈浩,李博,熊正琴,2017. 减氮及硝化抑制剂对菜地氧化亚氮排放的影响[J]. 土壤学报,54(04):938-947.

陈淑峰,孟凡乔,吴文良,等,2012. 东北典型稻区不同种植模式下稻田氮素径流损失特征研究[J]. 中国生态农业学报,20(06):728-733.

陈新平,李志宏,王兴仁,等,1999. 土壤、植株快速测试推荐施肥技术体系的建立与应用[J]. 土壤肥料,02:6-10.

陈子明,1996. 氮素 产量 环境[M]. 北京:中国农业科技出版社:8-13.

程序,张艳,2018. 国外农业面源污染治理经验及启示[J]. 世界农业,11:22-27.

崔振岭,徐久飞,石立委,等,2005. 土壤剖面硝态氮含量的快速测试方法[J]. 中国农业大学学报,10(1):10-12,25.

邓美华,尹斌,张绍林,等,2006. 不同施氮量和施肥方式对稻田氨挥发的影响[J]. 土壤,38(3):263-269.

高志岭,陈新平,张福锁,等,2005. 农田土壤 N_2O 排放的连续自动测定方法[J].

　　植物营养与肥料学报,11(1):64-70.

郝小雨,高伟,王玉军,等,2012. 有机无机肥料配合施用对设施菜田土壤 N_2O 排放的影响[J]. 植物营养与肥料学报,18(5):1073-1085.

郝晓地,罗玉琪,曹达殷,等,2018. 雾霾亦可诱发水体富营养化[J]. 中国给水排水,34(6):12-21.

何进勤,桂林国,何文寿,2012. 宁夏设施与露地土壤理化性状对比[J]. 西北农业学报,21(10):202-206.

何文寿,高艳明,王菊兰,2011. 宁夏设施栽培土壤质量现状、存在问题与对策研究[J]. 农业科学研究,3:1-8.

胡小康,2011. 华北平原冬小麦—夏玉米轮作体系温室气体排放及减排措施[D]. 北京:中国农业大学.

黄彬香,素芳,丁新泉,等,2006. 田间土壤氨挥发的原位测定—风洞法[J]. 土壤,38(6):712-716.

江永红,宇振荣,马永良,2001. 秸秆还田对农田生态系统及作物生长的影响[J]. 土壤通报,32(5):209-213.

巨晓棠,谷保静,2017. 氮素管理的指标[J]. 土壤学报,54(2):281-296.

柯英,郭鑫年,冀宏杰,等,2014. 宁夏灌区不同类型农田土壤氮素累积与迁移特征[J]. 农业资源与环境学报,31(01):23-31.

寇长林,骆晓声,2020. 河南省农田面源污染发生规律及防控研究[J]. 磷肥与复肥,35(08):27-29.

雷豪杰,李贵春,丁武汉,等,2021. 设施菜地土壤氮素运移及淋溶损失模拟评价[J]. 中国生态农业学报(中英文),29(01):38-52.

李若楠,张彦才,黄绍文,等,2013. 节水控肥下有机无机肥配施对日光温室黄瓜—番茄轮作体系土壤氮素供应及迁移的影响[J]. 植物营养与肥料学报,19(3):677-688.

李秀芬,朱金兆,顾晓君,等,2010. 农业面源污染现状与防治进展[J]. 中国人口·资源与环境,20(04):81-84.

梁永红,李璇,2015. 借鉴美国综合养分管理计划推进畜禽养殖废弃物处理和综合利用[J]. 江苏农村经济,32(5):56-58.

刘福兴,宋祥甫,邹国燕,等,2013. 农村面源污染治理的"4R"理论与工程实践水环境生态修复技术[J]. 农业环境科学学报,32(11):2105-2111.

刘宏斌,邹国元,范先鹏,等,2015. 农田面源污染监测方法与实践[M]. 北京:科学出版社:35-37.

刘娇,袁瑞娜,赵英,等,2014. 玉米秸秆及其黑炭添加对黄绵土 CO_2 和 N_2O 排放的影响[J]. 农业环境科学学报,33(8):1659-1668.

刘平丽,张啸林,熊正琴,2011. 不同水旱轮作体系稻田土壤剖面 N_2O 的分布特征[J]. 应用生态学报,22(9):2363-2369.

刘晓彤,赵营,罗健航,等,2019. 不同施肥管理模式对番茄—黄瓜轮作体系土壤氮素流失及蔬菜产量的影响[J]. 中国农学通报,35(04):7-14.

罗健航,任发春,赵营,等,2014. 有机、无机磷肥配施对宁夏引黄灌区露地蔬菜磷素吸收利用与磷平衡的影响[J]. 宁夏农林科技,55(08):24-27,34.

罗健航,赵营,任发春,等,2015. 有机无机肥配施对宁夏引黄灌区露地菜田土壤氨挥发的影响[J]. 干旱地区农业研究,33(04):75-81.

罗天相,胡锋,李辉信,等,2013. 接种蚯蚓对施加秸秆的旱作稻田 N_2O 排放的影响[J]. 土壤,45(6):1003-1008.

马海龙,李婷玉,马林,等,2019. 欧洲国家农田养分管理差异及其对我国的启示[J]. 土壤通报,50(4):974-981.

马玉兰,徐润邑,2020. 宁夏耕地土壤与地力[M]. 银川:阳光出版社:23-28.

牛世伟,安景文,张鑫,等,2016. 辽北棕壤土氮肥淋溶特征[J]. 辽宁农业科学,03:34-37.

潘昭隆,李婷玉,马林,等,2019. 美国农田养分管理体系的发展及启示[J]. 土壤通报,50(4):965-973.

山楠,赵同科,杜连凤,等,2020. 华北平原中部夏玉米农田不同施氮水平氨挥发规律[J]. 中国土壤与肥料,4:32-40.

邵则瑶,1989. 作物根系(0~100 cm)土壤剖面无机氮研究报告之二：N_{min} 含量与小麦产量的关系[J]. 北京农业大学学报,15(3):285-290.

沈灵凤,白玲玉,曾希柏,等,2012. 施肥对设施菜地土壤硝态氮累积及 pH 的影响[J]. 农业环境科学学报,31(7):1350-1356.

施卫明,薛利红,王建国,等,2013. 农村面源污染治理的"4R"理论与工程实践生态拦截技术[J]. 农业环境科学学报,32(09):1697-1704.

石宁,李彦,井永苹,等,2018. 长期施肥对设施菜田土壤氮、磷时空变化及流失风险的影响[J]. 农业环境科学学报,37(11):2434-2442.

史平三,2020. 农业面源污染研究综述[J]. 园艺与种苗,40(08):62-63.

宋贺,王成雨,陈清,等,2014. 长期秸秆还田对设施菜田土壤反硝化特征和 N_2O 排放的影响[J]. 中国农业气象,35(6):628-634.

宋建国,王晶,林杉,1999. 用连续流动分析仪测定土壤微生物态氮的方法研究[J]. 植物营养与肥料学报,5(3):282-287.

苏伟波,杨张青,2015. 2 种纳氏比色法检测土壤铵态氮的对比[J]. 中国农学通报,31(15):211-214.

汤丽玲,陈清,张宏彦,等,2001. 不同水氮处理对菠菜硝酸盐累积和土体硝态氮淋洗的影响[J]. 农业环境保护,20(5):326-328.

王朝辉,刘学军,巨晓棠,等,2002. 田间土壤氨挥发的原位测定—通气法[J]. 植物营养与肥料学报,8(2):205-209.

王朝旭,陈绍荣,张峰,等,2018. 玉米秸秆生物炭及其老化对石灰性农田土壤氨挥发的影响[J]. 农业环境科学学报,37(10):2350-2358.

王洪媛,李俊改,樊秉乾,等,2020. 中国北方主要农区农田氮磷淋溶特征与时空规律[J]. 中国生态农业学报,16(7):1-8.

王农,刘宝存,孙约兵,2020. 我国农业生态环境领域突出问题与未来科技创新的思考[J]. 农业资源与环境学报,37(01):1-5.

王冉,童菊秀,李佳韵,等,2018. 模拟降雨条件下农田裸地氮素随地表径流流失特征[J]. 中国农村水利水电,05:37-42.

王燕,2018. 美国防治农业面源污染的法规对策借鉴[J]. 社科纵横,33(12):96-100.

王永生,刘彦随,龙花楼,2019. 我国农村厕所改造的区域特征及路径探析[J]. 农业资源与环境学报,36(5):553-560.

武淑霞,刘宏斌,黄宏坤,等,2018. 我国畜禽养殖粪污产生量及其资源化分析[J]. 中国工程科学,20(05):103-111.

夏红霞,2015. 有机肥对重庆地区紫色土农田氮磷流失特征的影响研究 [D]. 重庆:西南大学.

徐万里,刘骅,张云舒,2011. 施肥深度、灌水条件和氨挥发监测方法对氮肥氨挥发特征的影响[J]. 新疆农业科学,48(1):86-93.

许俊香,邹国元,孙钦平,等,2016. 施用有机肥对蔬菜生长和土壤磷素累积的影响[J]. 核农学报,30(9):1824-1832.

薛利红,杨林章,施卫明,等,2013. 农村面源污染治理的"4R"理论与工程实践源头减量技术[J]. 农业环境科学学报,32(5):881-888.

杨荣全,曹飞,李迎春,等,2020. 不同施肥处理对华北露天菜地氮素淋失的影响[J]. 中国土壤与肥料,6:130-137.

杨世琦,王永生,韩瑞芸,等,2015. 宁夏引黄灌区秸秆还田对麦田土壤硝态氮淋失的影响[J]. 生态学报,35(16):5537-5544.

杨世琦,赵解春,杨正礼,2018. 日本农业面源污染控制的主要做法及给我国的启示[J]. 上海农业科技,6:29-31.

易军,张晴雯,王明,等,2011. 宁夏黄灌区灌淤土硝态氮运移规律研究[J]. 农业环境科学学报,30(10):2046-2053.

于红梅,李子忠,龚元石,2005. 不同水氮管理对蔬菜地硝态氮淋洗的影响[J]. 中国农业科学,38(9):1849-1855.

余耀军,胡楚,2020. 美国农业面源污染防治补助制度及启示[J]. 国外社会科学,02:52-63.

曾韵婷,向玥皎,马林,等,2011. 欧盟养分管理政策法规对中国的启示[J]. 世界农业,32(04):39-43.

展晓莹,张爱平,张晴雯,2020.农业绿色高质量发展期面源污染治理的思考与实践[J].农业工程学报,36(20):1-7.

张春霞,文宏达,刘宏斌,等,2013.优化施肥对大棚番茄氮素利用和氮素淋溶的影响[J].植物营养与肥料学报,19(5):1139-1145.

张继宗,2006.太湖水网地区不同类型农田氮磷流失特征[D].北京:中国农业科学院.

张俊伶,张江周,申建波,等,2020.土壤健康与农业绿色发展:机遇与对策[J].土壤学报,57(4):783-796.

张维理,武淑霞,冀宏杰,等,2004.中国农业面源污染形势估计及控制对策 I. 21世纪初期中国农业面源污染的形势估计[J].中国农业科学,37(7):1008-1017.

张学军,陈晓群,王黎民,2004b.宁夏银川市设施蔬菜田土壤养分资源特征[J].宁夏农林科技,1:7-10.

张学军,程淑华,张艳,等,2005b.蔬菜温棚土壤钾素形态及空间变异的研究[J].甘肃农业科技,7:47.

张学军,孙权,陈晓群,等,2005a.不同类型菜田和农田土壤磷素状况研究[J].土壤,37(6):649-654.

张学军,王海廷,赵营,等,2020.不同水肥调控对宁夏优势特色作物氮淋失及产量的影响[J].宁夏农林科技,61(07):6-11.

张学军,赵桂芳,朱文清,等,2004a.菜田土壤氮素淋失及其调控措施的研究进展[J].生态环境,13(1):105-108.

张亦涛,刘宏斌,王洪媛,等,2016.农田施氮对水质和氮素流失的影响[J].生态学报,36(20):6664-6676.

张亦涛,王洪媛,雷秋良,等,2018.农田合理施氮量的推荐方法[J].中国农业科学,51(15):117-127.

张玉铭,张佳宝,胡春胜,等,2006.华北太行山前平原农田土壤水分动态与氮素的淋溶损失[J].土壤学报,43(1):17-24.

张岳芳,周炜,王子臣,等,2013. 氮肥施用方式对油菜土壤氧化亚氮排放的影响[J]. 农业环境科学学报,32(08):1690-1696.

赵斌,董树亭,王空军,等,2009. 控释肥对夏玉米产量及田间氨挥发和氮素利用率的影响[J]. 应用生态学报,20(11):2678-2684.

赵莒,罗健航,李贵兵,等,2019. 减量施氮与秸秆添加对设施菜田 N_2O 的减排效应[J]. 土壤,51(2):297-304.

赵莒,张学军,罗健航,等,2011. 施肥对设施番茄—黄瓜养分利用与土壤氮素淋失的影响[J]. 植物营养与肥料,17(2):374-383.

赵莒,2012. 宁夏引黄灌区不同类型农田氮素累积与淋洗特征研究[D]. 北京:中国农业科学院.

朱兆良,1992.中国土壤氮素[M]. 南京:江苏科技出版社:171-185.

Agehara S, Warncke D D, 2005. Soil moisture and temperature effects on nitrogen release from organic nitrogen sources [J]. Soil Sci. Soc.Am. J,69(6): 1844-1855.

Bai Z H, Ma L, Ma W Q, et al., 2016. Changes in phosphorus use and losses in the food chain of China during 1950 -2010 and forecasts for 2030 [J]. Nutrient Cycling in Agroecosystems, 104: 361-372.

Cai G X, Zhu Z L, 2000. An assessment of N loss from agricultural field to the environment in China [J]. Nutrition Cycle in Agroecosyments, 57: 67-73.

Cheng J B, Chen Y C, He T B, et al., 2018. Nitrogen leaching losses following biogas slurry irrigation to purple soil of the Three Gorges Reservoir Area [J]. Environmental Science and Pollution Research, 25 (29): 29096-29103.

Conley D J, Paerl H W, Howarth R W, et al., 2009. Controlling eutrophication: nitrogen and phosphorus [J]. Science, 323: 1014-1015.

Engel R, Liang D L, Wallander R, et al., 2010. Influence of urea fertilizer placement on nitrous oxide production from a silt loam [J]. Journal of Environmental Quality, 39: 115-125.

He F F, Chen Q, Jiang R F, et al., 2007. Yield and nitrogen balance of greenhouse tomato(Lycopersicum esculentum Mill.) with conventional and site-specific nitrogen managenment in Northern China [J]. Nutrient Cycling in Agroecosyments, 77: 1−14.

Hou X K, Zhan X Y, Zhou F, et al., 2018. Detection and attribution of nitrogen runoff trend for China's croplands [J]. Environmental Pollution, 234: 270−278.

Ju X T, Kou C L, Zhang F S, et al., 2006. Nitrogen balance and groundwater nitrate contamination: comparison among three intensive cropping systems on the North China Plain [J]. Environmental?Pollution, 143: 117−125.

Klimont Z, 2001. Current and Future Emissions of Ammonia in China [R]. The 4th Workshop on the Transport of Air Pollutants in Asia. October 22 to 23, International Institute for Applied Systems Analysis, Luxembourg, Austria.

Lan Z, Chen C, Rezaei Rashti M, et al., 2018. High pyrolysis temperature biochars reduce nitrogen availability and nitrous oxide emissions from an acid soil [J]. GCB Bioenergy, 10(12): 930−945.

Min J, Shi W, Xing G, et al., 2012. Nitrous oxide emissions from vegetables grown in a polytunnel treated with high rates of applied nitrogen fertilizers in Southern China [J]. Soil Use and Management, 28: 70−77.

Olarewaju O E, Adetunji T, Adeofun O, et al., 2009. Nitrate and phosphorus loss from agricultural land: implications for nonpoint pollution [J]. Nutrient Cycling in Agroecosyments, 85: 79−85.

Shen W S, Lin X G, Shi W M, et al., 2010. Higher rates of nitrogen fertilization decrease soil enzyme activities, microbial functional diversity and nitrification capacity in a Chinese polytunnel greenhouse vegetable land [J]. Plant Soil, 337: 137−150.

Shi W M, Yao J, Yan F, 2009. Vegetable cultivation under greenhouse conditions leads to rapid accumulation of nutrients, acidification and salinity of soils and groundwater contamination in South−Eastern China [J]. Nutrient Cycling in

Agroecosyments, 83: 73−84.

Wang Y C, Ying H, Yin Y L, et al., 2018. Estimating soil nitrate leaching of nitrogen fertilizer from global meta −analysis [J]. Science of The Total Environment, 12(029):96−102.

Xu Y, Liu ZH , Wei J L, et al., 2017. Emission Characteristics of soil nitrous oxide from typical greenhouse vegetable fields in North China [J]. Agricultural Science & Technology, 18(3): 438−442.

Yamulki S, Harrison R M, Goulding K W T, 1997. Webster CP. N_2O, NO and NO_2 fluxes from a grassland: Effect of soil pH [J]. Soil Biology and Biochemistry, 29(8): 1199−1208.

Zhang Y, Dore A J, Ma L, et al., 2010. Agricultural ammonia emissions inventory and spatial distribution in the North China Plain [J]. Environmental Pollution, 158(2): 490−501.